W0378678

LA THÉORIE DES ONDES

De la même autrice

Laura, ou le Secret des 22 lames, roman, Michel Lafon,
coécriture Jean-Luc Seigle, 2006.
Nitro, roman, J.-C. Lattès, 2008, prix du Premier roman
au Festival du livre de Sablet (2008).
L'Arbre du boxeur, nouvelle publiée dans le collectif d'auteurs
« Sur le bord », dirigé par Mouloud Akkouche, éditions In-8, 2010.

L'autrice a bénéficié du soutien du Centre national du livre
et du Conseil régional d'Île-de-France, direction de la Culture,
pour l'écriture de ce texte.

Graphisme de couverture : Odile Chambaut
Image de couverture : © Maren Elize Klemp/Millennium Images, UK

© Éditions du Rouergue 2024
www.lerouergue.com

PASCALE CHOUFFOT

LA THÉORIE DES ONDES

roman

ROUERGUE
noir

À mon ami et camarade, Simon Pietri

« Toute souffrance est unique
et toute souffrance est commune.
Il faut me redire la seconde vérité
quand je souffre et la première
quand je vois souffrir les autres. »

Henri de Lubac,
Nouveaux Paradoxes, 1955

Prologue

C'était le 15 novembre 2007. C'était bien après les guerres.

Comme quelque cinq cents hommes et femmes, il avait reçu ce matin-là son carton d'invitation. Ainsi, la rumeur venait de prendre corps sous ses doigts, bien qu'il eût voulu l'ignorer. Il soupesa d'abord l'enveloppe, devinant la lourdeur des mots imprimés à l'encre grasse sur le papier de luxueux grammage, à n'en pas douter, il porta à son nez et sa mémoire cette fragrance de charité triomphante, il posa le fardeau sur la table de la cuisine, choisissant de l'offrir au blanc cru du néon qui s'esclaffait sur sa toile cirée, choisissant, in fine, *de l'abandonner à des mains sans conteste plus robustes que les siennes. Celles de sa femme.*

La Saône, mutique, n'avait plus envahi de son murmure herbeux les friches depuis l'hiver précédent, et toutes les routes pouvaient encore mener aux usines, encore que… avait-il osé penser au cours d'une seconde trop vagabonde.

Sa femme avait donc ouvert l'enveloppe à sa place, le soir même. Lui, il avait fatigué sainement son grand corps en maltraitant la glaise au fond du jardin. Cette terre daignerait peut-être vomir de ses entrailles quelques poireaux ou patates, mais sans enfant pour s'extasier sur le mystère du biologique. Il n'avait pas d'enfant, il n'était pas pauvre, il n'était pas riche non plus. D'ailleurs il n'avait aucun souvenir de ce qu'il avait jeté dans le ventre de ces dizaines de mètres carrés travaillés vertueusement… Auparavant, il n'avait jamais fait pousser même un brin de gazon, trop occupé à consacrer sa vie tout entière à une famille en voie d'implosion : Kodak. L'enveloppe sur la table n'était que la vérité, forcément cruelle, de son fourvoiement ; une vaste fumisterie qu'il avait sagement gobée durant toute sa carrière. Mais il était encore loin de l'admettre.

Sa femme, après avoir décacheté et balayé d'un coup d'œil la missive à son nom, se contenta de lui poser cette unique question : « Tu vas vraiment y aller ? » Il fut soudain saisi d'une imperceptible indignation. Comment sa femme pouvait-elle douter de ses principes après tant d'années de mariage : fidélité et devoir en tout et pour tout. « Bien sûr ! », répondit-il d'un ton exaspéré. Sa femme serra le carton dans son enveloppe, et ils n'en parlèrent plus.

Ces événements futurs, au moment de ce récit, Michel Dréon aurait pu les envisager à l'image de la Saône, qui coulait non loin : un lit sans récifs pour fendre l'onctuosité du courant, un flot lent et sans colère. Michel Dréon, s'il avait pu lire dans les eaux souterraines de la Saône, n'aurait quoi qu'il en fût pas pu empêcher l'histoire de suivre son cours. La Saône, sans aucune préméditation, s'apprêtait à envahir les vestiges d'un monde sans plus beaucoup d'espoir, et nul ne savait encore que de ses eaux surgirait le baume de la colère.

C'était bien après les guerres, pourtant.

Chapitre 1

Samedi 23 février 2013

Elle ne s'attendait pas à la visite du maître des lieux. La fenêtre était ouverte malgré le mauvais temps sur les odeurs fugaces des cheminées de Saint-Gobain, portées par un vent du nord annonciateur de neige… Le fracas des disputes et des haines, des sonneries de téléphone, des colères ou des espoirs fous, tout ceci se jouait chaque jour de la semaine, deux étages sous ses pieds, mais jamais le samedi ; elle n'était reliée au cabinet d'avocats que par la porte discrète d'un petit escalier de service qui grimpait jusqu'à son bureau sous les toits. La flottille de secrétaires agitées semblait même douter de son existence, sauf peut-être la chef comptable qui établissait ses bulletins de salaire. Et pourtant, depuis deux années au-dessus de tous ces cerveaux condamnés aux procès perpétuels qui requéraient ses enquêtes, elle avait fini par s'avouer que la nouveauté avait cédé devant l'ennui. Alors elle avait commencé à constituer ses propres dossiers, qu'elle avait discrètement noyés parmi ceux des affaires en cours sur ses étagères, tous soigneusement classés par ordre alphabétique. Elle seule savait que chaque nom inscrit sur la tranche de ses secrets recelait un récit, empli de rage et de chagrin, qu'elle tentait à sa manière de tirer de l'ombre des oubliés, de l'abandon du souvenir des morts. Ainsi travaillait-elle tranquillement à ses morts pendant ses heures creuses : leur vie avant leur mort, les circonstances de leur disparition, le tri des grains de sable qui faisaient piétiner les enquêteurs de la PJ, voire les avaient fait échouer et abandonner leurs investigations... Elle épluchait chaque nouvel élément de leurs rapports arrachés à la force de son entêtement, complétait des graphiques et des tableaux dont les arcanes lui appartenaient à elle seule.

Un jour par semaine, le vendredi en fin d'après-midi, Maître Pierson pénétrait dans son antre, et se laissait tomber sur l'unique fauteuil, inconfortable, de son bureau.

L'homme de robe était venu l'enlever à la PJ de la Ferroviaire en personne, à Paris, avec la seule garantie qu'elle avait été une très efficace policière de terrain, et alors même qu'elle se remettait de son accident de moto. Des mois dans un corset de plâtre puis de plastique de la taille au menton, des heures d'attente dans des services de neurologie ; au fil du temps, un cas médical d'espèce pour toutes les blouses blanches, béates devant cet état si rare : elle ne ressentait plus la douleur. Quelque part sous sa boîte crânienne, une minuscule zone de son cerveau refusait désormais d'admettre que son corps pouvait être fragile et se briser comme les cervicales d'un oisillon dans le poing d'un enfant ; les signaux d'alarme n'atteignaient plus ni sa peau, ni sa chair, ni ses os. Au début de cette étrange affection, elle avait tenté de retrouver dans sa chair un semblant de douleur : elle s'était infligé un nombre incalculable de piqûres d'épingles, avait expérimenté les coupures de lames de rasoir, les brûlures à la flamme de bougies et de mégots de cigarettes : en vain. Pour chaque filet de sang, elle avait pleuré de rage, pour chaque cicatrice, de résignation : il lui faudrait désormais vivre sans douleur, encore un fichu accident de sa fichue existence accidentelle. Elle n'avait pas compris immédiatement que ce corps, devenu étranger, elle devrait le garder de tout. Il lui échappa durant des mois ; ainsi s'était-elle par mégarde fracturé un bras, déboîté une épaule, claqué une portière de voiture sur deux doigts et brûlé la paume de sa main droite sur le manche d'une casserole au point d'en avoir gardé une longue ligne blanche, droite et lisse à la place de la ligne de cœur. Alors, avait commencé la lancinante et permanente souffrance de ne pas pouvoir souffrir...

Maître Pierson s'en était ému lorsqu'un jour, au début de leur collaboration, il l'avait interrogée à ce sujet. Elle avait coupé court à l'ironie sous-jacente en se transperçant tranquillement la joue avec une aiguille auparavant soigneusement désinfectée ; elle s'était amusée à le voir blêmir, au bord de la nausée.

« Le punk, c'est démodé... Mon fils m'a déjà fait le coup des épingles à nourrice dans le nez, mais c'était il y a plus de trente ans.

– Modé... démodé, remodé. J'aime bien les cloutés nouvelle tendance. Les tatoués aussi. Un beau tatouage égale un beau compte en banque. »

Tronche mi-atterrée, mi-alléchée de Pierson. Il en avait lâché un soupir mélancolique :

« Une clientèle potentielle... »

Ça l'avait amusée de le voir entrer dans son petit jeu sans moufter... Depuis, ils ne s'épargnaient pas quelques joutes suaves sur le sujet. Et, leur accord ayant été tacite et silencieux d'emblée, il lui fichait une paix royale, elle bossait sans compter ses heures lorsque c'était nécessaire, laissant par ailleurs selon les jours soit ses propres enquêtes l'envahir, soit son angoisse l'emporter sur sa raison.

Elle était la seule dans la maison à jouir du privilège accordé par le maître des lieux, ainsi que d'un accès jour et nuit, samedi comme dimanche, dans sa petite pièce sous les toits. Elle comme lui aimaient à laisser leur conversation vagabonder, sur une affaire ou sur leurs humeurs du jour. Petit à petit, Pierson l'avait ainsi laissée entrer dans son intimité, ses doutes et ses joies, sa vie familiale. Il s'inquiétait parfois à haute voix de sa condition de solitaire, mais lui seul savait ce qu'elle subissait dans sa chair. Elle lui faisait confiance pour garder bouche close sur son secret.

On était samedi, l'après-midi agonisait...

La veille, elle avait fui le centre-ville, qui laissait tous les signes annonciateurs de la violente et imminente crue carnavalesque envahir le moindre de ses mètres carrés. Même si elle abhorrait la campagne, les routes qui la parsemaient étaient heureusement agréables, et elle avait laissé sa voiture errer de village en bourg, évitant les zones commerciales touchées elles aussi par la furie du carnaval. À 20 heures 30, la ville tout entière avait été officiellement remise aux mains de son roi éphémère, Cabache, et de la foule pour une semaine de liesse débridée qui s'achèverait par la pendaison du même sous les hurlements de joie des mêmes. Elle n'avait aucun goût pour cette fête, pas plus que pour les outrages qui y étaient autorisés. Elle était rentrée chez elle à minuit, par un long détour pour éviter le centre de la ville devenue folle.

Sous ses fenêtres, la petite rue semblait calme, mais ce n'était qu'apparence : les quelques passants étaient volubiles, excités, certains maquillés et en tenue. Le frémissement d'avant le déchaînement. Le bruit de la porte deux étages plus bas la fit sursauter puis se renfrogner : même au boulot, un samedi, on ne lui ficherait donc pas la paix ? Ce ne pouvait être que Pierson.

« Bonjour bonjour ! » lança-t-il, ravi, en arrachant comme d'habitude un gémissement au fauteuil de son antre. Il n'avait jamais pensé à lui proposer un mobilier plus confortable ; elle ne l'avait jamais exigé non plus. Ce détail, sans importance pour elle comme pour lui, était un élément de plus qui scellait leur complicité tacite.

« Bonjour Paul. Qu'est-ce que vous fabriquez ici ? Le clergé a décrété que le dimanche était jour de repos, et le Front populaire y a rajouté le samedi !

– Mes petits-enfants et ma femme ont transformé la maison en antichambre de l'enfer ! Il y a des rubans, des bouts de tissu et du papier crépon partout, on ne sait plus où poser les pieds. J'en ai eu marre de me faire enguirlander parce que j'écrasais tous les costumes. Et vous, vous êtes gonflée : votre présence ici n'est pas indispensable un samedi. C'est l'hôpital qui se moque de la charité.

– J'étais absente hier.

– J'avais remarqué. Vous avez manqué notre petit rendez-vous hebdomadaire… mais j'étais certain de vous trouver aujourd'hui ! On se fait un point sur le garnement Martin ? »

Elle fit la moue. L'affaire Martin, c'était du petit-lait comparé à la plupart des dossiers sur ses étagères. Mais de ce lait qui faisait tourner la boutique, 100 % de matière grasse avec du beurre en plaque comme des lingots à l'arrivée, et, dans ces cas-là, elle s'accrochait à la pensée de sa feuille de paie.

« Une piste, dans la région de Nice. Et votre garnement a vingt-neuf ans. À mon avis, il s'est volatilisé avant de finir haché menu par la bande pour laquelle il dealait.

– Ce n'est pas l'avis des parents : c'est leur prix Nobel ! Même s'il ne fiche rien et trafique, je vous défie de convaincre sa mère que c'est un tordu qui s'est enfui avec les poches pleines de la came d'un gros méchant. Rendons-lui son petit génie, et nous pourrons archiver le dossier à la cave. »

Elle éclata de rire.

« On devrait le garder à portée de main ! Il nous servira pour sa défense quand il se fera piquer... très bientôt d'après mes contacts. »

Pierson se leva, lourd de la semaine.

« Si c'est le cas, papa a les moyens. Et moi, ça me permettra de faire mon quota de BA pour l'année. Des malheureux sans le sou qui sonnent à la porte du cabinet, on en reçoit de plus en plus. J'en suis au point où je dois en tirer trois ou quatre au hasard par an... La loterie du prétoire. Et tout ça pour me donner bonne conscience. Enfin, c'est ce que me dit ma femme. Elle aimerait bien que j'arrête de jouer au bon samaritain. Mais qu'est-ce que je m'emmerderais ! Alors, des petits cons comme le fils Martin, je m'en moque : il pourra faire toutes les saloperies du monde, papa et maman banqueront, et il se prendra à peine trois mois ferme. Y a pas de justice dans ce pays...

– C'est ça : vous leur obtenez toujours juste de quoi se remettre en forme au placard, et hop ! Trois mois après, ils sont dehors !

– Hé, hé... Laissez un peu tomber votre costard d'ex-flic. Vous savez bien qu'emmerder la police, ça me plaît aussi. »

À elle aussi, ce côté obscur et contradictoire de Pierson lui plaisait. C'est pour cette raison qu'elle avait accepté de travailler pour l'homme, davantage que pour l'avocat.

« Votre costume pour le défilé de demain, c'est quoi ?

– Une paire de boules Quies géantes !

– Ça fait des mois que vous n'attendez que ça ! Et ma main à couper que vous collerez au derrière du char des reines de beauté pendant tout le défilé !

– Pour l'amour du ciel, ne touchez pas à votre main ! »

Il claqua la porte sur un rire bonhomme, et elle réalisa que, décidément, la langue française comportait beaucoup trop d'expressions qui la ramenaient à son état de monstre.

Chapitre 2

Dimanche 24 février 2013

La gamine, à l'odeur, était fraîche de douze printemps. Cela faisait plusieurs minutes qu'il l'enveloppait de tout son amour, fulgurant, jailli en un éclair de son bas-ventre. Ses cheveux dorés noués à l'indienne, sa gorge de rossignol, sa peau de pétale, sa gracilité prépubère qui ondulait le long de ses mollets et de ses jambes fines jusqu'à ses hanches de jeune vierge, ses seins en pousse irrigués d'une sève moelleuse qui donnaient soif d'aller boire à la source, ses poignets, ses chevilles, sa nuque fragiles... Au premier regard, il l'avait élue tel un soleil fuchsia parmi la foule qui piétinait au carrefour du départ : elle était plus qu'une promesse, la certitude qu'elle n'attendait que lui, le seul à être capable de la cueillir sans la briser, la caresser sans la flétrir, la respirer sans l'aspirer ; un vertige en bouton de rose. Il lui suffisait de fermer les yeux pour déjà savourer l'ivresse annoncée.

Le brouhaha de la foule, des fanfares et des chars qui se mettaient en ordre pour le défilé, les couleurs aveuglantes des costumes et de ce ciel de neige n'étaient plus qu'un écrin qui les abritait, lui et elle, elle et lui. Il remarqua enfin sa compagne de jeu, une fadette d'environ le même âge que l'élue, à la peau et aux cheveux châtain terne, déjà gras, au squelette trop grand, frissonnant et sans avenir, flottant dans son jean blanc, son tee-shirt noir rehaussé d'un « love » de strass argenté, et son blouson en acrylique kaki. Des coups de sifflet transpercèrent la foule, saisie soudain d'un tremblement d'émoi : le chef du premier char pétrifia ses troupes d'un geste, puis donna le signal du départ d'un rapide demi-tour pour prendre la tête du défilé. L'élue glissa son bras sous celui de sa camarade. Les paillettes fuchsia de ses jambières coordonnées à son justaucorps sous le long anorak ouvert illuminaient la blancheur de ses jeunes cuisses frémissantes, gainées de nylon épais des genoux jusqu'au court short noir. Elles s'extasièrent ensemble devant les premiers chars et fanfares, piétinant d'excitation les cotillons qui s'amassaient sous leurs semelles. L'élue lâcha sa compagne pour se baisser, offrant sa croupe à son regard, et rassembla à pleines mains les confettis humides de flocons fondus épars sur le sol. Les doigts en coupe remplis de son butin de papier, elle se mit à en asperger des danseurs coiffés d'interminables cônes qui passaient alors en sautillant une ronde. Leur jeu dura jusqu'au cheval de Troie et son cortège de soldats romains vêtus de jupettes en lanières de vinyle, auxquels elles emboîtèrent le pas. Il en fit autant, à distance pour mieux goûter le spectacle qu'elle lui offrait. Il avait en mémoire son odeur, puisée alors qu'il l'avait frôlée une heure auparavant...

Il ne les perdit pas de vue un seul instant, crocheté par le fuchsia virevoltant et innocent des ravages qu'il causait dans son cœur. Il était le chien fidèle, ne sachant qu'aimer, traîné en laisse par la pureté même. Il était seize heures, la foule plus dense que jamais, au lent écoulement stoppé net à chaque carrefour. Afin de ne pas se faire semer, il dut s'approcher d'elle jusqu'à pouvoir humer la sueur juvénile de ses cheveux. La vue des premiers manèges jeta l'élue contre la fadette avec des gloussements de joie, des exclamations d'une peur si tendre qu'il se sentit au bord de défaillir. Chaque attraction fut alors l'objet d'un savant calcul, entre émerveillement, frisson, discussion animée sur les tarifs. L'une finissait toujours par obtenir de l'autre de s'enfoncer plus avant d'un manège au cœur de la fête. La nuit était venue, et avec elle les odeurs se faisaient plus grasses, plus sucrées, plus écœurantes dans les allées bondées. Les derniers manèges étaient dressés tout au bout du cul-de-sac de la rue Colette, semés entre la rue du Parc et la lisière du parc Georges-Nouelle. Là, elles firent une halte plus longue, et il dut contenir une bouffée de rage : plantées sur la coursive des auto-tamponneuses, serrées l'une contre l'autre, elles pouffaient, vacillant parfois sous les petits coups de coude dont elles se bourraient mutuellement les flancs. Leurs joues et leur front avaient subitement rosi, et la raison n'en était pas le froid, mais le spectacle de grappes de garçons du même âge, sur la coursive opposée, qui s'adonnaient à un rituel identique, en plus brutal – bousculade, éclats de rire, commentaires braillards, inaudibles. Le coup de trompe les fit se jeter sur la piste en criant, puis dans une auto. L'élue prit d'autorité le volant, ce qui lui plut : elle avait du caractère. Elles quittèrent enfin le stand des auto-tamponneuses pour tomber en arrêt devant un autre qui débitait des churros au mètre. Posté à quelques centimètres derrière elles, s'abreuvant du parfum unique de l'élue, il l'entendit gazouiller de dépit devant le prix des sucreries. Sans réfléchir, il s'accroupit tout en fouillant la poche intérieure de son blouson. Il se redressa avec un billet de vingt euros froissé au bout des doigts : « C'est à vous ? » Les nymphettes, interloquées, ouvrirent la bouche. « Oui ? Non ? » insista-t-il, l'air parfaitement étonné. « Bien… », continua-t-il, billet tendu devant leurs yeux, cherchant autour de lui l'hypothétique propriétaire du billet. La poitrine de l'élue se souleva d'un coup. Regard apeuré fixé sur sa copine, elle débita un nerveux « merci, si, si, c'est à nous, merci monsieur », saisit rapidement le billet, et, empoignant l'osseuse fadette par le coude, lui fit faire demi-tour. Il était 17 heures 30. Il leva la tête, soudain débordant de bonheur, cherchant à atteindre les étoiles par-delà le brouillard luminescent inscrit sur le ciel neigeux par les projecteurs de dizaines de manèges. La nuit lui susurra qu'elle serait longue et protectrice.

Chapitre 3

Dimanche 24 février 2013

Enfin la nuit, enfin le silence. Elle se leva, s'emmitoufla dans une couverture, se blottit sur le canapé en face de la fenêtre : enfin la neige. Les flocons, quoique misérables, étaient suffisants pour étouffer les rumeurs de la fête foraine en train de se replier, de l'autre côté de la rivière. Elle avait fait sienne l'intention de Maître Pierson : elle s'était vissé une paire de bouchons dans les oreilles ; elle était allée plus loin encore : son après-midi, sans petits-enfants à gâter ni défilé à suivre, s'était déroulé sous sa couette, un livre à peine ouvert aussitôt lâché pour le sommeil. Elle n'avait rien entendu de la cavalcade internationale sur les quais promise par le programme, à peine perçu une agitation au-delà d'un rêve qui l'avait probablement enlacée, pas plus les fanfares des chars que les klaxons des manèges, les harangues foraines diffusées par les haut-parleurs, les hurlements... Une vague odeur de poudre devait encore flotter sur la ville, qui serait vite dissipée par les bourrasques annoncées.

C'était son deuxième carnaval ; elle s'était fait piéger par la promesse du premier. Elle n'irait plus jamais au carnaval : le défilé offrait trop de spécimens de monstres déchaînés qui ignoraient son propre état de monstre trop fragile, outre la foule compacte prise de folie, les chars à éviter, les poivrots beuglant plus fort que les explosions des pétards, entre autres dangers. Pourtant, elle aurait pu purger sa peine dans les regards et les rires émerveillés des gosses, mais même cette perspective n'avait pas été assez puissante pour l'y attirer. Pour elle, le carnaval se résumait à de longs mois de frustrations, de désespoir, de misère autorisés à sortir de leurs gonds une fois l'an par la grâce du défoulement de cette grand-messe. Elle devait être la seule en ville à s'arc-bouter sur cette vision cauchemardesque de la fête.

Elle en ressentait davantage d'effroi que de dégoût : c'était le jour de la colère du monde.

La gare du Nord lui apparut soudain, dans toute la splendeur d'une fureur ancienne ; son histoire, d'amour étrange, avec Dominech s'était achevée en même temps que sa tête, plus exactement son corps avait flanché. Elle avait aimé sa vie sur les rails, aimé ses errances dans le ventre de la gare, aimé ses rencontres de la marge. Elle y avait demandé sa première affectation : la Judiciaire de la brigade ferroviaire. Aucun de ses collègues de la gare du Nord n'avait jamais compris son choix. Sauf Dominech, qui l'avait veillée sans qu'elle le sache vraiment, qui avait été silencieusement présent lorsqu'elle avait commis l'irréparable, lorsque la dépression l'avait engloutie jusqu'à vivre une histoire d'amour impossible avec un ange, mort, jeune et beau. Elle l'avait tué ; c'était ce qu'on appelle communément une bavure ; elle l'avait ressuscité ; elle avait enfin été capable de le laisser partir, de le tuer de nouveau, après de longs mois de réapprentissage, à se résoudre au réel : il reposait sous la terre. Alors avait pu commencer la réparation de son quotidien, le lent apprentissage des sommeils apaisés, puis Dominech l'avait apprivoisée ; ils avaient appris ensemble le mot « amour ». Ils sortaient tous deux de l'enfer. Ils avaient construit un refuge secret, bâti sur un bout de leur passé, qu'ils pouvaient enfin évoquer sans éprouver ni honte ni colère. Dominech était son baume ; elle était devenue cette femme qu'il aimait. Son accident de moto avait violé leur nouvelle vie. Alors elle était partie. De nouveau repliée dans ses oubliettes personnelles ; ils ne communiquaient plus que par écrit... Il lui envoyait des mots tendres, elle le sollicitait pour ses « affaires », ces disparitions non résolues qui la maintenaient à la surface de sa vie brisée.

Dominech arpentait toujours les trains, à l'attendre, à la chercher ; il le lui écrivait régulièrement. Elle répondait rarement ; sa vie de province l'engourdissait savamment. C'était lui qui avait fait l'entremetteur avec Pierson lorsqu'ils avaient compris tous deux sans jamais le dire que plus jamais elle ne pourrait prétendre à gérer ses nuits blanches comme elle l'entendait, en rondes et en enquêtes sur les rails pour la Judiciaire. Parfois, tout ceci aussi lui manquait, ce passé furieux comme la peau de cet homme.

Elle consulta sa messagerie téléphonique : il lui avait bien évidemment écrit un mot, qui tenait en quatre : « Je pense à toi. »

Chapitre 4

Lundi 25 février 2013

Michel Dréon se glissa sous les draps, et suffoqua : ils étaient brûlants, mais moins que le corps d'Élisabeth, qui dégageait une fournaise humide et âcre. Il eut un haut-le-cœur, et repoussa doucement la couette entre lui et sa femme. Il savait qu'elle dormait profondément : à son souffle régulier et à sa position, dos offert, jambes repliées en un léger chien de fusil, bras lâches à peine croisés sur ses seins voluptueux et intacts.

Élisabeth était une femme à la beauté moyenne, d'une taille moyenne, et, aussi flous que fussent à cet instant ses souvenirs en matière conjugale, elle avait toujours été brune, aux cheveux lisses régulièrement coiffés aux épaules, aujourd'hui teints pour masquer l'apparition de l'argent çà et là, aux tenues discrètes invariablement ton sur ton, au regard parfois étonné de sa propre sérénité. Élisabeth était une épouse sans histoires, et même lorsqu'ils avaient compris qu'elle ne porterait jamais d'enfant, leur vie avait continué son cours, à peine dévié par ce qui devint au fil des ans un détail biologique. Elle avait d'ailleurs reçu ce diagnostic définitif avec une telle tranquillité qu'il l'avait soupçonnée un instant d'avoir accepté de l'épouser alors qu'elle savait déjà. Ni lui ni elle n'avait par la suite manifesté le moindre désir de s'approprier un enfant perdu. Ils se contentaient d'eux-mêmes, ou plutôt, pensa-t-il à cet instant, le visage en feu, le ventre endolori, s'était-il contenté d'elle. Il n'osait plus bouger…

Ils s'étaient croisés plus de quarante ans auparavant, elle jeune fille imperturbable au sortir de l'institut privé qui la destinait à toutes sortes de concours administratifs, lui tout aussi sage et studieux, boursier transparent d'une école qui le formait sans grande imagination à la chimie et aux métaux pour intégrer l'industrie locale. L'époque était sans peur ; une fois son diplôme d'ingénieur obtenu, son contrat chez Kodak signé, l'appartement loué, il l'avait épousée. Elle venait de son côté de réussir le concours d'agent administratif, et son recrutement à la mairie de Chalon suivit immédiatement, sans surprise. Tant d'heures s'étaient donc écoulées depuis… Il écouta le chuchotement de la nuit dans les cyprès, à peine troublé de temps à autre dans ce quartier résidentiel de Saint-Rémy par l'écho des moteurs sur l'autoroute, à quelques kilomètres. La défaveur d'un vent capricieux ce soir. La maison était encore trop récente, bien qu'elle eût vingt ans, pour que la voix de ses boiseries égrène toute saga familiale. Il l'avait voulue vaste, avec, en sus des deux chambres à l'étage, deux autres en rez-de-chaussée, chacune pourvue d'une salle d'eau, afin, avait-il prévu, de recueillir l'un ou l'autre de leurs parents, à défaut d'enfant. Et même ce devoir filial lui fut volé : sa mère, veuve depuis trente ans, avait fini par mourir dans son lit sans prévenir, et ses beaux-parents, toujours en vie, avaient préféré partir s'installer auprès de leur fils, plus bas sur l'autoroute du Sud, à Avignon. Élisabeth, pour une fois, avait donné les signes d'une légère dépression, vite ravalée grâce à son inscription dans un groupe de bénévoles qui œuvraient pour la bonne cause de l'abbé Pierre. Elle consacrait depuis à la communauté tous ses samedis après-midi, parfois ses dimanches, organisant également son dévouement appliqué autour de deux soirées au domicile, au cours desquelles elle reprisait les vêtements qui nécessitaient une retouche, puis les repassait, pour les rapporter enfin dignes d'être exposés à la vente dans la salle qu'elle gérait en compagnie d'autres bénévoles. L'une des deux chambres sans avenir était de fait devenue son atelier de couture lingerie ; il avait aménagé l'autre comme bureau. Quant à la chambre inoccupée de l'étage, elle abritait environ deux fois l'an sa propre sœur, divorcée, aux deux fils grands et loin, qui s'y installait pour guère plus de trois jours, remplis d'une visite au cimetière sur la tombe de leurs parents, puis d'autres auprès d'amies qu'elle avait gardées à Chalon après son déménagement en région parisienne avec son mari. Lorsque sa sœur lui avait annoncé son divorce, Michel s'était senti obligé d'endosser les rôles de grand frère et de père de substitution ; ses neveux n'en plongèrent que plus rapidement dans la vie active, abrégeant malgré ses souhaits des études de toute façon médiocres. Il s'occupa donc du divorce de sa sœur. Puis lorsque celle-ci l'informa de sa décision de rester finalement en région parisienne, il abandonna toute ambition de devenir chef de famille, et récupéra la caution versée pour le petit appartement dans le centre-ville de Chalon qu'il venait de lui louer. Elle ne sut jamais rien de ses intentions. Ils se téléphonaient régulièrement, et ses visites furent bientôt réglées sur les saisons, la chambre étant pour l'occasion aérée et fleurie par les soins d'Élisabeth, qui entretenait avec sa belle-sœur des rapports cordiaux, de bon sens.

Il lui sembla que la chaleur du lit augmentait encore, prenant possession non seulement de l'air, mais aussi des murs et du plafond. Il suffoqua lorsque la braise emplit ses poumons. Une peur fulgurante le fit se redresser, brutalement asphyxié : son corps lui envoyait les signes d'une mort en marche ; nul incendie, il était simplement en train de mourir en se consumant. Il voulut toucher Élisabeth, mais l'étuve était là encore plus dévorante, le corps de sa femme vomissant sereinement la coulée de lave qui le tuait. Il se leva difficilement, traversa les brumes violettes qui lui barraient le chemin vers la porte, s'agrippa à la rampe de l'escalier, se meurtrit les cuisses et les bras contre les angles des placards de la cuisine, déverrouilla la porte de service donnant sur le jardin, et s'allongea à même le gravier, sans rien voir des nuages qu'il fixait, bouche grande ouverte sur un cri impossible. La chrysalide emprisonnée dans sa poitrine frémit, repoussa le cocon de chair et de sang, le déchira. Il entendit ses poumons se défroisser et put enfin avaler l'air glacé qui tombait sur sa bouche en cascade. Il resta allongé sur le gravier de très longues minutes, chaque minuscule meurtrissure dans son dos le rappelant à la vie. Le rappelant aux heures qui avaient précédé. Il gémit. Comment avait-il pu ?

L'après-midi n'avait été qu'une pente douce vers l'horreur de cette soirée. Il avait suffi d'un grain de sable, un verre de trop sans aucun doute. Le déjeuner du Cercle des anciens de la division Recherche Kodak était fixé depuis des mois, coïncidant avec la Grande Cavalcade du carnaval, raison pour laquelle ils avaient choisi de se retrouver hors de Chalon, dans une bonne table de Givry. Ils étaient une petite quinzaine, pratiquement tous issus de la même école supérieure et de promotions rapprochées. À quelques exceptions près, ils avaient donc opté pour la préretraite proposée par la direction de Kodak, avec toutes les conditions inhérentes à leur statut de cadre. Ça faisait déjà six ans, et il n'avait jamais regretté son choix...

Pourtant, Michel Dréon avait pris le délai de la réflexion, et fait ses comptes durant de nombreuses soirées alors que ses journées se déroulaient en bilans de compétences, rédactions de CV et autre « bilan employabilité », un terme barbare qui avait fait irruption en même temps qu'une troupe de conseillers d'un cabinet spécialisé dans les restructurations. L'arrogance de ces jeunes gens dépêchés depuis la capitale avait fini par le convaincre de se ranger du côté de la plupart de ses collègues de son âge. À cinquante-sept ans, Michel Dréon, même s'il ne s'estimait pas fichu ni hors d'usage, s'était incliné : il ne travaillerait plus jamais pour Kodak ni d'ailleurs pour un quelconque autre employeur de la région. Il était propriétaire de sa maison, les indemnités étaient confortables, son salaire intégralement versé jusqu'à sa retraite officielle, l'emploi d'Élisabeth était stable... Il avait en revanche refusé tout soutien psychologique, jugeant l'offre avec toute la méfiance d'un homme habitué à réfléchir seul, longuement, et bien. Il avait eu l'occasion de se féliciter de ce choix... Bertrand Maheux, qui avait le malheur paradoxal d'avoir deux enfants et d'être plus jeune que lui, avait paru plus détruit après avoir suivi régulièrement les entretiens psychologiques qu'avant l'annonce de leur licenciement. Pour enfoncer le clou, Maheux n'avait même pas été convié au feu d'artifice final qui avait fêté la destruction de Kodak. Leur Cercle des anciens, tous récipiendaires du luxueux carton d'invitation, avait gardé un silence gêné sur cet oubli désagréable, d'autant plus vite chassé que Maheux ne semblait pas leur en avoir porté rigueur. Et si Maheux avait été oublié ce fameux 9 décembre 2007, le Cercle avait continué de le convier fidèlement à ses réunions d'anciens, alibis à des agapes policées et à l'énumération de souvenirs communs et sans danger… jusqu'à celle d'aujourd'hui, six ans plus tard.

Dréon avait senti monter en lui une bouffée de pitié à la vue de Maheux, en train de picorer les amuse-gueules d'un air absent, verre de whisky vite rempli, vite vidé… Il appréciait, plus exactement avait apprécié l'humeur et le sérieux constants de ce jeune collègue. Là, il avait pu constater l'ampleur du dommage au costume fripé, à la cravate de travers sur le col de la chemise ouvert, aux poches sous les yeux et au pli amer au coin des lèvres… Maheux, qu'il avait connu souriant et bonhomme, semblait avoir perdu sa candeur quelque part entre les ruines de Kodak et les box de Pôle emploi. Il était passé à table avec difficulté, renversant dès le début du repas son verre de vin sur la nappe. Fasciné, il avait regardé le rouge prendre possession du fin tissu blanc, puis avait éclaté d'un rire qui avait pétrifié durant quelques secondes l'assemblée. Yves Cottard, le président de leur Cercle et parmi les premiers à avoir négocié plus qu'avantageusement son départ de chez Kodak, avait alors levé son verre, et accordé du ton jovial qui lui était coutumier la clémence : « À nous, aux anciens de Kodak… À nos deux jeunes collègues ici présents : nous sommes de tout cœur avec eux. » Ils l'avaient tous imité, pleins d'une gratitude muette pour Cottard, qui venait de soulager leur semi-mauvaise conscience.

Maheux s'était tenu à peu près correctement jusqu'au dessert. Les convives, de plus en plus détendus au fur et à mesure que les crus sélectionnés par le sommelier se succédaient dans leur verre, se laissaient porter par une conversation décousue au cours de laquelle il était davantage question de placements financiers, de loisirs et de vacances que d'avenir professionnel. Michel Dréon releva bien les coups d'œil inquiets, puis franchement irrités, du voisin de table de Maheux, Laurent Knops, la quarantaine.

Ce dernier, contrairement à Maheux, avait évité le parcours de reclassement en se précipitant dès l'annonce officielle de la fermeture du site sur un des rares emplois réservés aux futurs ex-Kodak dans les entreprises de la zone industrielle Sud. Knops, sur les conseils de Cottard, avait accepté un salaire amputé, ce qui lui avait sans doute valu son embauche rapide. À ses côtés, Maheux était secoué de quintes de rire à la moindre blague, s'affaissant indifféremment sur les épaules de ses voisins de droite ou de gauche, donc de Knops, qui tentait d'éviter par ailleurs que Maheux lui remplisse trop systématiquement et généreusement son verre. La ronde des desserts fut servie, moment choisi par Maheux pour se dresser, verre à la main. Il réclama le silence en frappant à coups désordonnés sa petite cuiller sur le cristal, éclaboussant de nouveau la nappe.

« Chers collègues, il est l'heure d'offrir nos vœux ! » s'exclama-t-il d'une voix étonnamment claire compte tenu du volume d'alcool qu'il avait ingurgité.

Il semblait avoir dessaoulé d'un coup.

« Plus exactement de faire nos aveux. Donc, si vous le voulez bien, je vais commencer. »

Cottard se racla discrètement la gorge, Knops se raidit sur sa chaise, Catherine Pottier et Gisèle Dumond, les deux seules femmes du Club, se jetèrent un coup d'œil angoissé. Dréon avait compris bien avant les autres qu'ils devaient s'attendre à tout.

« Vas-y Bertrand, après c'est mon tour, lança Yves Cottard, conciliant.

– Cher Yves, toujours aussi sympa, et de bon conseil, continua Maheux. L'heure a donc sonné pour moi de vous remercier. Si, si, ne faites pas ces têtes étonnées, je vous assure, je vous remercie du fond du cœur ! Sans vous, je ne sais pas ce que je serais devenu. Parce que la vérité, c'est que je suis un con. Un pauvre connard...

– Bertrand, t'es bourré, tu...

– Yves, merde, laisse-moi terminer. Je ne suis pas bourré, je suis lucide. J'en étais où... ah, oui : merci. Merci de m'avoir ouvert les yeux. C'est vrai, quoi, avant, j'étais plein d'illusions, d'espoir. Je pensais que Kodak, c'était ma famille, qu'on irait jusqu'au bout du monde tous ensemble. Je me disais : on surmontera les coups durs, le virage est difficile, mais on y arrivera, y a pas de raison. Et vous m'avez fait grandir, d'une claque ! Alors, je lève mon verre à tous les faux-culs de cette assemblée, à tous ceux qui se sont débinés en négociant des indemnités chacun pour sa gueule, dans le dos des autres, à...

– Ferme-la, Maheux, t'es pas mieux que les autres ! »

C'était Laurent Knops qui avait craqué le premier, et ça, Michel Dréon l'avait su aussi dès les premières minutes de leur déjeuner. Les autres restaient étrangement concentrés sur leur assiette de dessert, et il observa Knops tenter d'en faire autant, s'attaquant furieusement à sa charlotte aux fruits rouges.

« Bertrand, je t'emmène faire un tour dehors, ça te fera du bien, lança Cottard en se levant de table.

– Je ne prétends pas être mieux que les autres, mon cher collègue, continua Maheux à l'intention de Knops, je suis simplement retombé sur terre. Et ça fait très mal. Et puisqu'on y est, tu vas peut-être pouvoir me dire pourquoi t'as appelé leur putain de ligne d'assistance ? ! Hein, Knops, pourquoi t'as appelé ? De toute façon, tu l'aurais eu ton boulot, t'avais pas besoin d'aller raconter des saloperies sur mon compte. J'avais pas le profil du poste... et moi, j'aurais pas piqué le boulot d'un autre. »

Michel Dréon soupira le plus discrètement possible. On y était. Il avait entendu la rumeur courir lors du plan de reclassement, en 2007, sans vouloir y accorder plus d'importance ; Maheux venait de lui donner corps, aujourd'hui et six ans plus tard.

Maheux continuait :

« Ta planque, Knops, tu l'as parce qu'un pauvre mec en CDD qui attendait depuis des mois l'embauche qu'il méritait s'est fait remercier. T'as volé son boulot. »

Cottard repoussa brutalement sa chaise.

« Bertrand, tu commences à nous casser les pieds, et encore je suis poli. Au nom de tous, je te demande de la boucler maintenant. »

Maheux s'affaissa dignement sur sa chaise.

« C'est bon, j'ai dit ce que j'avais à dire. »

Knops jeta sa serviette en boule sur la table. Dans son assiette, la charlotte n'était plus qu'une bouillie de fraises et de framboises, qui laissa à Dréon un goût de sang sur la langue.

« Vous m'excuserez, mais il y a des limites à tout.

– On est d'accord… pour une fois, ricana Maheux dans son verre. En temps de guerre, j'aurais pas aimé être ton voisin. »

Heureusement, Knops frappa alors que Maheux venait de reposer son verre, ce qui lui évita quelques points de suture. Dans la mêlée et les cris qui s'ensuivirent, Michel Dréon conserva un calme inattendu. Il resta assis, considérant le spectacle de ses collègues s'évertuant à séparer Knops et Maheux, des larmes prévisibles de Catherine Pottier et Gisèle Dumond, de l'irruption de toute une troupe affolée en provenance des cuisines… de tout ceci et de plus encore avec un détachement qui aurait dû l'alerter. Il pensa à cet instant qu'il faisait le bon choix, celui de l'innocent capable de tout pardonner, avec l'honnête confusion du brave type. Il entendit Maheux hurler : « On est en guerre, Knops, tu ne le sais pas encore, mais c'est la guerre ! On va tous crever ! » Il l'entendit encore gémir alors que trois de ses ex-collègues le traînaient, ensanglanté, vers la porte de secours :

« Personne veut le savoir, Knops, je t'en veux pas, mais c'est la guerre, et tout le monde s'en fout ! »

Chapitre 5

Lundi 25 février 2013

Après la neige, le gel avait dévoré d'un seul coup de vent ce printemps encore trop audacieux quelques jours auparavant. Les confettis de la veille reposaient dans le linceul de glace des ornières et des caniveaux, les bâches des manèges se fendillaient en gémissant à chaque bourrasque, la Saône seule gardait un calme liquide en son mitan, accordant à l'hiver l'exceptionnelle faveur d'occuper ses berges les plus plates. Il faisait à peine jour, mais l'homme vit son chien se diriger vers l'eau. « Scot, au pied ! Scot ! » Le chien, truffe sur l'herbe brûlée, continua sa quête olfactive sans un regard vers celui qui tempêtait sur le chemin en hauteur longeant le terrain. « Sale corniaud ! Fais chier. » À cette heure, la circulation sur le pont de Bourgogne, deux cents mètres en aval, était dense, desservant d'un côté la zone industrielle Nord, de l'autre la Sud, noms laissés en friche comme ses terrains, vagues et vides. L'homme soupira en emboîtant un pas pressé au derrière virevoltant de l'irrévérencieux meilleur ami de l'homme. Scot n'aimait pas la laisse, aimait plus que tout disparaître et faire brailler sa maîtresse, de rage contre son négligent époux qui le laissait vagabonder et se perdre, d'angoisse à son sujet canin. Il lui arrivait de ne rentrer qu'à l'aube, au terme de longues heures à fureter et chasser les rats musqués et les canards imbéciles le long de la Saône. L'homme gémit : Scot venait de disparaître derrière une pile du pont. Les remontrances criardes de sa femme lui vrillaient déjà les tympans, alors il hâta encore le pas, autant que la terre gelée et la douleur dans ses genoux le lui permettaient. Les rives à cet endroit, si le promeneur quittait la rue Julien-Leneveu pour parcourir la cinquantaine de mètres jusqu'à la rivière, ne proposaient qu'une vilaine lanière de terre la plupart du temps submergée en hiver. Il fut obligé de regagner la rue pour passer sans dommage sous le pont de Bourgogne. Scot était hors de vue, mais toujours sur la berge, il en était sûr. Après le pont, il aperçut enfin la queue frétillante du corniaud, en train de fouir furieusement le rivage d'une anse minuscule formée par une excroissance herbeuse de la berge. Fulminant, il se précipita vers la rivière. « Scot, sale clebs, au pied, nom de Dieu ! » Le chien resta sourd, et, en s'approchant, il aperçut l'objet du délire canin de Scot : une poche de tissu d'un vert brillant noirci par l'eau, gonflée par une bulle d'air. En quelques pas, il fut auprès du chien, et le saisit par le collier pour lui attacher sa laisse. C'est à cet instant seulement que, soulagé, il s'attarda sur le tissu. Il ne comprit pas immédiatement ce que la fine couche de glace à peine formée retenait à grand-peine contre la rive, ballotté par le léger courant de la Saône. Il dissocia enfin le blanc du givre du blanc du tissu, qu'il suivit des yeux jusqu'aux semelles. Il put alors reconstituer, morceau par morceau, le trophée que Scot venait de dénicher : un corps qui lui offrait son dos, la face regardant le lit de la Saône, aux pieds chaussés de baskets, aux jambes vêtues d'un jean blanc, au torse recouvert d'un blouson kaki... Il n'en vit pas le visage, seulement une forme, emballée dans ce qu'il pensa être un sac-poubelle, noué au cou, et il fut instinctivement soulagé de ne pas avoir à affronter le regard du cadavre. Il distingua alors, à moitié dissimulées par le tissu du blouson, au niveau des fesses dénudées, deux mains à la peau déjà fripée par l'eau, nouées d'évidence par un lien presque totalement incrusté dans la chair.

Il tira violemment sur la laisse de Scot, qui, truffe au sol, s'étranglait, fit quelques pas pour remonter vers la rue Julien-Leneveu, puis dut s'asseoir à même le sol, jambes fauchées.

Chapitre 6

Lundi 25 février 2013

Catherine surgit d'un sommeil étonnamment lourd compte tenu des heures passées à dormir la veille, et pour une fois sans cauchemar. L'aube se muait en un carré de lumière pâle au travers de la fenêtre. Elle n'avait jamais voulu poser de rideaux, pour pouvoir s'engloutir depuis son lit dans les ciels étoilés que pouvait lui offrir le vent du nord, pour sentir la vie jour et nuit, pour éviter l'effroi des chambres closes. Elle s'était déniché un petit appartement sur l'île Saint-Laurent, dont les fenêtres donnaient toutes sur la Saône, quoiqu'orientées vers le nord. Elle s'en moquait : le point de vue était unique, et le silence, la nuit, d'une exceptionnelle qualité. Les péniches se faisaient de plus en plus rares sur le fleuve, et le port de plaisance était situé à l'opposé du sens de leur navigation, plus bas vers le sud de l'île.

Meublés le plus sommairement possible d'après sa volonté, la chambre et le séjour lui semblaient ainsi plus vastes, dégagés comme la vue, adaptés à ses arpentages nombreux et songeurs, une tasse de café à la main. Le seul canapé était inévitablement disposé en direction des flots plus bas. Les plafonds, d'une grande hauteur compte tenu de l'âge du bâtiment, étaient tous sans exception fendillés ; il lui arrivait même de découvrir en rentrant du cabinet des éclats du plâtre des corniches sur le parquet à croisillons de chêne, tombés durant son absence. Elle s'en moquait : c'était son « chez elle », et le grain poussiéreux des murs dont elle s'amusait parfois à s'enduire les paumes, quoique preuve de l'humidité des lieux, la rappelait à sa condition de petite-fille de pauvre, de fille de pute, d'enfant de la DDASS sans pour autant que cela fût douloureux. Au contraire : elle tenait plus que tout à ne jamais oublier de quels ventres elle avait été conçue puis arrachée, de chair et de terre. Le ventre ignorant de sa mère, la terre de cette plaine glaiseuse qui les avait vues naître toutes les deux, qui les avait fait fuir toutes les deux. Et ce salpêtre récolté sur ses mains restait une des seules sensations de douceur à la fois de son enfance et de ce corps qui la trahissait.

Ce lundi matin, donc, le vent soufflait le froid du nord, lequel avait englouti les ardeurs carnavalesques de la veille, les vitres étaient presque de givre, la chambre étant à peine chauffée. Mais elle savait qu'elle pouvait se lever sans craindre la morsure du froid, pas plus que l'eau éventuellement bouillante de la douche. Tout affect climatique lui étant devenu étranger, il lui avait fallu apprendre à régler minutieusement et définitivement la température de l'eau, du chauffage, entre autres habitudes désormais immuables, sous peine de peau pelée par la brûlure ou d'engelures seulement visibles à l'œil. Une source d'économie certaine par temps de glace, songea-t-elle en ricanant. De même, elle inspectait son corps régulièrement. Elle avait dépassé depuis suffisamment longtemps la période où tout était danger, tout était peur, tout était suspect de pouvoir la tuer à son insu. Alors ces gestes, devenus machinaux, répétitifs, elle avait fini par les admettre comme composants de son état. Seules parfois surgissaient les larmes, par exemple à la vue d'un enfant qui tombait ou d'un animal blessé, mais eux capables d'extraire la douleur, de la dire, de la communiquer grâce à un cri, des gémissements ou des pleurs. Elle s'en voulait d'ailleurs, car elle restait incapable de dissocier l'empathie de l'envie ; la contradiction évidente de ces deux sentiments ne faisait qu'accroître en ces instants la haine qu'elle éprouvait pour son propre corps. Sans lui, elle n'existait pas.

Elle entendit avant de se lever le chahut qui lui parvenait depuis le pont de Bourgogne. Inhabituellement inquiet et excité, bien que l'heure fût à la circulation dense, aux premiers manœuvres qui envahissaient les chantiers et les usines clairsemées de la zone Nord. Elle fut aussitôt en alerte. Depuis la fenêtre de sa chambre, elle put alors constater que quelque chose se passait là-bas, à quelques centaines de mètres : éclat des gyrophares de police, déploiement sans discrétion d'un périmètre de sécurité, et badauds accrochés en rang d'oignons aux rambardes du pont. Elle connaissait tout cela par cœur. Il était tôt, trop pour déverrouiller la porte de service du cabinet Pierson, et se plonger dans un dossier quelconque. Elle avait donc tout le temps de faire le détour par le pont de Bourgogne pour rejoindre sa soupente au-dessus du cabinet, fort judicieusement situé Grande Rue : à mi-chemin entre le palais de justice, l'ancienne prison de Chalon et le quai de la Poterne.

Chapitre 7

Lundi 25 février 2013

La ribambelle de curieux emmitouflés grossissait sur le pont de Bourgogne, profitant de la vue en surplomb sur le champ d'investigation. Il était 7 heures 30. Jean-Pierre Renaud, le commissaire de la brigade criminelle de Chalon, attendait depuis une heure l'arrivée du juge d'instruction et des hommes de l'Institut de recherche criminelle de la Gendarmerie nationale descendus de Dijon. Le périmètre de sécurité avait été délimité sur quelque trois cents mètres depuis l'aval du pont jusqu'à son amont, au croisement de la rue Beaupré, englobant une large bande de la berge qui commençait rue Julien-Leneveu. Son équipe avait déjà engrangé des dizaines de clichés de la scène de crime sous tous les angles, photographiant les moindres traces et détritus trouvés sur le terrain aux emplacements marqués par des cavaliers ; leur récolte était en cours d'impression. Un auvent de plastique avait été précautionneusement arrimé autour du cadavre de la jeune fille – Renaud avait la certitude qu'il s'agissait d'une fille –, dérisoire paravent contre la curiosité des passants du pont de Bourgogne. Les journalistes ne s'étaient pas encore mêlés à la petite meute, mais Jean-Pierre Renaud leur faisait confiance pour combler au plus vite cette distraction. D'autant plus vite que le carnaval venait de commencer... Le corps n'avait pas été touché, et Renaud avait eu trop de temps à son goût pour contempler la chorégraphie hypnotique de l'onde battant la bulle moirée du blouson trempé. Un battement de ressac régulier et étrangement doux rythmait le tout, froissant et défroissant le plastique enserrant la tête. Le givre au bord de l'eau était sur sa fonte. Ils avaient été obligés de planter autour du corps des piquets afin d'éviter qu'il ne soit entraîné par les remous causés à chaque passage de péniche sur la Saône. Le médecin légiste arriverait lui aussi de Dijon, et Jean-Pierre Renaud patientait, résigné. Le temps jouait contre eux, le gel comme les heures. La terre n'avait évidemment conservé de ses visiteurs nocturnes aucune empreinte, même s'il avait déjà la conviction que la petite morte de la Saône avait été jetée dans l'onde bien en amont ; la peur et le doute l'ensevelirent l'espace d'une seconde : pouvait-elle faire partie du groupe des « autres » ?

Son identité leur restait encore inconnue : ils n'avaient retrouvé aucun papier ni objet personnel permettant de l'identifier, et, plus effroyable encore, aucun signalement d'une gamine en fugue ou disparue ne leur était parvenu. D'où venait-elle, qui était-elle ? Il avait estimé son âge à environ douze ou treize ans, et sentait une colère insidieuse ramper le long de son échine, une colère qu'il savait devoir évacuer avant que ses parents, aussi irresponsables qu'ils soient, se manifestent. Il connaissait les larmes et les cris qui succèdent à la stupeur ; il en avait toujours la crainte. Il considéra l'homme et son chien qui avaient découvert le corps : ils se tenaient, animal gémissant tirant sur sa laisse, maître pétrifié, rue Julien-Leneveu, au bord du périmètre sécurisé. Il soupira, et remonta la pente gelée pour les rejoindre avec peine, manquant déraper à chaque pas. À cinquante-huit ans, il ne parvenait toujours pas à envisager que l'horreur pouvait le surprendre à l'aube, et par conséquent avait chaussé sa paire habituelle de bottines de ville, aux semelles de cuir trop lisses. Le chien, un vilain petit bâtard au pelage jaunâtre comme l'herbe morte, jappa et il esquiva de justesse les pattes qui se ruaient sur son pantalon.

« Nous avons vos coordonnées, ça ne sert à rien d'attendre, je vous assure. Rentrez chez vous boire quelque chose de chaud. Nous vous convoquerons dans la journée pour compléter votre déposition.

– C'est horrible. C'est la première fois que ça m'arrive un truc pareil... gémit le témoin d'un ton encore plus larmoyant que celui de son chien.

– Et c'est heureux, croyez-moi. On ne trouve pas encore de cadavres tous les jours... », répliqua-t-il, agacé.

Il s'en voulut immédiatement, mais n'eut pas le temps d'adoucir sa remarque : il ne connaissait que trop la jeune femme qui venait d'apparaître et lui tendait la main. Catherine Gauthier le glaçait tout autant qu'elle l'impressionnait. Son visage, l'expression de son visage surtout, lui rappelait immanquablement le masque mortuaire d'Agnès Sorel, exhibé aux côtés de son gisant lors de sa restauration. Car il n'avait aucun autre souvenir de cette visite, sauf celui d'être resté médusé devant le masque, puis devant les traits d'albâtre finement sculptés, l'esquisse du sourire de la belle Agnès, entre sérénité, candeur, hébétude et souffrance. Tout cela entremêlé par la grâce des ciseaux du sculpteur, qui avait su capter plus que l'apparence de ce visage : l'artiste était allé attraper quelque chose, Renaud ne savait quoi, dans les replis de l'âme de la jeune morte. Une indicible émotion non due à l'œuvre de la mort biologique, mais manifestement à une vie courte et tout entière restituée avec amour et une infinie compassion. Le sculpteur avait-il aimé cet être de chair et de sang ? Ce ne pouvait être que l'amour qui avait rendu fou l'auteur de cette sculpture au point de lui avoir laissé les yeux ouverts sur le spectacle de la vie, et non fermés dans l'attente du Christ venu la chercher. Jean-Pierre Renaud avait eu beau tourner autour du masque-modèle pour y chercher les traces de la mort, les yeux de la jeune femme le regardaient où qu'il fût. Trop vivants pour une jeune femme décédée depuis des siècles, trop pleins d'il ne savait quoi. L'albâtre du gisant n'avait fait que renforcer son malaise.

Et pourtant, il en avait vu des morts, des cadavres encore tièdes, vieux, jeunes, abîmés, douloureux ou apaisés, corps qui portaient tous les marques de leur vie passée, et la cause de leur trépas. Mais les yeux et le visage incroyablement vivants de la jeune morte de pierre l'interrogeaient plus que tous les autres : ils étaient chargés d'un message, mais lequel ? Et chaque fois qu'il croisait Gauthier, c'était le masque funéraire de l'irradiante Sorel qu'il voyait. Pourquoi ? Il n'en savait rien. Bref, elle lui tendait la main, et il la serra, se rappelant soudain qu'elle l'agaçait aussi prodigieusement : toujours à harceler en douceur ses services pour obtenir tel ou tel rapport d'enquête, toujours munie de son passe-droit de sbire de Maître Pierson et de son passé d'ancienne fliquette. Il devait cependant lui reconnaître un acharnement paisible tout à fait respectable compte tenu du métier qu'elle exerçait. Jamais un mot plus haut que l'autre, une juste distance autant avec les faits qu'avec les hommes et les femmes qu'elle rencontrait et interrogeait. L'intelligence d'une vraie pro, et ça, un homme comme Renaud ne pouvait que l'admirer, malgré le malaise qu'elle lui inspirait.

« Mademoiselle Gauthier...

– Commissaire Renaud...

– Une insomnie ?

– Un détour judicieux, plutôt. Qui est-ce ? »

Renaud, fataliste, savait qu'il ne servirait à rien de vouloir lui dissimuler les faits : Gauthier mènerait la barque de l'arrière-ban si elle arrivait à persuader Pierson et son armada d'avocats de récupérer le dossier de la partie civile au cas où l'affaire se corserait. Car Gauthier travaillait toujours pour les victimes... et Pierson lui accordait plus que la normale son aval. Il s'agissait bien, sur la berge, d'une victime. Alors...

« Allez, pas besoin de me montrer votre carte. Venez, et inutile de vous demander de rester discrète, et à l'écart...

– Monsieur le commissaire... »

La voix était douce, rassurante... Irréprochable comme du poil à gratter.

« Une pauvre gosse, continua-t-il en passant le périmètre de sécurité, Gauthier sur les talons. Une martyre. »

Il faillit déraper, et Gauthier lui attrapa le bras de justesse, le retenant. « Eh merde, quel con », pesta-t-il en lui-même.

« Une fille...

– Je ne vous ai rien dit. S'il y avait un Dieu, il n'aurait pas permis une chose pareille. Ou alors, il aurait tué ce cinglé d'assassin dans les couilles mêmes de son père ! »

Ils s'approchèrent de l'auvent, Renaud apaisant d'un geste les regards courroucés, voire ironiques, de son équipe à la vue de sa compagne. Il écarta la bâche : « Après vous... » Gauthier le précéda avec toutes les précautions d'usage. Renaud resta derrière elle, tandis qu'elle se figeait, accroupie, à une distance raisonnable du cadavre. Elle resta ce qui sembla une éternité à Renaud à contempler silencieusement le corps dansant dans le ressac. Ils n'entendaient plus, à l'unisson, que le vibrion grotesque du sac plastique enserrant la tête de la jeune fille, excité par les vaguelettes qui tentaient inlassablement d'emporter le cadavre vers le courant.

Un hululement très policier traversant le pont de Bourgogne, accompagné de coups de klaxon et de sifflets autoritaires, les secoua. Enfin, le juge d'instruction avec la clique des cracks de l'IRCGN et ce foutu légiste... Ils s'ébrouèrent tous deux. Gauthier se retourna vers Renaud. Renaud, qui en avait tant vu, réprima un frisson : le regard de la jeune femme n'était qu'un questionnement inhumain mais gorgé de vie, en tout point identique à celui de la jeune morte de la collégiale de Loches, des siècles plus tôt ; un regard qui ne s'adressait pas à lui. De toute façon, il n'avait aucune réponse à y apporter.

Il avait fallu trouver une paire de bottes de caoutchouc pour le légiste, puis attendre le feu vert du juge d'instruction et que l'équipe scientifique de gendarmerie collecte au plus près de l'endroit où avait été découvert le corps le moindre mégot de cigarette, emballage de bonbon, détritus, déposés dans des sachets étiquetés. Des points déjà soigneusement signalés de cavaliers placés par sa brigade. Attendre aussi les relevés de la moindre empreinte sur la terre, inutiles songeait Renaud, car elles étaient forcément antérieures au coup de gel qui frappait la ville depuis deux jours. Puis le légiste, frissonnant, mains gantées de fin caoutchouc, put patauger dans l'eau jusqu'au cadavre. Les appareils photo claquèrent de nouveau. Le toubib s'accroupit au plus près qu'il put, et plongea dans l'eau un thermomètre, annonçant à son jeune assistant, manifestement un novice en matière de scène de crime, une température à 2 °C. Le visage de l'étudiant était aussi blanc que le jean de la jeune morte, mais il prit efficacement la note sur sa tablette. Puis le toubib soutira à l'onde les mains à la peau d'une teinte maintenant bleutée, aux poignets gonflés ; le lien incrusté dans les chairs était à peine visible. Ce seul geste suffit à faire glisser le corps vers le courant, faisant sauter un des piquets qui le maintenaient contre la rive, qui fila. « Quelqu'un peut m'aider ? Je ne peux rien faire dans cette flotte, il faut qu'on le sorte de là », maugréa le légiste. Un homme de Renaud se précipita. Le sac était déjà ouvert sur la civière pour réceptionner le corps, et ils le déposèrent tendrement dessus, dans la position qu'il avait, face contre terre. Renaud observa à la dérobée les membres de son équipe, deux hommes et une femme. Cette dernière, le capitaine Judith Marini, trente-cinq ans, en poste à Chalon depuis quatre ans après avoir fait ses armes dans un commissariat de la banlieue de Lyon, affichait un visage d'une neutralité détachée. Le capitaine Bouzit, lui, mâchoires crispées, semblait prêt à faire sauter la rangée de dents parfaites qu'il exhibait d'habitude volontiers dans des sourires innocents des ravages qu'ils suscitaient. Le dernier, le commandant Nahoum, un fidèle de la première heure, tentait de conserver une contenance, mais Renaud releva qu'il avait avalé ses lèvres tandis qu'il regardait le médecin et son stagiaire faire pivoter le corps de profil. Le crépitement d'une nouvelle salve de clichés le rappela à son devoir. La fermeture Éclair du blouson était remontée à mi-ventre, laissant apparaître un pan de coton noir collant à la poitrine, au niveau de laquelle on pouvait distinguer en son travers une traînée de paillettes à l'argent terni par l'eau. La braguette du jean blanc était descendue, bouton arraché, découvrant le bout d'une culotte rose au bas des fesses. Renaud soupira : le corps était bien celui d'une fille, car les mères perpétuaient l'esclavage des couleurs. Le médecin continuait de dicter d'une voix claire ses premières constatations à son enregistreur et à son jeune novice, lequel cochait fébrilement des cases, yeux rivés sur son mini-ordinateur. Le légiste inséra le plus délicatement possible un scalpel entre les chairs tuméfiées des poignets et sectionna le lien qui les maintenait, le glissant dans le sachet tendu par un des policiers de la scientifique. Puis il laissa échapper un soupir au moment de fendre le lien qui retenait le sac plastique emballant la tête. Soutenant le crâne, il dégagea à gestes délicats et patients le visage, pour confier la poche au même. L'adolescente avait les yeux et la bouche grands ouverts, aux lèvres gonflées et fendues, retroussées sur des incisives en désordre adolescent. Une plaie profonde entaillait sa joue gauche jusqu'à l'os de la pommette, une autre cisaillait la peau de son front, dont ils pouvaient suivre le sillon entre les mèches de cheveux châtains. Une ecchymose marbrait de violet et de jaune le nez à l'arête brisée net. L'iris de ses yeux vola la couleur de la Saône à ce moment où le soleil laiteux d'hiver leur tomba sur les épaules.

Elle s'appelait Samantha. La mère avait fait irruption rue Julien-Leneveu alors qu'ils remontaient la civière légère jusqu'à l'ambulance. Renaud l'avait interceptée de justesse, l'entraînant dans sa voiture. Sur un coup d'œil, il avait convoqué Judith Marini à venir assister silencieusement à l'entretien. Celle-ci s'était glissée discrètement sur le siège arrière, bloc et crayon en alerte. La femme, âgée d'une trentaine d'années, tremblait de tout son corps, regard saccagé, yeux papillonnant en déséquilibre sur le moindre détail du tableau de bord ou du paysage, évitant les leurs. Elle n'attendait qu'une réponse à la seule question qu'elle leur avait posée ; ils en avaient tant à lui soumettre.

« Madame Wizniek, qu'est-ce qui vous fait croire qu'il s'agit de votre fille ?

– Elle n'a pas dormi chez Océana.

– Qui est Océana ?

– Sa meilleure amie.

– D'accord. Pouvez-vous nous donner une description de votre fille ?

– Elle a douze ans et demi. Elle est châtain clair, très grande pour son âge, et maigre, elle grandit tellement vite, elle fait même un complexe, elle dit qu'on la traite de baguette chinoise à l'école, elle a des yeux marron, elle aime les jeux vidéo, elle fait des chorégraphies dans sa chambre, elle adore *The Voice* à la télé, elle se ronge les ongles des pouces, elle... elle... je ne sais plus. »

La femme se recroquevilla soudain en position de fœtus sur le siège à côté de Jean-Pierre Renaud.

Le commissaire croisa le regard navré de Judith Marini dans le rétroviseur. Il soupira.

« Madame Wizniek, le capitaine Marini va vous conduire au commissariat. Je vous y retrouve. »

Jean-Pierre Renaud prit les mains de madame Wizniek dans les siennes et les serra. Il descendit de la voiture alors que la mère ouvrait grand la bouche sur un cri silencieux. Enfin, elle se mit à gémir.

Chapitre 8

Lundi 25 février 2013

Michel Dréon avait l'impression d'être prisonnier d'une coquille de noix dans la tourmente. Il tanguait en gémissant, trempé d'embruns, estomac malaxé par les convulsions. Il entendit au loin la voix d'Élisabeth :

« Michel… Réveille-toi, Michel. »

Il émergea de l'océan déchaîné avec soulagement, et ouvrit les yeux : penchée sur lui, assise au bord du lit, Élisabeth lui secouait doucement l'épaule.

« Ça va ? » murmura-t-elle.

Il referma rapidement les yeux, incapable de fixer le visage de sa femme, aux contours flous, sans sentir la nausée monter.

« Non… Trop bu.

– Je m'en doutais. Je ne t'ai même pas entendu rentrer.

– Tard… parvint-il à ânonner.

– Tu étais saoul au point de tomber ? Tu es blessé au visage… »

Grognement.

« Bien... J'y vais. Je t'ai préparé une aspirine effervescente, sur la table de nuit. À ce soir. »

Elle caressa son front, dégageant une mèche, sa main était étonnamment fraîche ce matin, et parfumée, alors que la nuit même elle n'était qu'une coulée de lave. Avant qu'elle ne referme la porte, elle ajouta :

« Tu me donneras ton costume pour que je le porte au pressing... Il doit être dans un drôle d'état. »

Puis elle referma la porte, et il plongea de nouveau au creux de vagues plus hautes que sa maison. La nuit et sa cape de violence pourpre s'emparèrent de sa mémoire. Une déferlante le jeta à bas du lit, et il se rua dans la salle de bains, où, plié sur la cuvette des W.-C, il libéra la bile prisonnière de son corps tourmenté. Il vomit avec soulagement, longuement, le dos agité de frissons, les épaules recroquevillées sous les flagellations lancinantes de son estomac. Lorsqu'il put enfin se redresser puis nettoyer sa bouche et son visage sous le filet vif et glacé de l'eau du robinet, il souhaita de toute force retourner au sommeil bien qu'il sût que tout l'en empêcherait, ce jour, la nuit prochaine, et probablement les suivants de sa vie à venir. Son visage portait des traces de griffures, une bosse bleuissait sur son front, et son arcade sourcilière était tuméfiée. Ses mains, elles, étaient écorchées et salies par la terre, la peau de ses phalanges éclatée. Il n'avait d'autre choix que s'accoutumer au souvenir. S'insurger ou mourir ne firent pas partie des hypothèses envisageables.

Il ne comprenait pas, ne comprendrait finalement jamais les raisons de son geste, pas plus qu'il ne souhaitait les comprendre.

Il entendait encore les hurlements de Maheux, ses gémissements d'homme réduit à néant, brûlé jusqu'aux os par la réalité. Maheux la subissait alors que Michel Dréon l'avait, pour sa part, choisie. C'est en tout cas ce qu'il avait pensé à cet instant de supériorité sur son semblable. Il n'était désormais plus sûr de rien, Maheux l'ayant entraîné dans sa chute, ce qui était en revanche une certitude.

Il regarda son costume, sa chemise, sa cravate et jusqu'à son slip, son tricot de corps et ses chaussettes, fripés, déchirés, souillés par les traces de vomissures et de sang noir, fondre et se consumer dans les flammes d'un bleu synthétique, au fond d'un trou. Lorsqu'il n'en resta plus que de minuscules boules calcinées, il saisit sa pelle et reboucha ce cratère qui ne vomissait que fumée âcre et puante, aussi mortelle que l'éruption qui s'était emparé de lui la veille.

Une fois Maheux muselé dans les jardins du restaurant, loin de la colère de Knops, ils avaient battu l'émoi en brèche en avalant un digestif ambré aux vertus d'assommoir. Son bénéfice s'était fait immédiatement sentir : la parole leur était revenue, les larmes féminines s'étaient taries, la fureur de Knops s'était apaisée dans le giron paternaliste de Cottard, qui leur avait rappelé ce lien qui les unissait, l'esprit de corps du Cercle des anciens. Maheux buvait décidément trop, et il fut unanimement condamné pour ce fait : exclu du club. Cottard voulait se charger de lui annoncer la sentence, mais d'aucuns soulignèrent l'inutilité de la démarche, tout en relevant la noblesse de l'intention : Maheux comprendrait de lui-même qu'il n'était plus le bienvenu à leurs agapes. En cette fin de repas, Michel Dréon sentait déjà la mer monter. Il n'exprima rien de plus qu'une discrète approbation. Il attendait patiemment le moment où il pourrait quitter la table et ses anciens collègues, et son souhait fut rapidement exaucé : ils se séparèrent vingt minutes plus tard sur le parking enneigé, en se faisant tous la promesse d'oublier ce désagréable incident. Gisèle Dumond eut l'honneur d'avoir à sélectionner une bonne table pour leur prochain rendez-vous, ce qui suscita chez certains plaisanteries, recommandations et rires, leur collègue étant perpétuellement au régime. Dréon faillit trébucher en montant dans sa voiture. Le cuir sous ses fesses était soyeux, et il eut peur de s'endormir au volant, même s'il n'avait qu'une dizaine de kilomètres à parcourir jusqu'à Saint-Rémy. Il vit les véhicules de ses compagnons s'engager doucement un à un sur la route, et baissa la fenêtre pour laisser l'air glacial le gifler. Il attendit ainsi une bonne demi-heure, laissant se diluer dans une rêverie somnolente les souvenirs les plus contrariants du déjeuner. Il allait se mettre en route lorsqu'une voiture fit irruption dans l'allée qui contournait le bâtiment, manquant percuter un muret. Le conducteur maniait le volant à grands gestes désordonnés, dérapant sur la mince couche de neige, et le véhicule était pris de soubresauts et d'embardées qui faisaient gicler le gravier sous ses roues. Dréon reconnut Maheux, penché sur le volant, alors que celui-ci engageait sa voiture sur la route sans un regard ni un arrêt pour s'assurer que le passage était dégagé. Il attendit encore une dizaine de minutes puis démarra et s'engagea à son tour sur la route en direction de Chalon, avec toute la prudence de l'homme saoul rasséréné de voir plus saoul que lui. Sorti du bourg, sur la départementale, il reconnut à une centaine de mètres devant lui la voiture de Maheux. La voiture tanguait sur l'asphalte au milieu d'un nuage de flocons, chacune de ses incursions sur la voie de gauche ponctuée par les hurlements de klaxon des véhicules qui avaient le malheur de la croiser. Michel Dréon entrevit quelques visages aux regards fous de stupeur, et décida à contrecœur d'intervenir. Il se rapprocha de la voiture de Maheux tout en gardant une longue distance de sécurité, et se mit à klaxonner et faire des appels de phares à son tour avec insistance, tentant de faire comprendre à Maheux avec force moulinets du bras par la fenêtre qu'il n'était pas un ennemi, mais en mission de sauvetage. Il vit avec effroi la voiture de Maheux perdre de la vitesse en une lente embardée qui la projeta dans le fossé. Il pila sur le bas-côté herbeux, tous warnings en alerte, cœur au bord des lèvres. La route était déserte. Il se précipita. L'avant de la voiture de Maheux s'était encastré et froissé dans un monticule de terre heureusement meuble. Le moteur tournait encore avec des râles d'agonie furieuse. Des cris de rage étouffés perçaient la bulle de plastique des airbags. Dréon prit son courage à deux mains, et ouvrit la portière.

« Sortez-moi de ce truc ! gueulait Maheux en train d'asphyxier. Au secours, bordel de merde, bande de cons, crevez ce truc ! Vite ! »

Dréon, paralysé, vit avec soulagement l'airbag se dégonfler. Le visage luisant de sueur et de larmes mêlées de Maheux apparut, offrant l'image du type qui a sauté de la falaise en sachant qu'il est dépourvu d'ailes et qu'il ne souhaite pas particulièrement mourir. Un homme perdu dans sa colère. Dréon le soutint jusqu'au talus, où il put enfin le lâcher. Maheux s'affala, tête entre les genoux, et vomit entre ses pieds.

« Vous avez besoin d'aide ? J'appelle les pompiers ! »

C'était un automobiliste plus citoyen que les autres, qui s'était arrêté sur la route. Dréon pensa immédiatement à l'éthylomètre tendu par les gendarmes, et à la succession d'ennuis probables.

« Tout va bien. Je vous remercie. Je les ai déjà appelés », s'entendit-il répondre.

Il adressa encore un signe de remerciement en forme de congé au curieux, qui repartit dépité. Dréon se pencha vers Maheux, qui avait heureusement terminé de rendre son déjeuner en longues coulées sur la pente du talus, qu'il fixait d'un air absent.

« Bertrand, il faut y aller. On ne peut pas rester là, les flics vont débarquer. Lève-toi, mon vieux, je t'emmène. »

Il saisit Maheux par le coude et le traîna jusqu'à sa propre berline, où il le boucla sur le siège passager comme un pantin de bois. Il ouvrit grand les fenêtres, puis, profitant d'une accalmie sur la départementale, il fit demi-tour, choisissant, en retournant vers Givry, de rejoindre Sassenay, où habitait Maheux, par des routes de campagne plus propices à leur fuite. Il n'avait pas pris le temps de nettoyer les chaussures et le bas de pantalon de son compagnon d'infortune, maculés de traces nauséabondes, miasmes par bonheur balayés par l'air glacial qui se ruait dans l'habitacle. Un mouvement puis un sanglot, à ses côtés, détournèrent brièvement son attention : Maheux renaissait à son présent douloureux.

« Putain... gémit-il, j'en rate pas une. Je suis désolé, Michel, je sais pas quoi dire...

– Je te ramène chez toi.

– Et ma voiture ?

– Dans le fossé, sur la D69, à trois kilomètres à la sortie de Givry, ricana douloureusement Dréon. Et personne ne te la volera... », acheva-t-il sans réfléchir.

Maheux s'affaissa sur le siège :

« Quel con... Elle est dans quel état ?

– Ben... Je ne suis pas garagiste, mais elle a l'air cassée. Ça va mieux ? »

Maheux pencha la tête par la fenêtre avant de répondre :

« Ça va. Je crois que j'ai dégueulé au moins deux litres de vin. »

Il jeta un coup d'œil sur ses pieds, et murmura encore :

« J'ai sali ta bagnole. Excuse-moi, vraiment.

– C'est bon. Une bonne douche, une aspirine, et tu pourras appeler une dépanneuse.

– Je ne peux pas rentrer dans cet état, Marion va me tuer. Déjà qu'on n'arrête pas de s'engueuler en ce moment... Tu peux me déposer en ville ? »

Dréon soupira :

« C'est pas une bonne idée, Bertrand. Tu ferais mieux de rentrer chez toi. Ta femme râlera un bon coup, mais ce n'est qu'un mauvais moment à passer. Elle peut comprendre, non ? »

L'éclat de rire de Maheux le surprit.

« Je dors sur le canapé depuis deux mois ! lui lança-t-il. Dépose-moi en ville, je te dis… »

Dréon ne sut pas quoi répondre. Maheux n'espérait, lui sembla-t-il, aucun commentaire, continuant :

« Tu étais au courant, pour Knops ? »

Il choisit instantanément la feinte :

« De quoi ? Pour son boulot ?

– Je ne te parle pas de ça. Je m'en fous. Je te parle de leur putain de ligne d'assistance ! Tu savais qu'il avait téléphoné ?

– Non. Je ne savais pas, mentit Dréon.

– Eh bien, maintenant, tu le sais : Knops est une pourriture ambulante. En plus, il n'a même pas eu le courage de donner son nom. C'est une petite stagiaire de la DRH qui a vu mon dossier. Cette imbécile de Joubert l'avait laissé traîner sur son bureau pendant un congé maladie…

– Tu es sûr de ce que tu avances ? hasarda Dréon.

– J'ai la photocopie de tout le dossier… Je l'avais même apportée, pour la coller dans la gueule de ce collabo. J'ai pas eu le courage. Le dossier est toujours dans ma bagnole… grinça Maheux.

– Comment tu l'as eu ? C'est la petite qui te l'a donné ?

– Ben ouais… Une soirée trop arrosée, et on s'est retrouvés tous les deux chez elle, sous ses draps. L'endroit idéal pour se faire des confidences. »

Dréon, soufflé, tâcha de se concentrer sur sa conduite, encore trop périlleuse à son goût, et sur le trajet. Ils traversaient à cet instant Corcelle, un faubourg de Chalon Nord. Son passager mordillait ses lèvres séchées et tachées par les crus de bourgogne.

« Pourquoi tu crois que j'avais demandé un soutien psychologique. C'était pas pour les beaux yeux de la direction... C'était pour leur couper l'herbe sous le pied. Bien sûr que j'ai tendance à picoler, encore plus depuis que je suis en fin de droits... Quand les gars du GL 20 ont découvert la ligne et ont gueulé, c'était trop tard ; il n'y a pas eu que Knops à téléphoner anonymement pour signaler les cas soi-disant dépressifs. Ils ont été plus de dix à le faire, je le sais, toujours par la petite, même si j'ai pas tous les noms de ces délateurs de merde ! Ligne d'assistance, mon cul, tiens ! s'énerva-t-il. Ligne de délation, de dénonciation, c'était pas autre chose ! Et vas-y que je vends mon voisin qui a emporté une gomme, qu'Untel il saute Machine, que Bidule il vit à crédit au-dessus de ses moyens, que moi j'abuse un peu sur l'alcool pour tenir le coup... »

Il s'énervait trop pour Dréon, qui l'interrompit :

« Comment tu peux être sûr que c'est Knops qui a utilisé la ligne à ton sujet ? »

Maheux éclata de nouveau d'un rire qui glaça Dréon :

« Aux détails qui ne pardonnent pas ! Dans le genre : "Il planque une bouteille de J&B dans le tiroir en bas à droite de son bureau". Ah ! s'esclaffa-t-il, toi-même tu ne le savais pas, hein ? ! Je t'en bouche un coin ! T'es trop brave, Michel. C'est ce qui est écrit en toutes lettres dans mon dossier, je l'ai appris par cœur. Il n'y avait que Knops pour savoir... un soir, je lui avais offert un verre. C'est la seule fois où j'ai ouvert ce tiroir devant un collègue.

– Je ne te comprends pas. Pourquoi tu as attendu aujourd'hui pour lui casser la gueule ?

– Ben... Je viens de me faire recaler sur un poste. J'ai plus un rond... et je t'épargne le reste. »

Dréon aurait préféré changer de sujet de conversation, mais il n'en trouva aucun autre. Ils entraient dans Chalon. La lumière de la fin d'après-midi se noyait derrière les façades de pierre blanche. À l'approche du centre-ville, la circulation se fit plus dense en raison du défilé du carnaval.

« Je ne peux pas croire que cette ligne ait servi à ce que tu racontes », insista-t-il bêtement.

Maheux récita alors :

« Nous instaurons une ligne d'assistance téléphonique sur la conduite des affaires de Kodak, préservant l'anonymat, pour permettre de signaler les cas d'abus d'alcool ou d'autres drogues, harcèlement, discrimination, pots-de-vin, vol, fraude, entre autres... »

Cette fois-ci, Dréon choisit de la boucler.

Maheux continua, lancinant :

« Je te l'ai dit, Michel, c'est la guerre, mais personne ne veut le savoir. »

Chapitre 9

Lundi 25 février 2013

Catherine s'était recroquevillée sur le large rebord de la fenêtre de son bureau. Elle avalait à petites gorgées un café brûlant, comme d'habitude sans effet sur sa langue, hormis le goût, âcre et vivant. En arrivant au cabinet, elle s'était laissé guider jusqu'à la machine à café bruissant de vapeurs bouillonnantes, s'était rempli une belle tasse, bien sucrée, et avait aussitôt disparu dans ses « hauteurs » comme se plaisaient à ricaner de leur mauvais jeu de mots quelques vilaines langues de l'équipe besogneuse de Pierson. Elle n'avait heureusement croisé personne.

Son premier geste avait été d'extraire de ses étagères un de ses dossiers secrets, une de ces affaires non résolues. Elle y classait les rares nouvelles informations les concernant qui pouvaient percer l'actualité de temps à autre, comme le soubresaut de vie d'une source qu'on aurait pu croire tarie. Coupures de presse, avis de recherche envoyés par Dominech, lequel se faisait alors complice pour piller à sa demande les disques durs de quelques enquêteurs de la PJ qu'il connaissait. Dominech était prudent, il obtenait toujours l'aval de ses collègues lorsqu'il s'agissait de taper dans les comptes rendus d'enquêtes ou les auditions de témoins ou de suspects. Cette part de Dominech, souterraine, à la marge, indéniablement toujours amoureuse, laissait Catherine rêveuse. Il lui disait rarement non, devançant même ses requêtes lorsqu'il dénichait avant elle une nouvelle pièce de ses puzzles intimes. Il entretenait donc ainsi ses propres dossiers, identiques aux siens ; sa façon de voler par-dessus les centaines de kilomètres qu'elle avait étalés entre eux. Elle aurait dû lui téléphoner… Elle enverrait un mail, c'était mieux de ne pas s'entendre.

Elle contemplait les photographies qu'elle avait alignées sur son bureau : un cadavre, baignant face dans l'eau sale d'un repli de la Saône, enlacé par les racines d'un saule dépouillé par l'hiver ; sur une vue plus proche, on pouvait distinguer que la tête était entourée d'un sac plastique noué autour du cou, les poignets liés dans le dos ; sur une dernière enfin, les traces évidentes d'une agression sexuelle aux marques et plaies laissées sur les cuisses, le dos. La jeune fille ne portait plus qu'un léger sous-pull, aux nombreuses déchirures. Le bas de son corps était nu, et seuls ses chevilles et ses pieds, gonflés par leur séjour dans l'eau, étaient noués par un collant épais. Un roman-photo sinistre rouvert le matin même, avec un cadavre d'actrice si pubère…

Une huisserie grinça deux étages plus bas. Elle soupira : Pierson était déjà au courant du meurtre de cette nuit, et venait s'assurer qu'elle n'avait pas l'intention de s'en mêler. Il n'en était encore qu'aux premières marches de l'escalier, et elle eut le temps de : ramasser les photos éparses, les ranger dans la chemise à sangle étiquetée « Juliette Grollay, 09/12/2007, Chalon-sur-Saône », la remiser parmi les autres sur les étagères, s'asseoir avec sa tasse de café à son bureau, ouvrir le premier dossier venu, et faire semblant de griffonner dans la marge d'une feuille. Pierson entra alors, et s'écroula dans le fauteuil pour reprendre son souffle.

« Ces escaliers vont me faire claquer... »

Elle s'aperçut qu'il n'était pas monté les mains vides. Il avait lâché quelques chemises sanglées sur ses genoux.

« C'est pour moi ?

– On est lundi matin ! Vous croyez que j'ai envie de me faire péter le cœur pour parler de la météo avec vous ?

– Vous auriez pu m'appeler. Je serais descendue.

– Surtout pas ! C'est le territoire des cons, ce matin. Ils sont tous en train de pleurnicher et de conspirer pour le rétablissement de la peine de mort ! Il va falloir que je leur rappelle pour qui et pour quoi ils bossent...

– Ah... les nouvelles vont vite. C'était une gamine. L'émotion, c'est toujours brut et méchant. Ça leur passera. J'ai vu Renaud ce matin, sur les lieux. Il m'a laissée approcher de la scène. J'ai pu la voir. J'ai même pu assister à l'examen sur place du corps par le légiste. »

Pierson ne fut même pas surpris.

« J'aurais été déçu du contraire... Et ça tombe bien. »

Il balança devant son nez les quatre chemises qu'il avait montées.

« On a du boulot. »

Catherine posa une main soudain moite sur la pile des dossiers : le grain du carton de la première chemise à sangle était usé à force d'avoir été compulsé ; ni poussière ni moisissure ne venaient corrompre les feuillets à l'intérieur. Une étiquette qui ressemblait étrangement à celles de ses dossiers personnels ornait la couverture du premier, à moitié décollée, mille fois caressée : « Carole Bertaud, 23/02/1994 ». Les trois autres affichaient « Anne-Angélique Paulin, 15/06/1998 », « Vanessa Louis, 05/04/2004 » et « Juliette Grollay, 09/12/2007 ». Toutes les étiquettes étaient libellées de la main même de Pierson. Elle retint son souffle. Celle de son propre dossier, « Juliette Grollay, 09/12/2007, Chalon-sur-Saône », elle l'avait écrite comme Pierson, à la main, tentant de rendre hommage à la mémoire de la jeune disparue, de lui conférer la dignité qu'on lui avait ôtée sur les photographies de la scène de crime.

Pierson n'avait pas dit un mot. Elle le regarda, fauchée : il lui cachait finalement beaucoup de choses.

« La mère d'Anne-Angélique Paulin m'a téléphoné tout à l'heure. Elle souhaite me rencontrer. De toute urgence, m'a-t-elle dit. Ouvrez son dossier, là... »

Catherine obtempéra. Photos, coupures de presse...

« Je n'aurais jamais cru ressortir un jour tous ces cauchemars de mon placard.

– Pourquoi vous ne m'en avez jamais parlé ?

– Ça aurait servi à quoi ? Je tiens une officine d'avocats, pas de flics. Ça, c'est votre rayon. Et c'est là que vous allez remettre les pieds.

– Sur quel motif ?

– Sur le motif que c'est vous que je délègue chez les Paulin. Pourquoi vous croyez qu'ils veulent faire appel à mes services ? »

L'étiquette Anne-Angélique affichait son jaunissement.

« Le meurtre de leur fille date de 1998. Ça fait quinze ans...

– Quinze ans sans rien de neuf. C'est Renaud qui était chargé de l'affaire. Ça le ronge.

– Et les autres ? »

Il éclata de rire.

« Vous me prenez pour un mariole ? Vous croyez que j'ai pas repéré vos petits dossiers secrets ? Allez, soulagez votre envie d'enquête, et sortez-moi votre version en la comparant avec l'affaire Grollay, par exemple et au hasard. Je suis sûr que votre dossier est plus complet que le mien.

– Une de plus, Paul. C'est comme pour la petite Grollay. L'acharnement sur le visage, le sac plastique…

– Très bien. Et jusqu'à ce matin, la pauvre Juliette Grollay était la dernière de la liste. Vous ne voulez pas me croire quand je vous dis que je lis dans vos pensées.

– Ouais. Ça commence à m'énerver, d'ailleurs. Mais vous ne pouvez rien me cacher non plus. Je crois que les Paulin veulent qu'on fasse rouvrir l'enquête parce qu'ils pensent que leur affaire est liée à la découverte de ce matin.

– Bien joué. Ils n'attendent plus qu'un coup de téléphone de votre part.

– Je connais l'affaire Grollay par cœur. La leur… »

Pierson soupira avec une mine satisfaite.

« Vous la cernerez vite.

– Si les Paulin vous sollicitent, les Grollay peuvent se joindre à eux. Avec la gosse de ce matin, on peut demander à Renaud qu'il fasse une requête auprès du procureur pour faire rouvrir nos propres affaires. Plus ils sont nombreux…

– Moins ils seront malheureux. Vous avez peu de temps pour éplucher tous les autres dossiers. Que des jeunes filles, mêmes faits… Vous me donnerez votre avis, et puis vous vous rendrez chez les Paulin. Votre boulot, c'est de revenir sur le pourquoi du comment, de racler leurs fonds de chiottes. J'ai besoin de concret. J'ai besoin de savoir jusqu'où ils peuvent aller. Après, la compassion, ça me regarde. Parce que ce n'est pas Renaud qui coincera, c'est ce jeune con de procureur qui vient d'être nommé. Il nous faut des mères éplorées pour entrer dans la bergerie. »

Pierson se leva.

« Ah, au fait… Ce que j'ai eu la force de vous monter, ce ne sont que des synthèses pour deux affaires que j'ai épluchées sur les quatre : celles de Carole Bertaud et d'Anne-Angélique Paulin. Les dossiers Vanessa Louis et Juliette Grollay sont maigres. Trop. Vous y trouverez des coupures de presse, et quelques infos arrachées par-ci par-là. Soyez vigilante : à mon avis, la petite de ce matin ne fait pas partie du lot. Sur ce, j'ai un divorce bien saignant qui m'attend dans cinq minutes. »

Pierson disparut en soufflant avant qu'elle n'ait eu le temps de l'interroger.

Chapitre 10

Lundi 25 février 2013

Renaud, visage embrasé, rafraîchissait son front à la buée d'une fenêtre de son bureau. Des gouttes de condensation glissaient dans le repli des rides de son front, coulaient sur ses arcades sourcilières. Il avait arraché de justesse l'enquête à la gendarmerie, faisant valoir auprès du procureur que le meurtre de Samantha n'était pas sans lui rappeler celui d'Anne-Angélique Paulin, une affaire sans assassin, qui le rongeait depuis près de quinze ans, et qu'il se faisait fort de résoudre, avec celle de Samantha. Le jeune proc s'était vite vu en une, et à l'écran, car il s'estimait plutôt beau gosse. Renaud s'était bien gardé de lui dévoiler l'abîme dans lequel il chutait parfois à l'évocation d'un autre meurtre, celui de Vanessa Louis, au coupable tout désigné que lui-même avait rapidement inculpé. Trop rapidement : cette affaire-là puait comme une erreur judiciaire qu'il n'avait jamais pu réparer. Le juge d'instruction de l'époque avait les deux oreilles du procureur, lequel, un de plus, n'avait qu'une hâte : qu'on n'aille pas dépenser l'argent du contribuable en enquêtes inutiles puisque le suspect avait avoué, et que la paix revienne au plus vite sur la bonne ville de Chalon-sur-Saône.

Le commissaire réfléchissait en faisant du saute-mouton, associant sans logique une pensée à une autre. Un exercice de vagabondage qu'il maîtrisait maintenant parfaitement. Il faisait confiance à son inconscient tout autant qu'aux faits, mais lui seul le savait, au risque de se faire remonter les bretelles par sa hiérarchie : les faits, rien que les faits ; il avait beau les ronger comme un os, rien ne s'accrochait sous ses dents. Le juge d'instruction lui avait officiellement confié l'affaire, et son équipe était sur le terrain, à travailler sur l'enquête de voisinage, le corps de la gamine toujours en cours d'autopsie. L'IRCGN n'avait évidemment fourni aucun élément concret qu'il ignorât : hormis les violences constatées, les liens et le sac plastique, le dossier des pièces à conviction était d'une pauvreté à faire hurler à la mort un chien policier. Pire encore : en jetant le petit cadavre dans la Saône, le meurtrier s'était assuré le silence complice des eaux, lesquelles avaient emporté tout indice susceptible de rapprocher les enquêteurs de sa piste. Ils n'avaient même pas été fichus de retrouver le lieu où le cadavre avait pu être balancé dans la rivière. Ils avaient délimité en amont un périmètre de recherche de plusieurs kilomètres le long des berges jusqu'après les limites communales de Sassenay, que la brigade cynophile de Dijon était en train d'explorer. Entre les rives du canal du Centre, le port de plaisance et les méandres capricieux de cette rivière aux courants souterrains ombrageux, Renaud n'attendait pas grand-chose de ces investigations. Son humeur était encore assombrie par l'audition qu'il allait devoir diriger : celle de la copine de Samantha. La gamine et ses parents attendaient son bon vouloir dans le couloir, devant son bureau. Il les avait furtivement appréciés lorsque Marini était venue lui apporter une première liasse des nombreux rapports qu'il aurait à éplucher, annoter et signer. Un couple à l'allure modeste (l'homme au corps crispé par l'angoisse, un ancien de chez Kodak, reconverti intérimaire dans le BTP ; l'épouse enceinte de leur second enfant), qui avait conçu une jolie fillette blonde aux grands yeux bleus, couverte de vêtements siglés roses et pailletés que Renaud aurait détesté voir sur le dos de sa propre fille. Il décolla son front humide de la vitre, et, tout en essuyant d'un revers de main les gouttelettes qui sinuaient maintenant sur son nez, il décrocha le combiné du téléphone pour avertir Marini qu'il était prêt. À quoi, bon sang ? pensa-t-il. Il se sentait tellement impuissant qu'il doutait même de pouvoir obtenir de la gamine des éléments nouveaux. Usé, voilà ce qu'il était, fatigué, une cervelle en compote et une mémoire vomissant des images toutes plus cauchemardesques les unes que les autres. De quoi s'éveiller en pleurs et en nage durant toutes les nuits de sa future retraite. Il se foutait depuis bien longtemps de la gloire et des honneurs. Lire, rêvasser, peindre une Saône enfin paisible, sans cadavres ni détritus, une Saône champêtre aux flots uniquement destinés aux barques de rêveurs en canotiers et lignes de pêche. Une Saône à la Renoir… si elle pouvait encore exister ; voilà tout ce à quoi il aspirait. Et au lieu de botter cette tragédie dans le camp de la gendarmerie, il avait plongé. Lui seul savait pourquoi.

Les joues de la gamine étaient plus roses que son tee-shirt, alors qu'elle se trémoussait sur la chaise en face de lui, yeux brillants d'excitation. Il intercepta le regard acéré et ulcéré de Marini sur le sourire séducteur de la chipie prépubère, et son envie de réprimander son jeune témoin déluré se dilua dans un fou rire intérieur saugrenu : Marini était à la limite de laisser jaillir la gifle qui lui démangeait la main. À douze ans, Océana Fernandez minaudait déjà comme une jeune féline de seize ans sous le regard admiratif de sa mère, ventre plein de quelques mois et béate. Le père, José, semblait totalement perdu, mains calleuses emboîtées l'une dans l'autre, compressées tel un César du pauvre. L'audition était filmée, et Océana avait l'air de croire qu'elle passait un casting de premier rôle devant l'objectif minuscule de la petite caméra. Elle était d'ailleurs légèrement maquillée, constata soudain avec consternation Renaud. Il se reprit : il n'était pas père, mais commissaire. Que les parents, la mère particulièrement, soupçonna-t-il, attifassent leur gosse en poupée gonflable avec soutien-gorge rembourré ne le regardait en rien… même s'il n'en pensait pas moins. Marini, elle, pensait tout haut.

« Océana, s'il te plaît, pourrais-tu te concentrer sur la question que le monsieur vient de te poser ? » aboya-t-elle le plus gentiment possible.

La gamine, bouche en cœur, repoussa d'un geste précieux destiné à la caméra une mèche blonde et ondulée derrière son oreille.

« Bien sûr… C'est quoi ?

– Tu nous as dit que vous vous étiez disputées, toi et Samantha. Nous voulons savoir pourquoi.

– Ah… oui, ânonna la bouche boudeuse. Eh ben, Samantha, elle voulait rentrer, et moi j'avais pas envie. On s'amusait bien, mais elle arrêtait pas de dire qu'elle avait froid.

– Peux-tu nous rappeler l'heure qu'il était ?

– Euh… je sais plus trop, lâcha la gamine d'un air piteux à lui en allumer dix cierges, larme prête à bondir dans le cou de papa au cas où celui-ci aurait trop sourcillé. 7 heures ?

– Il faisait nuit ?

– Oui. Mais tous les manèges étaient allumés. C'était génial.

– Sur quel manège êtes-vous allées ensemble avant que Samantha ne décide de rentrer ?

– Je crois que c'était après les autotampons… Le train fantôme ! Près des chouchous !

– C'est bien », décréta fermement Marini.

Elle compulsait discrètement la première déposition écrite d'Océana, exercice obligé afin de pouvoir déterminer les imprécisions du témoignage de la gamine. Océana avait été la dernière à voir son amie vivante, à la sortie d'un manège de la fête foraine.

« Et après ? continua Renaud.

– C'est là qu'on s'est disputées. Moi je voulais retourner aux autotampons parce qu'il y avait des garçons du collège que je connaissais. Mais Samantha, elle avait pas envie. C'est normal, ils se moquent toujours d'elle. Mais moi, ils m'avaient promis de me payer un tour, alors je voulais y aller. Parce que comme on avait acheté les chouchous, on n'avait plus assez de sous pour les manèges… Samantha avait tout dépensé, et moi aussi. Même les vingt euros… »

C'est le père qui tiqua d'un coup :

« Quels vingt euros ? On t'avait donné dix euros ! C'est toi ? demanda-t-il à sa femme.

– Non ! J'avais les courses à faire ! Océana, tu les as pris dans mon porte-monnaie, ma chérie ?

– Non ! C'est… on les a trouvés par terre à la fête !

– C'est sûr ? gronda le père.

– Oui, je te jure. »

La gamine avait l'air apeuré. Renaud fit un geste à Marini, qui reprit immédiatement l'audition.

« Océana, il faut dire la vérité. C'est très important.

– C'est que… en fait, on les a pas trouvés. Mais je les ai pas volés ! C'est un monsieur qui les a trouvés et qui a cru que c'était à nous. Alors on les a pris !

– Et ce monsieur, il était comment ?

– Ben… gentil, parce qu'il nous a crues quand on a dit que le billet était à nous. »

Renaud et Marini se jetèrent un rapide coup d'œil. Marini avait compris, et continua.

« Bien. De quoi il avait l'air ce monsieur ?

– ... Je sais plus, bafouilla la gamine, toute morgue évaporée. On l'a pas regardé ! On a dit que oui, on avait perdu le billet, on l'a vite pris et on s'est sauvées. C'est là qu'on est allées au train fantôme.

– Il vous a suivies ?

– Non. On l'a plus revu.

– Essaie de te rappeler. Il était vieux, ce monsieur ?

– Plus vieux que papa, je dirais. Plus grand aussi.

– Tu l'avais déjà vu avant ?

– Non...

– Océana, tu n'as rien remarqué de spécial pendant que vous étiez à la fête ?

– Rien... je vous jure ! »

C'était maintenant la petite fille qui pleurait de vraies larmes. La mère la prit contre son sein. Son père venait manifestement de comprendre la raison de l'insistance des policiers : blême, il fixait tour à tour Renaud et Marini. Il se tourna vers sa femme.

« La prochaine fois, pas de fête sans nous.

– Et maintenant, tu vas lui acheter son portable, hein ? ! », acheva la mère.

Chapitre 11

Lundi 25 février 2013

La soupente de Catherine n'était plus qu'une chambre de papier : bureau repoussé sous la fenêtre, dossiers et feuillets reposaient épars sur le sol, isolés ou en piles, photos et documents étaient punaisés sur chaque pan de mur disponible... Elle avait abandonné les boîtes poussiéreuses des affaires Bertaud et Paulin léguées par Pierson sur le petit palier, et laissé ouverte la porte de son antre, seul moyen de pouvoir y pénétrer. Pour l'heure, elle avait trouvé refuge sur l'unique îlot sauvegardé de la pièce : son fauteuil. Ainsi, genoux recroquevillés sous le menton, elle surplombait son désordre enfin organisé. Elle n'avait jamais aimé l'informatique : les yeux ont besoin d'un paysage, qu'il soit construit de détails, de mots surlignés, de phrases morcelées, tel le brouillon d'un puzzle. Aucun écran n'offrirait jamais ce qu'elle pouvait embrasser d'un coup d'œil. Et ce paysage-ci, qu'elle avait travaillé durant de nombreuses heures en jetant çà et là photos et feuillets comme à grands coups de pinceaux sur une toile, certes sombre, lui offrait enfin des aspérités, quelques contours, et, surtout, un arrière-plan qu'elle avait soupçonné d'emblée avec justesse : toutes ces belles jeunes filles en bouton avaient été fauchées par le même homme. Cependant, quelques coupures de presse Internet fraîchement éditées du matin se trouvaient à part sur le bureau, éclairées par le ciel lourd de février : la dernière, la petite Samantha Wizniek, était exclue du paysage. Elle en avait acquis la certitude au cours de ce minutieux travail de reconstitution : la gamine était certes grande, mais trop jeune ; encore une fillette. Et, surtout, Samantha n'offrait qu'un visage ingrat, le portrait d'une enfant terne et mutique prise d'effroi et de dégoût pour ce qui était en train d'advenir de son corps en pleine mutation. Catherine pouvait sentir le désarroi de l'avorton emprisonné dans sa chrysalide. Plus personne ne saurait rien de son avenir. Pourtant, la fillette avait dû rêver, comme toutes les fillettes. Et Catherine les avait retranchés, elle et son lot de rêves, sur le bureau : elle s'était trompée de tragédie. Celle-ci s'était nouée sur un chemin de traverse, une méprise de circonstance, comme on nomme aussi ce type de victimes. Bien qu'elle eût toutes les récurrences sous les yeux, les liens, les marques de strangulation, les traces du martyre enduré par chacune, Pierson avait raison : rien ne semblait plus incongru que Samantha comme dernière perle de ce sanglant rang de belles passantes.

Et puis il y avait cet autre mystère : la jeune Vanessa Louis. Les faits dataient de 2004, et l'enquête, bouclée en vingt-quatre heures, avait conclu à la culpabilité du petit ami de Vanessa. Le nom de l'avocat de la défense lui était inconnu, et il apparaissait clairement dans les minutes du procès rapportées par Pierson, qu'elle avait étudiées, que l'homme de robe avait bâclé l'affaire. Le garçon avait reconnu les faits, puis, comme souvent, était revenu sur ses déclarations : il niait avoir étranglé Vanessa, tout en admettant qu'il l'avait abandonnée sur les quais de Bellevue, dans le prolongement de la route de Lyon, après l'avoir frappée à coups de pied et de poing. Son aveu d'une crise de rage et de folie passagère sur le motif d'une histoire de drogue et de jalousie avait convaincu les jurés de la culpabilité du garçon. Et même les experts convoqués avaient rejeté la notion d'irresponsabilité, seule défense bâtie par l'avocat. Depuis, le garçon purgeait sa peine à la centrale de Moulin-Yzeure, et ses clameurs d'innocence étaient tombées dans l'oubli. Pourquoi Pierson avait-il classé Vanessa parmi Carole, Anne-Angélique et Juliette ?

« Parce qu'il ne l'a pas tuée... tout simplement. J'en ai eu la conviction à son procès. Il n'a jamais nié les violences, et, en un coup de baguette magique, il est passé de compagnon frappeur à meurtrier.

– C'est pas un putain de tour de magie, Paul ! Votre conviction n'est fondée sur rien. Cet homme était violent, et il a tué sa compagne ! Excusez-moi.

– Ah... ça vous énerve, hein ? Eh bien moi aussi, figurez-vous. Pour une fois qu'un camé clame à raison son innocence, boum ! Au trou, sans que personne ne se pose de questions. Sauf Renaud, mais trop tard : sa hiérarchie avait décidé que l'assassin était idéal. Ça n'a gêné personne, à l'époque. Tout y était : trafic et consommation d'héroïne, chômage évidemment, violences ça coule de source...

– Pourquoi vous n'avez pas sollicité sa défense ?

– Le garçon s'est fait harponner par un jeune baveux qui voulait se faire les dents aux assises, ricana Pierson.

– Et son appel ?

– Dans les marécages du ministère public : son avocat est purement et simplement allé voir ailleurs si l'herbe était plus verte.

– Vous plaisantez ?
– J'ai l'air d'un clown ?
– Reprenez l'affaire.
– Ce sera bientôt chose faite. »

Catherine frémit. Pierson affichait la mine d'un gros chat repu, yeux mi-clos, souris encore palpitante sous ses griffes...

Pierson n'usait jamais de flatterie avec quiconque, malgré cette bonhomie qui faisait sa marque de fabrique. L'homme était d'une exigence coriace, autant pour lui que pour le moindre de ses collaborateurs. Jusqu'à présent, il l'avait laissée agir à sa guise. Elle se sentit soudain très faible devant cet homme qui l'avait recueillie : il n'aurait aucun besoin de la bousculer pour qu'elle plonge à son tour dans cette Saône qui charriait les cadavres de jeunes filles.

« Pourquoi avoir attendu si longtemps ?

– Un premier principe, fort approprié hélas aux affaires qui vont nous occuper : “Tout corps plongé dans un fluide éprouve une poussée verticale, dirigée de bas en haut, égale au...”

– Paul !

– Je n'ai pas fini : “Le mécanisme de la propagation des vibrations conduit à considérer les points atteints par un ébranlement comme des sources secondaires produisant un ébranlement semblable.” »

Il dut voir l'expression d'incrédulité sur son visage, mais ne s'en émut pas.

« La théorie des ondes, mon enfant. Vous n'allez quand même pas me gifler...

– Je n'ai jamais voulu croire que vous pouviez être cynique...

– Vous me vénérez trop. »

Il avisa ses poings serrés, les jointures de ses phalanges blanchies sous la force de sa colère.

« Vous allez vous crever la paume des mains. Et ce n'est pas la peine de vous crucifier pour une parabole ! s'énerva-t-il soudain. La théorie des ondes, comme le principe d'Archimède, s'applique parfaitement au comportement humain. Qu'un tremblement de terre sous-marin provoque des milliers de kilomètres plus loin un tsunami, on n'y peut rien. Et c'est ça la théorie des ondes. Mais quand c'est un homme, et un seul dans les cas qui nous occupent, qui en est la cause, ça change la donne, non ? Merde ! La Saône n'est pas un dépotoir à cadavres pour ce salopard... »

Catherine retrouvait enfin l'homme qu'elle connaissait : il pouvait s'énerver, mais seulement en sa présence, et jamais à cause d'elle... sauf en ce moment. Qu'est-ce qu'elle ne saisissait pas qu'il tenait absolument à lui délivrer ? Elle se contenta d'acquiescer.

« Ce n'est pas un tremblement de terre qui a provoqué les vagues qui nous submergent aujourd'hui, continua-t-il.

– C'est franchement court comme raisonnement, et je crois que j'ai compris, Paul...

– C'est peut-être un peu court, mais c'est la réalité. Quant à Archimède, il nous aide à comprendre que les secrets sont aussi lourds que les corps qu'on a retrouvés à la surface de la Saône. Ils remonteront eux aussi un jour. C'était de mauvais goût, je l'admets. Mais considérer ces affaires sous un angle purement physique m'aide. Vous devriez en faire autant. Ça vous éviterait de vous apitoyer sur vous-même. Et de vivre un peu plus... »

Elle suffoqua, voulu protester, mais n'en eut pas le temps...

« Aujourd'hui, je veux, j'insiste sur "je veux" Catherine, récupérer ces affaires. Allez voir toutes les familles, faites en sorte qu'elles acceptent de nous confier leur défense. J'ai besoin qu'elles fassent bloc, qu'elles se serrent les coudes... qu'elles revendiquent d'une seule voix les réouvertures des enquêtes. Je vous laisse la stratégie de l'attaque... »

Il lui lança soudain un sourire taquin :

« Je m'occuperai de la défense. En plus, je sais que Renaud vous aime bien. Vous saurez travailler avec lui.

– On se déteste. C'est réciproque et très cordial.

– Il est tout aussi en colère que nous.

– Ce n'est pas ce que je viens de vous dire.

– Moi si : vous lui tapez dans l'œil. Mais il y a une chose sur laquelle vous ne serez certainement pas d'accord tous les deux : la petite dernière, Samantha. Il est convaincu que c'est le même homme. Quant à l'affaire de Vanessa, il doute toujours... Vous allez avoir du pain sur la planche. Et n'oubliez pas qu'il y a un trou du cul innocent au zonzon... »

Elle sourit à son tour : quel langage ! Elle n'eut pas le temps de le lui faire remarquer : il lui tendait un mouchoir en papier.

« Et pansez ces stigmates que je ne saurais voir... »

C'est en s'emparant du mouchoir, interloquée, qu'elle réalisa qu'elle s'était effectivement enfoncé les ongles dans les paumes des mains jusqu'au sang.

Chapitre 12

Lundi 25 février 2013

L'Osiris. Même pas besoin d'appuyer sur la sonnette, et ce n'est pas le judas qui s'ouvre, mais la porte, directement. Le cerbère a dû flairer mon odeur d'inassouvie de loin, et reconnaître le choc de mes talons aiguilles de métal sur le gravier du parking. Il s'efface, et je m'engouffre dans la pénombre du couloir, direction le vestiaire. Je suis prête sous le manteau : guêpière à jarretelles, bas sombres et brillants accrochés et tendus à souhait. Ils n'attendent que ça. Je rajuste ma perruque et mon loup, barre ma bouche et mes paupières de deux filets de sang. À moi les adipeux, les misérables, les lâches... Ils sont à moi, ils me haïssent autant qu'ils m'adorent. Je suis leur reine. Ils ne m'ont pas frappée depuis des mois. Je suis leur horreur. Je suis davantage que leurs yeux. Je suis leur reflet. Je suis leur vérité nue. Je suis l'image qu'ils ne pourront plus jamais contempler sans effroi. Ceux qui n'ont jamais eu le déplaisir de me fouetter comprennent vite que je suis leur cauchemar. Ils détourneront leurs regards, d'abord désespérés, exaspérés, dégoûtés, horrifiés enfin. J'espère qu'ils seront nombreux, ceux-là, ce soir...

C'est le marché aux esclaves. Et j'en suis la plus onéreuse, la plus convoitée. Les proprios sont craintifs, comme d'habitude ; ils me connaissent, mais connaissent aussi le firmament des enchères que j'atteins. Direct leur tiroir-caisse. Alors ils la bouclent. Et je peux traverser les ombres sur mon passage, je peux prendre le silence qui s'abat sur mon corps à pleines mains, et le pétrir de ma jouissance. Ce soir, je peux tout, comme chaque soir où je daigne les honorer de mon offrande : mes fesses, mon dos, mes cuisses, mon ventre, ma poitrine, un peu de mes bras. Le reste est zone interdite. Ceux qui l'ignorent l'apprennent vite. À leurs dépens : je retourne le fouet contre leur visage, et ils geignent. Moi je souris, perpétuellement. Ça les rend fous, d'horreur, ça en fait dégueuler certains, une seconde d'extase gagnée sur ma douleur absente, cette douleur qu'ils ont beau payer et chercher, mais qu'ils ne peuvent atteindre, car ils ne savent pas de quoi elle est faite, où elle se cache. Ils frappent, ils n'obtiennent jamais une larme, jamais une supplique ; ils s'éreintent tandis que j'attends leur défaite.

Ce soir, c'est un couple qui me désire tant qu'ils ont levé la main pour une somme folle. Le marteau a claqué sur leur enchère. Madame a décidé, cette idiote, d'entamer la compétition avec son propre cul, tandis que j'offre des morceaux entiers de mon corps. Elle ne sait pas qu'elle est déjà foutue. Son époux est aux manettes : il manie le fouet comme un désaxé ; il me rate, mais la mèche atteint Madame systématiquement, et pas que sur les fesses. Elle grimace. L'harmonie discrète de leur discorde sans doute, qu'ils sont venus tester ce soir. Alors je patiente, tandis que le murmure des spectateurs, tous la tronche bâchée avec plus ou moins de réussite, enfle derrière les masques. L'hallali n'a pas encore sonné, ça s'impatiente dans les rangs. Je constate que des mains excitées cajolent des strings de cuir. L'odeur devient hargneuse, distillée par Monsieur. Il s'énerve. Avec une belle ardeur. Madame hurle pour sa grâce. Un esclave bas de gamme vient dénouer les lanières de cuir qui attachent ses chevilles et ses poignets au chevalet de torture. Elle chouine dans son giron. Il en profite pour lécher la sueur et les larmes qui coulent entre ses mamelles de perdante. Ne reste que moi, de face.

Je suis leur impératrice, et ils le savent : ce n'est plus vers moi que leurs regards se tournent, mais vers Monsieur. Ils sont narquois. Lui ignore encore tout de ma vraie valeur. Il sait simplement qu'il a payé très cher. Il ne sait pas qu'il va en avoir pour son argent, mais qu'il n'en retirera aucun plaisir.

Je suis une étoile. La plus belle, rubis, de la couleur du sang qui coule enfin sur mes cuisses. Les flagellations dessinent des sillons bleus, rouges, violets, avec quelques touches de noir, sur mon ventre, que j'ai fini par offrir devant tant de désespoir. Sur le mur d'en face, recouvert d'un immense miroir, je peux admirer la cartographie que Monsieur s'évertue à dresser sur moi. Le rubis bave, le rubis sinue, le rubis est droit, le rubis se tisse en lignes désordonnées. Monsieur est blanc, exténué. Monsieur est inondé de sa propre sueur. Monsieur, déjà à poil, se sent encore plus nu devant cette absurdité. Monsieur se fige. Monsieur se plie. Monsieur éponge son ridicule.

Ce soir, j'ai encore gagné. Hélas...

Chapitre 13

Mardi 26 février 2013

En rentrant, elle avait rejeté un jet de bile dans la cuvette des W.-C, puis repéré sur son corps les plaies les plus profondes, les avait désinfectées, et enduit avec une dextérité toute mature les autres marbrures d'un baume qui lui éviterait les couleurs coléreuses, jaunes et violettes, de la nuit, sans saveur décidément. Elle se promit de ne plus jamais approcher du judas.

Pierson l'avait ébranlée mais pas à ce point critique où elle foncerait tête baissée sur la première porte qui s'ouvrirait à elle. Elle avait longuement réfléchi devant son paysage de papier, en avait modifié quelques touches par un subtil jeu d'inversion, et avait fini par trancher : Anne-Angélique Paulin, comme le lui avait suggéré Pierson, serait bien son cheval de Troie. La jeune beauté de vingt ans, demoiselle d'honneur du carnaval de 1998, avait disparu quelques mois plus tard de cette même année qui l'avait vue couronnée.

Un soir de la mi-juin, elle n'avait jamais atteint sa voiture pour rentrer chez ses parents. On avait retrouvé le véhicule abandonné sur le parking du gymnase où elle prenait des cours de danse. Son cadavre avait refait surface plusieurs semaines après sa disparition. Tout comme les autres, elle avait été martyrisée, étranglée puis violentée et jetée dans la Saône, qui l'avait bercée longtemps dans un taillis boueux bien en aval de Chalon. Anne-Angélique était la fille d'un cardiologue et d'une chirurgienne-dentiste qui exerçaient toujours en ville malgré le drame ; le frère aîné, seul enfant qui restait au couple, avait fait médecine et vivait à Dijon.

Outre la demande de rendez-vous de madame Paulin auprès de Paul Pierson, c'était cette généalogie notable qui avait déterminé le choix de Catherine : elle avait trop souvent constaté que l'argent conférait une capacité à se battre, indissociable en effet du pouvoir de s'offrir les services d'un avocat réputé, par exemple et entre autres. Les trois autres familles avaient trop peu d'atouts dans leur jeu : Carole était fille de paysans, le père de Juliette faisait partie d'une longue lignée d'ouvriers, et, après avoir trimé trente ans chez Kodak comme OS, était aujourd'hui au chômage, marqué au fer rouge par son engagement syndical. Quant à la mère de Vanessa, divorcée et vivant de petits boulots, Catherine ne se voyait pas sonner à sa porte pour lui apprendre que l'individu jugé et condamné pour le meurtre de sa fille n'était probablement pas le bon. C'était un constat lucide, hélas, et elle n'avait pas droit à l'erreur : lesquels d'entre tous auraient la force de réveiller chez les autres la colère après la douleur ? Car le seul élément qui les unissait était l'abîme dans lequel la justice les laissait pourrir : le meurtrier de leurs filles restait inconnu. La colère ne pouvait-elle être le ferment d'une autre vie ?

Ils avaient accepté de la recevoir immédiatement.

Même si elle connaissait déjà la raison qui les avait poussés à cette rencontre – la petite Samantha faisait la une de tous les journaux –, elle devait se garder devant eux de laisser échapper l'indéniable conclusion à laquelle elle et Pierson en étaient arrivés : Samantha avait probablement été assassinée par un autre. Elle soupira en sonnant au visiophone du portail de la vaste propriété. Mentir par omission, et aviser ensuite. Elle maudit Pierson alors que le portail s'entrouvrait sur une allée trop longue...

Elle s'était surestimée : le couple, la soixantaine soignée, faisait bloc sur le canapé de cuir en face d'elle, engoncée jusqu'au cou dans un fauteuil trop moelleux. Ils attendaient sans un mot, le brouillard de vapeur d'un thé clair s'élevant entre eux sur la table basse, sur laquelle madame Paulin avait déposé la carte professionnelle qu'elle lui avait tendue comme si le bout de carton méritait une bonne désinfection. Médecins jusqu'au bout des ongles, donc, avec la promesse qu'elle serait auscultée et scannée en tranches jusqu'à la moelle des os avant qu'ils décident de quoi que ce soit. Elle choisit de se mettre tout de suite à poil : autant abréger l'entrée en matière.

« Merci de me recevoir. Je suppose que vous savez pour quelle raison nous avons cet entretien ?

– Nous devrions ? dit monsieur Paulin avec un sourire amer.

– Je t'en prie, Luc... C'est moi qui ai sollicité les services du cabinet de Maître Pierson. »

La voix de madame Paulin était douce et claire, chaque syllabe prononcée à la perfection. L'habitude de communiquer avec un masque sur la bouche, en conclut Catherine. Le couple n'avait pas baissé les yeux depuis son arrivée, regards braqués en chœur sur sa pauvre personne. À boire jusqu'à la lie, et d'une seule gorgée si possible.

« Veuillez me pardonner car je sais que je ravive des souvenirs douloureux. Je travaille comme vous le savez pour le cabinet de Maître Pierson. Je suis son enquêtrice. Vous l'ignorez probablement, mais Maître Pierson a toujours suivi de très près l'enquête qui concerne votre fille, ainsi que celles sur Carole Bertaud, Vanessa Louis et Juliette Grollay. La disparition de Samantha Wizniek l'a incité à rouvrir ses propres dossiers, en marge du travail de la police judiciaire. Il apparaît évident pour Maître Pierson que le juge d'instruction doit faire de même : rouvrir tous ces dossiers. Pour ce faire, il a besoin de votre accord... de votre soutien. »

Dire que le silence était de plomb n'était rien comparé aux dizaines d'enclumes qui pesaient sur ses épaules. Le couple n'avait pas cillé, pas esquissé un seul geste, littéralement statufié dans le canapé. Une faible respiration troubla enfin le filet de vapeur...

« La police a fait de son mieux, nous en sommes convaincus, trancha monsieur Paulin.

– Je ne suis pas d'accord. »

Madame Paulin s'était redressée d'un coup, lâchant la main de son époux pour saisir l'anse de sa tasse. Catherine fit de même. Alors qu'elle avalait son thé, madame Paulin éloignait sa tasse après avoir délicatement trempé ses lèvres dans le breuvage sans goût pour en apprécier la température ; trop élevée évidemment, mais Catherine s'en aperçut trop tard, au regard surpris de monsieur Paulin alors qu'elle reposait sa tasse, vide, sur la table.

« La police ne nous a fourni aucun renseignement depuis des années, continua-t-elle d'une voix un peu plus haut perchée. Le 15 juin, cela fera quinze ans qu'Anne-Angélique a disparu. Nous ne savons toujours pas s'ils vont reprendre l'enquête après ce qu'il vient de se passer. J'ai fait confiance. J'ai attendu, j'ai demandé des rendez-vous auprès du juge d'instruction, que j'ai obtenus. J'ai écouté sans arrêt les sempiternelles condoléances, pour finalement m'entendre dire à chaque fois que personne n'avait rien de neuf à m'apprendre. Et puis, comme vous le savez sans doute, les juges d'instruction se sont sans arrêt succédé. Avant ma fille, il y avait eu Carole Bertaud. Après, il y a eu Juliette Grollay, et maintenant la petite Samantha Wizniek. Le commissaire Renaud a résolu l'affaire concernant Vanessa Louis. Mais nous, nous n'avons jamais reçu aucun coup de téléphone, aucun soutien alors que nous savons tous que le monstre qui a tué nos filles est toujours en liberté. »

Catherine n'en attendait pas tant, pas aussi rapidement. Madame Paulin, à cet instant, était son double : elle semblait connaître tout des jeunes victimes, et Catherine n'eut aucun doute que, quelque part dans cette immense et silencieuse villa, dans le secret d'une chambre aux volets clos, la mère hurlait sa détresse et sa haine face à des murs qui devaient ressembler à ceux de son bureau aujourd'hui, recouverts de photos, de cartes, d'articles de presse. Elle seule devait en avoir la clé ; son mari, soudain effrayé, l'interrompit :

« On ne peut rien affirmer, il n'y a aucune preuve de ce que tu avances. Et le commissaire Renaud nous appelle, régulièrement.

– Il t'appelle, toi. Pas moi. Comme si j'étais trop fragile... Et tu ne m'as jamais raconté ce que vous vous disiez, à part ça : rien de neuf ! Ça ne me suffit plus. »

Catherine avait presque arrêté de respirer, de peur de briser cette parole enfin libérée. Madame Paulin avala son thé d'un coup, sans que sa main ne tremble, tandis que son mari avait baissé les yeux et fixait ses ongles parfaitement manucurés.

« Qu'attendez-vous de moi ? » demanda madame Paulin d'un ton ferme.

Elle venait d'exclure par ce seul « moi » son époux, et un hypothétique soutien de sa part.

« Seule, vous n'obtiendrez pas grand-chose. Nous devons, si vous êtes d'accord, rendre visite aux autres parents. C'est une action collective qu'il faut entreprendre, madame Paulin. »

Chapitre 14

Mardi 26 février 2013

Le portrait dessiné sur l'écran était un chef-d'œuvre de nullité et d'inutilité ; « zéro + zéro = la tête à Toto » revint instantanément à la mémoire de Renaud : l'époque des cours de récréation, et des blagues idiotes qui ne faisaient rire que lui. Regroupée autour de l'ordinateur, son équipe s'était immobilisée dans une stupéfaction unanime. Nahoum, qui avait cédé à contrecœur son clavier à Marini, reflua vers l'imprimante et une version papier du visage opaque, bouffé jusqu'aux yeux par un bonnet.

« Le bonnet est très réussi, lâcha Marini.

– J'ai le même… ricana Bouzit.

– Et moi, j'en ai au moins trois identiques dans mes tiroirs. Alors on commence par ce qu'on a… coupa Nahoum. Marini, vous vous mettez au voisinage avec une équipe. Bouzit, vous faites tous les bars du trajet du défilé, et vous nous rejoignez à la fête foraine.

– On se retrouve tous pour le point ici, à 18 heures, acheva Renaud. Pas d'interpellation intempestive. On collecte les infos. On communique avant d'agir. Et on réfléchit. Ensemble. »

Nahoum attendit que ses deux jeunes collègues referment la porte pour se tourner vers Renaud.

« Tu penses à Anne-Angélique Paulin. »

Ce n'était pas une question.

« Je pense aussi aux autres. Je pense à Juliette Grollay… et je pense à Vanessa Louis.

– L'affaire Louis ? ! »

Nahoum était sincèrement sidéré. Renaud considéra son plus proche et plus précieux collaborateur avec l'envie contradictoire de se mordre la langue et de soulager sa mauvaise conscience. L'homme était le pilier de son groupe pour tant de raisons : rationnel, honnête, bête de travail, consciencieux, respectueux, et il en oubliait… Pire, en cet instant, Renaud le considérait également comme un ami, tout au moins comme un homme auprès de qui il pouvait se questionner, demander des avis, y compris parfois sur la couleur de ses chaussettes.

« Oui. Vanessa Louis. C'est allé si vite. C'était si facile. Ça ne t'a jamais empêché de dormir ?

– Non. C'était Hassaoui.

– Tu n'as jamais douté ? De rien ?

– Ça m'arrive. Quand j'entre dans une boutique et que je dois choisir une nouvelle chemise. Ou quand j'engueule mes gosses : suis-je un bon père ? Par contre, je sais que je suis un bon flic, et que tu l'es aussi.

– Hassaoui était-il le bon coupable ?

– Quel rapport avec la petite d'hier ?

– En partant de l'hypothèse que je me suis trompé à l'époque, alors on a probablement affaire au même homme. À celui qui s'en est pris à Anne-Angélique, à Juliette… et par conséquent à Vanessa.

– Arrête. C'était Morloch qui avait l'affaire Juliette Grollay. Ça l'a bouffé jusqu'à ce qu'il en crève, à même pas cinquante ans. Et tu es en train de te mettre dans le même état que lui alors qu'on a tous besoin que tu sois lucide.

– C'est justement ce que j'essaie de te faire comprendre : je me sens plus lucide que jamais. Manifestement plus conscient que toi qu'on n'a encore trempé qu'un orteil dans ce puits de boue, et qu'on va s'y noyer si on ne bosse pas en même temps sur les autres dossiers !

– Qu'est-ce que tu cherches ? Tu veux te faire hara-kiri ? grinça Nahoum.

– On a l'histoire. Les histoires. Thomas, je me suis battu pour que ce soit nous sur cette affaire, et pas la gendarmerie. »

Nahoum regarda longuement ses croquenots bien cirés avant de répondre :

« T'aurais pu m'en parler avant. C'est une décision dont on aurait dû discuter ! Ça fait plus de dix ans qu'on bosse ensemble...

– J'aurais dû.

– Tu règles des comptes, Jean-Pierre. Tu engages toute ton équipe sur un vieil échec professionnel qui ne concerne que toi. L'affaire Anne-Angélique Paulin, en l'occurrence. Et je n'en étais pas. Moi, j'ai ma conscience pour moi. On ne s'est pas trompés quand on a fait mettre Hassaoui au placard pour meurtre. »

Renaud ne voulut pas relever l'amertume, ne souhaita soudain pas perdre l'estime, voire l'amitié qui le liait à Nahoum. Quoique... l'amitié se révélait-elle, ou se révélerait-elle illusoire au terme de cette enquête ? Rien n'était moins sûr tout à coup, sauf ce reproche, bien audible, qu'il devait admettre : il en profitait pour ramasser dans un même sac tous les remords qu'il traînait ; et il venait de jeter ce sac encombrant et trop lourd pour lui sur les épaules de son équipe, bien faible en termes d'effectifs et de technologie comparés à ceux de la gendarmerie. Son impulsion lui avait dicté le contraire de la raison. Nahoum avait décidément raison sur la forme : ils n'avaient pas les moyens de l'ambition d'un seul homme, fût-il un commissaire de la DPJ. Pas plus que lui n'avait les moyens de se rendre malade, ni aucune envie de tomber sur le carrelage dégueulasse du commissariat en se tenant la poitrine et en râlant, pour finir par claquer au bout de quelques semaines dans une chambre d'hosto ; ce qui était arrivé au fameux et malheureux collègue Morloch, qui avait laissé une enquête sans fin et sans coupable ronger son cœur, laissé une femme et deux enfants, laissé intacte la retraite promise que chaque flic sensé attend impatiemment à partir de sa cinquantaine fatiguée. Le cadavre de la petite Juliette Grollay avait eu sa peau. Et lui, il espérait bien passer la soixantaine.

« C'est en marchant qu'on avance… et qu'on apprend. On verra ce qui se présente… »

À 18 heures, le point fut brutal : rien.

Personne ne fit de commentaire sur ce qui s'avérait l'absurdité de leur première journée sur le terrain, un néant pareil, c'était du jamais vu.

Chapitre 15

Mercredi 27 février 2013

Madame Paulin avait insisté pour être reçue au cabinet au plus vite. La mère écoutait l'homme de loi exposer sa stratégie sans mâcher ses mots : c'était sur madame Paulin que tout reposait ; elle devrait user de sa force de persuasion pour convaincre les parents des autres victimes de collaborer. Catherine l'assisterait. Tandis que Catherine, sagement assise à côté de leur future cliente, commençait à douter : le désir de justice de Pierson était-il la seule raison de son acharnement ?

« Pourquoi faites-vous tout ça, Maître Pierson ? » énonça de sa voix claire madame Paulin.

Catherine n'était donc pas la seule à se poser la question : madame Paulin attendait elle aussi une réponse de la part de l'avocat, et de cette réponse dépendrait sa décision de confier l'affaire au cabinet ou non. En somme, Catherine n'avait fait qu'appâter le poisson pour que Pierson le ferre. À cet instant, elle réalisa que Pierson la regardait, elle, délaissant madame Paulin.

« Mon assistante se pose exactement la même question que vous, et ce depuis que je lui ai confié tous ces dossiers à examiner, dont celui de votre fille. J'ai connu Carole Bertaud. Plus exactement, ma fille l'a connue. Elles étaient camarades de classe au collège. Inséparables. Carole était une gamine courageuse… Après le collège, elle a passé un brevet professionnel quelconque. Il fallait qu'elle travaille, et vite. Ses parents n'avaient pas de quoi lui offrir de longues études, ils avaient une ferme à faire tourner, des gosses plus petits que Carole à élever. Pourtant, elle était brillante… mais trop dévouée, trop gentille… si naïve. C'est ce qui l'a probablement tuée. En plus du travail à la ferme, elle avait trouvé un emploi de caissière. Elle venait d'apprendre à ma fille qu'elle avait enfin pu s'acheter une Mobylette pour se rendre à sa supérette. Elle était toute fière. Avant, elle faisait du stop pour aller travailler, hiver comme été… »

Catherine sut immédiatement que la pêche serait bonne : madame Paulin attendait la suite, avec juste ce léger froissement d'amertume au coin de la bouche, cette ride du chagrin qui se déplie, l'horreur rejaillie d'un conte où les enfants se font dévorer et où les mères hurlent leur désarroi. Elle semblait réaliser qu'elle n'était plus seule à affronter l'obscurité.

« On a retrouvé son corps cinq mois après sa disparition. À 35 kilomètres de Chalon, dans un marigot de la Saône. Cinq mois durant lesquels j'ai été impuissant devant la colère de ma fille. Elle m'a tout reproché. De n'avoir rien fait pour aider son amie à poursuivre ses études, puis de n'avoir pas su aider les parents. J'ai eu mon compte de reproches. Les Bertaud étaient aussi perdus que moi. Et trop gentils, comme Carole : ils avaient foi en la police. Ils ignoraient seulement, à l'époque, qu'il faut s'acharner, s'insinuer sous la peau des flics comme une tique. En plus, ils étaient pauvres, et ça n'aide pas. J'ai suivi l'affaire de loin. Ce que j'ai découvert sur l'enquête m'a longtemps empêché de dormir. Les flics, excusez mon langage, n'en avaient pas grand-chose à faire à l'époque. La scène de crime avait été saccagée, les pistes étaient rares et n'avaient pas été exploitées, les pièces à conviction souillées. Je sais même où est reléguée la Mobylette de Carole : dans un hangar à Dijon, rouillée, avec une étiquette numérotée à son nom ! Elle a été tripotée par des dizaines de mains imbéciles... Voilà, madame Paulin, ce qui motive ma requête. Non seulement je me sentirai en paix si on arrive à faire rouvrir l'enquête et à mettre la main sur ce monstre, mais en plus, j'aurai l'air moins con vis-à-vis de ma fille... Je manque singulièrement de dignité depuis quelque temps. »

On y était : Pierson n'avait pas fait de plaidoirie, mais des aveux. Quoique : bien joué... Madame Paulin pleurait, pétrifiée.

Chapitre 16

« What a nice day for revolution »,

P.-D.G. de Kodak Monde, Rochester, 1er juillet 2007, discours inaugural de la destruction de l'usine Kodak Monde de Rochester (États-Unis).

(« Quelle belle journée pour faire la révolution. »)

Chalon-sur-Saône, dimanche 9 décembre 2007, 11 heures.

Le silence était gorgé de pleurs à l'unisson du ciel. La foule, encore clairsemée, restait cantonnée devant les barrières. Mais les dos de cette assemblée pétrifiée, aux paroles rauques et chuchoteuses quand elles s'élevaient, étaient redressés pour affronter l'amertume des bourrasques du vent pluvieux, pour porter un cri impossible. Ils étaient fiers, sans aucun doute, tout au moins l'avaient été et tenaient à le faire savoir, à le montrer à ceux qui se trouvaient de l'autre côté de la barrière, suffisamment loin toutefois de cette armée des ombres qui grossissait à vue d'œil et se plantait devant les deux bâtiments de béton gris protégés par la milice.

De l'autre côté de cette barrière, le silence était également la marque de cette seconde assemblée : ceux à qui on avait fait l'honneur de pouvoir passer la barrière, munis du luxueux carton d'invitation. À 11 heures ce matin-là, le monde se réduisait donc à une barrière de métal dressée entre des hommes et des femmes : ceux qui avaient eu la faveur de la franchir, et ceux qui ne l'avaient pas eue. Rares étaient ceux qui avaient eu l'audace de brûler le sésame accordé pour l'autre monde.

Chaque fois qu'un arrivant fendait la foule jusqu'aux services de sécurité, les dos s'écartaient pour lui offrir une avenue honteuse, qu'il devait suivre jusqu'à la barrière, tête courbée alors qu'aucun mot n'était prononcé puisque c'était ce fameux silence qui était joué.

Michel Dréon n'échappa à rien de ceci. À 11 heures et 15 minutes, il emprunta cette avenue plantée de la haie du déshonneur jusqu'à la barrière, stoppé par un molosse ratatiné dans sa parka, oreillette rivée à son tympan comme un canon sur la tempe. Il lui tendit subrepticement son carton d'invitation, puis passa d'un silence à l'autre.

De l'autre côté donc, le plus à l'écart possible des regards non conviés, une vaste tente de cérémonie ouverte sur les bâtiments lui offrait au loin un abri dérisoire ; il lui fallut encore franchir une bonne centaine de mètres pour s'y réfugier. Là, une hôtesse d'accueil grelottant dans son tailleur cocha son nom dans un registre, et Michel Dréon put enfin se mêler à ses congénères affranchis. Il serra les mains des (dans l'ordre) député-maire de la ville, président-directeur général et son épouse, directeurs de la recherche et des ressources humaines et ainsi de suite, de sous-fifres en sous-sous-fifres... Des serveurs circulaient déjà dans l'assemblée, proposant l'apéritif. Les femmes, en tenue de fête hivernale si cela était conciliable, s'accrochaient frileusement à leur coupe de champagne, maquillage gelé sur les joues et les paupières ; les hommes, à l'image de Michel Dréon, vêtu de sombre et cravaté, long pardessus chic de rigueur, traînaient leur mine de compassion obligée à pas concis. Michel Dréon rejoignit ses collègues du Cercle des anciens de la division Recherche, créé depuis la fermeture de l'usine, nota la bonne humeur prévisible de leur président, Cottard, occupé, verre de whisky à la main, à faire pouffer quelques dames, releva l'absence de Maheux, et opta pour le jus d'orange parmi les boissons offertes. Les petits-fours, invisibles, seraient servis après…

À 11 heures et 45 minutes, le président-directeur général toussota dans le micro. Les corps postés loin de l'autre côté de la barrière se figèrent au crachouillis relayé par les haut-parleurs disposés à l'intérieur comme à l'extérieur du chapiteau : la parole du patron devait être audible par tous. Le vent balaya les derniers murmures. Le président-directeur général évalua d'un œil un chouïa vexé « ses » quelque trois cents invités, moins nombreux que les cinq cents heureux élus à avoir reçu « sa » faveur. Il se lança d'une voix ferme : « Ce jour est à marquer d'une pierre noire. J'ai eu la difficile mission de fermer l'usine Kodak de Chalon, et aujourd'hui de la faire imploser… »

Michel Dréon s'agrippa aux mots durant quelques minutes, tâchant d'y puiser un sens qu'il sentait s'effriter depuis plusieurs semaines. Mais cette volonté se diluait comme les contrastes d'une photo ancienne, sur papier argentique évidemment… C'est tout juste s'il redressa les épaules au mot « révolution » : il avait déjà entendu dans un autre espace-temps, en direct du pays de Rockefeller, le président-directeur général de Kodak Monde prononcer ces mêmes mots, sous un ciel par ailleurs plus clément. Il se rappelait très précisément cette retransmission suivie par la totalité de ses collègues de la division Recherche : à l'autre bout du monde, Rochester arborait tous les atours d'une ville en fête, avec banderoles, musique de fanfare assourdissante, défilé de majorettes étoilées, caméras de télévision, marchands de pop-corn, foule compacte et souriante, familiale, estivale, se pressant dans les avenues entourant la petite ville que formait l'usine Kodak. « What a nice day for revolution... » *Des cris de joie et d'excitation avaient accompagné les déflagrations sourdes qui se succédaient, chacune précédant l'effondrement sur lui-même d'un bâtiment, puis d'un autre, et le tsunami de poussière avait submergé les spectateurs. Il pensa que les Américains maîtrisaient parfaitement le sens du spectacle : ici, la révolution chalonnaise se déroulait en petit comité sage et cravaté, sans rires ni cris, en plein mois de décembre... Il s'aperçut que le froid transperçait son pardessus au moment où la voix décidée, presque allègre, du pédégé tambourinait le « 3 » du compte à rebours. Au « 2 », il se retourna vers les silhouettes de l'autre côté de la barrière.*

Denis et Anne Grollay, serrés sous leur parapluie, se crispèrent d'un bel ensemble au vilain écho retransmis par les haut-parleurs. Le « 1 » leur tomba sur les épaules. Anne enfouit sa tête dans un repli du blouson de son homme. Le « 0 » triomphal du pédégé fut noyé par le hululement de la sirène qui s'emballait. La première détonation leur serra brutalement la nuque. Puis ce fut la salve d'un orage d'été, aux volutes de plomb liquide. Le GL *21, fauché, s'affaissa tout en langueur tandis qu'un ciel entier de poussière de béton s'élevait et proposait aux regards un nuancier de gris digne d'un horizon sur la mer du Nord, qui finit par avaler tranquillement les nuages, ciel de terre plus fort que ciel de pluie.*

Anne tendit un mouchoir à Denis, qui redressait tout son corps pour affronter la muraille de poussière. Il repoussa doucement la main de sa femme.

« Ils peuvent bien me voir chialer, merde. Qu'est-ce que j'en ai à faire. »

« Kodak t'emmerde ! Torpillé mais pas coulé ! »

Le gars qui avait gueulé tout seul quelque part dans la foule fut bientôt rejoint par d'autres.

« Le GL 20 fait de la résistance !

– Supermenteur ! Le GL 20 aura ta peau ! »

La clameur enfla, ce qui n'était que silhouettes de statues en deuil s'anima, et Denis, levant la tête comme les autres, aperçut alors, entre poings levés triomphants, la coque du GL 20, encore debout, paquebot fendant les flots de poussière. Un inconnu à ses côtés jubilait.

« Les cons ! Mon père leur avait bien dit ! Putain, le vieux avait raison ! Ils l'auront jamais ! »

Denis le fixait, étonné. Le type lui balança une claque réjouie dans le dos.

« Mon père, c'était l'architecte des bâtiments ! Quand j'étais gosse, il me racontait le chantier. Tous les murs ont une structure en poutrelles d'acier ! Indestructible, c'est ce qu'il me disait. Alors, ils peuvent bien se prendre pour Jésus et multiplier les petits pains de plastic, il va leur falloir autre chose pour le coucher, le GL 20. Nom de Dieu, ils ont oublié qu'on savait travailler l'acier dans ce foutu trou. Les cons… Merci papa. »

Les exclamations d'émoi du public sans carton d'invitation atteignirent enfin les officiels, lesquels avaient conservé un silence tout solennel. Michel Dréon comprit à l'onde d'agitation qui gagnait tous les visages, particulièrement celui du pédégé, d'abord incrédule puis courroucé, qu'un imprévu venait de rompre l'ordre de la cérémonie.

Des applaudissements retentirent de l'autre côté de la barrière, et Michel Dréon découvrit alors la cause des cris de joie : sur les deux bâtiments du site, les GL 20 *et* GL 21, *seul le second n'était plus que gravats ; debout, le* GL 20 *offrait ses murs pour répercuter l'écho des invectives. Un homme casqué, talkie-walkie à la main, sortit d'une cabane de chantier située à l'extrême limite du périmètre de sécurité, et rejoignit rapidement le président-directeur général pour lui glisser quelques mots à l'oreille. Le président-directeur général rajusta enfin son micro :*

« S'il vous plaît... on vient de me faire savoir qu'un incident technique a affecté le processus d'implosion des bâtiments. C'est une surprise. Seul le GL 21 *est détruit. La destruction du bâtiment* GL 20 *est donc remise à une date ultérieure. Nous vous tiendrons informés par voie de presse des décisions qui seront prises à ce sujet. En attendant, merci de respecter les consignes de sécurité, merci de votre compréhension.*

– Kodak t'emmerde ! Torpillé mais pas coulé ! »

Le chœur de colère amère des licenciés de l'autre côté de la barrière grondait. Le président-directeur général n'eut qu'un haussement d'épaules à peine agacé. Il prit la tête d'un cortège ébranlé, et se dirigea vers le buffet. Michel Dréon resta quelques instants à contempler la silhouette du GL 20 *qui se découpait dans la poussière, intact. La foule au loin semblait ragaillardie par cette ironie de classe : les corps s'étaient rapprochés, le silence avait été chassé d'un coup par les cris de victoire et de fronde. Des poings étaient levés pour accompagner un chant de lutte que Dréon ne connaissait pas... Il rallia d'un pas lent les festivités probablement gâchées : le champagne serait-il débouché ?*

Cottard le rejoignit, déjà muni d'une flûte de bulles millésimées.

« C'est mon beau-frère qui doit se marrer. »

Dréon ne jugea pas utile de lui demander pourquoi : Denis Grollay, délégué cégété, avait été remercié comme plus de 90 % du personnel exclusivement qualifié Kodak. Son épouse, sœur de Cottard, faisait partie du tanker de débarqués. Cottard s'était épanché auprès de ses collègues dès la publication du plan de licenciement : il était inquiet pour sa sœur, forte tête qui avait épousé un des seuls délégués syndicaux du site, lequel aurait forcément des problèmes de reconversion. Cottard s'était donc lamenté un temps (aussi court que la vitesse à laquelle s'étaient enchaînées les annonces avait été rapide...) sur le devenir de sa petite sœur chérie et mal mariée, et sur ce qu'elle allait bien pouvoir faire pour payer les futures études de sa fille unique, belle et brillante mais forcément fichue par la faute de l'irresponsabilité syndicale paternelle...

Dréon réalisa brusquement que quelque chose manquait à ce tableau. Mais il fut incapable de savoir quoi, en dépit de tous ses efforts pour passer en revue les événements auxquels il avait assisté. Il s'acquitta de la consternation de rigueur, accepta un petit-four et une coupe de champagne (servi le plus discrètement possible par des sommeliers endeuillés), n'y trouva à sa grande surprise aucune saveur, lui qui pourtant savait déterminer à la perfection la qualité des bulles, puis prit rapidement congé de quelques collègues, dont Cottard, déjà rubicond, qui entretenait sa verve habituelle grâce à une succession de coupes bien remplies. Col du pardessus remonté lâchement sur ses joues, Dréon profita de la fuite d'autres convives qui quittaient eux aussi la tente. La réception, gâchée, n'aurait duré qu'une interminable demi-heure...

Ce ne fut qu'à l'orée du sommeil, couché aux côtés du corps lourd de son épouse endormie, qu'il trouva enfin : pas une banderole, pas une pancarte, pas un badge pour exprimer douleur ou colère de ceux qui avaient trimé dans les entrailles de Kodak. Il s'en étonna, puis se souvint alors qu'il n'y avait de toute façon jamais eu plus de deux cents employés à manifester devant l'usine... voire à faire grève. Dont le couple Grollay... Il plongea rasséréné dans le sommeil : sa mémoire était saine, elle avait comblé ce qui s'avérait finalement un détail sans importance...

Chapitre 17

Lundi 10 décembre 2007

Juliette n'était pas rentrée.

La veille au soir, Denis et Anne Grollay s'étaient obligés à une sortie au cinéma ; soirée en tête à tête impossible, lourde de désarroi colérique après le spectacle des ruines de Kodak. Ils ne se rappelaient même pas l'histoire improbable qui s'était déroulée sur le grand écran, alors qu'ils se tenaient la main et savaient que leurs pensées ne formaient qu'une seule et intense image ; un tourbillon de poussière de béton. Ils étaient ensuite allés se coucher, sans un mot. Il était 23 heures, la maison était calme, toutes lumières éteintes. Aucune inquiétude ne les troubla, hormis celle, immense, de leur avenir désormais sans usine, sans travail. Ce ne fut qu'au matin qu'Anne trouva le lit de Juliette soigneusement fait, comme d'habitude, mais trop alors que le corps de sa fille en sommeil aurait dû y imprimer ses rondeurs douces, son odeur. Juliette n'avait pas dormi dans son lit ; Juliette n'avait pas signalé son absence ; Juliette n'était pas rentrée ; Juliette avait disparu...

C'est en tout cas ce qui devint une évidence au bout de quelques heures, puis de quelques jours, puis de trois semaines, au terme desquelles, le 31 décembre, la police retrouva son jeune et magnifique corps meurtri de toutes parts, bien en aval de Chalon, couvé par les racines d'un saule. Depuis ce 31 décembre 2007, Anne Grollay se rendait chaque mois au pied de ce saule pour y allumer une petite bougie dans sa lanterne aux parois de verre émeraude, la couleur préférée de Juliette, la couleur de ses yeux sous le soleil d'été, qu'elle veillait jusqu'à sa fonte totale. Et lorsque la Saône avalait trop les racines de son arbre, elle s'installait avec sa petite lanterne un peu plus en hauteur, indifférente aux frimas comme aux heures du coucher du soleil, seulement attentive à la flamme et à sa soif de vengeance.

Denis Grollay, lui, veillait sur sa femme. Il ne savait et ne pouvait faire autre chose.

Jusqu'à ce jeudi 28 février 2013, soit cinq longues années et plus de deux mois après la découverte du cadavre de leur fille, alors que personne n'avait jamais pu affirmer aux Grollay qu'elle n'avait pas souffert, ces parents brisés n'auraient pu envisager ce que madame Paulin allait venir suggérer jusque dans leur salon : Juliette n'était pas la seule jeune fille de Chalon à avoir laissé derrière elle un abîme de souffrance, de questions sans réponses... et, sans doute, à avoir été la proie du même homme.

Chapitre 18

Jeudi 28 février 2013

Catherine tentait de conserver la neutralité indispensable à ce type de négociations. Et laissait à madame Paulin les yeux secs, la dignité douloureuse et professionnellement guindée, les paroles qui rouvrent les plaies jusqu'aux entrailles. Elle avait inscrit à mots choisis dans son récit la disparition tragique de la petite Samantha comme un élément déclencheur de sa détermination. Épatante était le seul qualificatif, très obscène, que Catherine lui attribuait en cet instant. Elle n'en revenait pas. Face à elles, le couple Grollay, enchâssé, tout aussi pâle que minéral. Une volée de coups de burin n'aurait pu les séparer ni les briser d'ailleurs. Une seule voix parlerait. Pour dire quoi ?

« Vous faites quoi, exactement ? »

Il fallut quelques secondes à Catherine pour comprendre que la question lui était destinée.

« Je mène des enquêtes à la demande de Maître Pierson. Je...

– Vous êtes de la police ?

– Plus maintenant.

– Et vous êtes censée nous aider comment ?

– En faisant rouvrir l'enquête... les enquêtes, pardon. En enquêtant de mon côté.

– La police continue son travail. Je ne vois pas ce que vous pouvez nous apporter de plus.

– Plus vous serez nombreux, plus vous serez entendus. Nous pouvons vous aider à mutualiser vos requêtes. À leur donner plus de poids.

– Et vous, vous y gagnez quoi ? »

Merde...

« Mon salaire, entre autres.

– Et votre patron ?

– Je ne peux pas répondre à sa place. »

Lequel des deux l'avait interrogée ? Elle n'en savait rien. Madame Paulin trancha : elle se leva.

« Madame Grollay, il est inutile que je vous décrive mes journées, ma vie... depuis qu'Anne-Angélique a disparu. Je suis fatiguée d'avoir à supplier la police de continuer à enquêter. Je ne supplierai plus. Je veux me battre. Parce que c'est la seule façon aujourd'hui de me prouver que je suis encore en vie. Vous seule pouvez comprendre. Au revoir madame », clôtura-t-elle l'entrevue en tendant la main à la mère, qui la prit.

Elle jeta au père un :

« Monsieur, sincères condoléances. »

Et ce fut tout. Catherine eut à peine le temps de retenir la porte d'entrée.

Lorsque madame Paulin et la déléguée du cabinet Pierson eurent quitté leur salon, le couple Grollay resta figé sur son canapé durant une petite éternité. La pièce apparut soudain à Anne souillée par cette intrusion, comme un doute qui ne manquerait pas de corrompre le roc que formait leur couple.

Ils avaient essayé de concevoir de nouveau un enfant ; en vain. De fausses couches en années qui passaient, Anne avait mis un terme à des espoirs qui n'étaient plus restés que ceux de Denis ; enfin son corps de femme mûre avait eu le dessus, le bon goût finalement très précoce de ne plus produire ces ovules que son mari tentait désespérément de féconder.

Anne finit par s'arracher de l'étreinte de Denis, se leva, et déclara :

« Combien on a sur le compte ? »

Denis n'eut pas le temps de répondre, effrayé par la pensée subite que toutes leurs petites économies de bouts de chandelle allaient être englouties par les services d'un avocat... pour rien, il en était persuadé. Anne continua :

« Je n'en peux plus, de ce salon ; je vais le repeindre. Je voudrais au moins un mur vert émeraude... Et tout le reste en blanc, un vrai blanc, un blanc qui renvoie la lumière, pas comme ce jaune pisseux qui me donne envie de vomir. »

Anne Grollay, née Cottard, avait fait un mariage d'amour. Son époux était son amant, son confident, son évidence, son continent... et, plus encore, elle conservait intacte pour cet homme une admiration puissante et souterraine, comme à l'évocation d'un père qu'elle n'avait pu trouver enfant. Ce sentiment noueux, tel un morceau de bois argenté et densifié par les océans, ne la troublait pas, l'emportait même jusqu'à concevoir sans aucune répulsion que Denis avait tout de ce père qui avait manqué à la petite fille devenue femme grâce à lui, qu'il avait un jour croisée lors d'un banquet de mariage. L'idée de ses mains calleuses de travailleur sur son corps fluet, de ce sexe qui avait envahi le sien pour la première fois, de ce poids à la fois lourd et léger comme un passé enfin sublimé, accompli, la maintenait toujours en suspens au-dessus des doutes et des craintes : Denis l'aimait, elle aimait Denis, ils s'aimeraient jusqu'à la fin de leurs jours. C'était un amour indiscutable, que les années n'avaient jamais entamé. L'arrivée de Juliette dans leur vie n'avait fait que renforcer cet état d'éternité.

Elle l'avait épousé en petites pompes, à peine âgée de dix-neuf ans et enceinte de plusieurs semaines. Quelques amis syndicalistes de Denis et collègues de Kodak, où elle venait de trouver un emploi à son tour, les avaient accompagnés à la mairie de Chalon, ainsi que sa mère, à la mine inquiète et insatisfaite ; Madame Adeline Cottard avait pourtant fait un mariage d'amour très tardif et trop furtif pour son époque, avec un homme plus âgé qu'elle de dix-huit ans, Antoine Cottard... Anne avait été conçue alors que son père avait atteint l'âge de cinquante-six ans et était déjà le géniteur d'un garçon à peine plus jeune que la mère d'Anne. Ce demi-frère prénommé Yves avait tenu, au grand dam de son père, à se pencher sur le berceau de la « petite sœur » et à infliger par la suite aux « jeunes » parents des cadeaux somptuaires, inutiles et souvent bruyants, comme si cette prodigalité lui suffisait pour attraper, et narguer ! le non-amour tellement visible de ce patriarche sec pour son fils.

De ce père en commun, Anne et Yves semblaient la résultante d'un tri soigneux des attributs aussi physiques que psychiques ; le gravier souillé d'un côté, les pépites de l'autre. Plutôt bel homme, Yves était devenu avec l'âge un double plus arrogant encore que sa version paternelle, et plus il cumulait les échecs amoureux, plus il prenait de poids, plus il gagnait du galon chez Kodak, plus le visage de son père se creusait d'un dégoût pleinement assumé.

Anne, de son côté, avait hérité l'étrange beauté d'Adeline, cette blondeur de lait bouillant sur un visage aux yeux trop écartés mais d'une couleur de vif émeraude qui effaçait toute la pâleur imparfaite de ses traits. De son père, elle n'avait rien, et s'en réjouit très tôt, mesurant de plus en plus l'incapacité de cet homme à aimer quelqu'un d'autre que lui-même. Même Adeline n'avait pu contrecarrer, et n'avait jamais tenté de le faire d'ailleurs, par purs paresse et confort, jugeait Anne, l'égoïsme forcené de son mari. Et le spectacle qu'Antoine et Yves jouaient dans les rares occasions où ils se croisaient ajoutait à la nausée, confortait la jeune fille dans son désir de fuite, son espoir d'amour rare et brut, son envie de lacérer les costumes et les robes bien coupés des parents de son enfance, qui l'avaient fait naître comme on achète une nouvelle parure à la mode. Pas d'amour, juste un impérieux besoin de se reproduire très vite avant la dégénérescence programmée jusqu'aux moindres détails. Voilà ce qu'Anne avait vécu dans sa chair de petite fille, et elle avait rencontré et vite épousé le seul homme capable de lui donner la raison, la force et l'amour. Son père n'avait pas voulu assister à cette cérémonie ridicule, l'alliance d'une petite secrétaire et d'un ouvrier syndiqué de chez Kodak, la déchéance de tous ses efforts.

Alors qu'elle venait d'affirmer l'émeraude sur un mur de son salon, la haine pour son père la submergea. Bien que décédé depuis des années déjà, c'était comme s'il lui ôtait de nouveau la possibilité d'un après-désastre. Elle pouvait presque l'entendre diagnostiquer et énumérer avec condescendance les trop nombreuses probabilités d'échec de son mariage et de sa progéniture, si jamais la folie prenait à sa fille d'en concevoir une ; elle pouvait le voir en train de cracher sur le cadavre de Juliette.

Elle attendit que Denis quitte la pièce pour se mordre les poings.

Chapitre 19

Jeudi 28 février 2013

Toute la sauvagerie du carnaval se trouvait légitimée par cette cérémonie de début de soirée : on accordait enfin au peuple le droit de juger, de piètres délits de garnements certes, mais qui enverraient Cabache au gibet, le corps en feu. Le procès du roi du carnaval venait de s'ouvrir sur les marches de la mairie de Chalon, et les témoins des fourberies commises par celui-ci durant l'année écoulée se succédaient devant le micro, se répandaient en accusations toutes plus baroques les unes que les autres. Les costumes étaient léchés, dans la tradition de la cité : le roi promis à la mort portait sa couronne de travers, perruque poudrée hirsute sur un visage blanchi aux joues marquées de deux ronds rouges, tandis que le procureur et ses deux adjoints, en grande tenue, commentaient avec grandiloquence les arguments des avocats de Cabache, qui gesticulaient avec force effets de manches de tunique noire, leurs masques au long bec dodelinant sous les coups du réquisitoire lourd de la partie adverse. Tout y passait, la parodie était bien rodée, la foule massée devant les marches hilare et avide d'encore plus de témoignages saugrenus, carnavalesques et prometteurs d'une magnifique mise à mort.

Renaud, un peu à l'écart, bonhomme et compatissant, semblait absorbé par la litanie des lubricités royales, alors que son cerveau engrangeait le moindre détail de l'assemblée massée sur le parvis. Parmi la foule, Marini et Bouzit faisaient de même. Nahoum, absent, ne se tapait pas le sale boulot de recherche de coupable sur la seule mauvaise mine d'un type à bonnet ; il avait repris un autre boulot tout aussi sale avec une petite équipe, de l'autre côté de la ville : celui de l'enquête de proximité. Un porte-à-porte épuisant, car il fallait vaincre la peur ou la haine du flic à chaque fois qu'ils posaient le doigt sur la sonnette d'un appartement HLM de la cité où avait vécu Samantha. Renaud savait déjà que le panier de leur récolte serait vide, hormis quelques témoignages sur la gentillesse des parents, la curiosité avide suscitée par l'horreur de l'histoire ; ou bien sur la célérité malvenue des flics alors que les habitants les appelaient régulièrement pour des nuisances dans le quartier, et qu'ils ne servaient à rien… Renaud savait déjà tout ça, tandis qu'il venait de repérer Marini de l'autre côté du parvis : elle jouait bien la comédie, avec les éclats de rire et les applaudissements de circonstance, mais son regard furetait partout… notamment fixé depuis quelques instants vers la terrasse ouverte d'une brasserie. Renaud s'y dirigea tranquillement. Évidemment, il s'y trouvait un type à bonnet… Un de plus parmi tous ceux qu'ils avaient vu déambuler en ville depuis deux jours qu'ils quadrillaient le terrain de la commune, jusqu'aux confins des zones industrielles.

Le gars en question, sa quarantaine bien amochée affichée tout autour de son estomac, déblatérait, une pinte à la main, sur les sévices pires encore qu'une pendaison qu'il ferait subir au roi Cabache ; et sur tout ce qu'il infligerait à la reine Moutelle, cette salope complice, qu'il trousserait pour l'empaler par-derrière sur un rocher de son île de merde. Bref, un violent verbal de la plus belle espèce ; manifestement un bon client pour Marini. Il fallait bien admettre qu'il rentrait dans les critères de l'individu qu'ils recherchaient : la quarantaine dodue, un blouson passe-partout, un bonnet, des désirs de viol manifestes et alcoolisés... Renaud soupira : la période du carnaval fragilisait davantage encore les plus fragiles, exacerbait les désirs de vengeance, les frustrations ; la haine était autant à l'honneur que les costumes, les confettis et les paillardises bon enfant. Et on n'était que jeudi...

Il sentit soudain la présence de Bouzit.

« On se le cravate ? chuchota son jeune capitaine.

– J'ai déjà repéré trois gugusses à bonnet dans le même état. Notre rayon, c'est la PJ, pas la tranquillité publique. On attend. »

Bouzit maugréa quelques mots inaudibles, puis disparut.

Renaud se posta tranquillement à côté du poivrot, et l'écouta divaguer. L'homme matait les corps féminins, les déshabillait du regard, apostrophait celles qui passaient trop près de lui ; c'était un vrai délit ambulant aux droits de la femme. Renaud se sentait frémissant de coups de poing retenus pour lui boucler sa vilaine bouche. Ce type était totalement inconscient de l'imminence de sa catastrophe personnelle. Renaud prit sa décision au moment où il l'entendit clairement vociférer :

« Y a des salopes, dans cette ville, toutes des putes. Elles méritent même pas qu'on les baise. Juste des baffes... »

Le gars était conducteur de bennes de gravats, qu'il charriait d'un peu partout jusque sur le terrain de l'entreprise qui l'employait. Là, il vidait ses chargements quotidiens pour qu'ils y soient triés, recyclés ou broyés selon leur qualité. Le tout à pleine vitesse, puisqu'il devait sillonner un territoire de collecte jusqu'à cent kilomètres à la ronde pour faire tourner les affaires de son patron. Sans son bonnet, sans son blouson, il avait l'air plus pitoyable que malfaisant. Renaud détestait ce genre d'énergumènes, grandes gueules, assoiffés de ratonnades en meute, persuadés que ceux qui ne sont pas au charbon tous les matins comme lui sont forcément des profiteurs d'un système trop coulant pour les fainéants. Une crème de hargne débile, profonde, incurable, à en vomir. Renaud fut presque heureux d'apprendre que cette caricature plus vraie que nature habitait dans l'immeuble juste en face de celui de Samantha...

Après son inculpation pour ivresse sur la voie publique, les visites de rigueur du médecin et d'un commis d'office, Marini et Bouzit se firent un plaisir de le boucler en cellule de dégrisement pour la nuit. Dès 7 heures le lendemain matin, ils s'attaqueraient à dépecer petit chou par petit chou cette pièce montée de bêtise ancestrale, qui s'appelait miraculeusement pour leur moral Crépin, ou Crétin si on laissait fourcher sa langue ; c'était facile, aussi bête et méchant que le personnage, mais ça les fit rire.

Entretemps, Nahoum était rentré, maussade, éreinté par le déploiement exacerbé de douceur et de compréhension qu'il avait dû démontrer durant la journée, une méthode qu'il maniait d'habitude à la perfection, alors que, depuis deux jours, il aurait volontiers collé au mur le moindre type à bonnet un peu louche. Et il n'en avait collé aucun. Il retrouva cependant un peu de sa vivacité en entendant le nom de Crépin.

« J'ai vu sa femme. Il se traîne une réputation de voisin pas facile, qui pète souvent les plombs.

– On a la nuit pour éplucher sa vie. Tout le monde au boulot. »

Les écrans s'allumèrent en chœur, Marini remit la cafetière en route, Bouzit commanda chinois pour tout le monde, Nahoum appela sa femme pour la prévenir qu'il ne rentrerait probablement pas cette nuit. Renaud fit de même avec Marianne, mais loin du ronronnement des ordinateurs, loin de la tension qui émanait du bureau ; dans la froideur sèche de la nuit, il poussa à pied jusque sur le quai de la Poterne, où il retrouva son banc favori, sous l'Orme à Manon. Ce recueillement lui était nécessaire chaque fois qu'il devait prévenir son épouse ; trouver en lui l'apaisement pour éviter à la femme de sa vie les horreurs de son métier. Il dut attendre plusieurs minutes avant de sortir son portable.

Chapitre 20

Vendredi 1er mars 2013

Catherine avait recommencé par le début de l'histoire, logiquement, puisque, même si certains chapitres manquaient, la genèse de la folie meurtrière qu'ils pensaient avoir identifiée était incarnée par Carole, la gentille et naïve adolescente à la Mobylette. Du moins, c'était cette idée sur laquelle s'arc-boutait Pierson, qui s'impatientait dans son dos : ça faisait trop longtemps qu'elle tournait des pages, griffonnait des trucs illisibles sur un bloc-notes, coupant ses réflexions silencieuses en allers et retours incessants sur les quelques clichés des scènes de crime qu'ils avaient à leur disposition. Quelque chose ne collait pas… Pierson était sur le point d'éclater ; elle posa son stylo.

« Paul, j'ai besoin de ce temps, et vous m'agacez à creuser le plancher avec vos godasses.

– Je réfléchis.

– Trop bruyamment.

– On n'a pas grand-chose, n'est-ce pas ?

– On a surtout des… béances : deux dossiers à peine complets sur quatre, c'est pauvre. Qu'est-ce que vous voulez que je retrace avec si peu d'éléments ?

– On refait le point ?

– Encore ? !

– Oui. Résumé : Carole Bertaud, disparue le 23 février 1994. Anne-Angélique Paulin, disparue le 15 juin 1998. Vanessa Louis, retrouvée morte le 5 avril 2004. Juliette Grollay, disparue le 9 décembre 2007. Samantha Wizniek, retrouvée morte ce lundi 25 février 2013. À vous.

– Carole Bertaud. C'est le seul meurtre qui pourrait correspondre à celui de Samantha. Et encore : il s'agit pour l'instant d'une coïncidence de période, celle du carnaval. Dix-huit ans les séparent. J'ai de sérieux doutes…

– C'est tout ?

– Pour le moment, oui. Paul, je vous répète que nous n'avons que deux dossiers complets sur les quatre ! Celui d'Anne-Angélique a beau être épais comme une encyclopédie en dix tomes, il n'y a aucune accroche ! Renaud a fait tout ce qu'il a pu, et c'est chou blanc. Il nous manque encore tellement de pièces pour trouver les éventuelles concordances auxquelles vous vous accrochez. Je coince sur votre hypothèse. »

L'avocat eut un haut-le-cœur visible qui la sidéra. Il leur arrivait de se disputer, de discuter plus exactement avec parfois des éclairs de fatigue ou de mauvaise humeur vite dissipés ; là, il affichait son mépris, sa hargne même contre l'évidence toute professionnelle à laquelle Catherine venait de le confronter. Elle ne l'avait jamais vu dans un état pareil.

« Vous avez échoué avec les Grollay. »

Le ton était méchant, neuf.

« Je ne suis pas avocate, c'est votre rayon d'aller mentir à ces pauvres gens, pour les entraîner dans un conflit qui n'a rien de professionnel. Vos histoires de famille, je m'en tape. Moi, je ne sais pas mentir. Si vous voulez me licencier, dites-le-moi tout de suite. »

Deux ans. Cela faisait deux ans qu'ils travaillaient ensemble, en toute connivence et confiance. Elle lui avait tant confié ; il avait fait de même ; ils n'ignoraient quasiment rien l'un de l'autre. Quelle ironie, quelle amertume soudain : c'était exactement ce qu'elle ressentait, avec une douleur réelle celle-ci, qui oppressa ses poumons au point qu'elle chercha désespérément l'air qui ne circulait plus dans cette pièce. Elle se leva pour aller ouvrir la fenêtre, apaisant son apnée. Pierson s'était immobilisé quelque part derrière elle. Elle pensa qu'elle aussi était allée trop loin avec sa lecture brutale de la situation que l'avocat lui avait imposée ; elle aurait dû refuser dès le départ cette condition de noire messagère ajoutée à son travail d'enquête. L'ensemble ressemblait davantage à la contrainte exigeante d'un paranoïaque qu'à une collaboration consentie dans la sagesse.

« J'ai encore besoin de vous. Si vous ne souhaitez plus travailler ici, votre désir s'appelle une démission. »

Le bout de ciel au-dessus de la cour laissait apparaître des lambeaux fugitifs de bleu entre les masses nuageuses, le froid devait certainement piquer ses poumons, sa gorge, ses joues, son front… mais elle n'en sentait rien ; elle ne pouvait que supposer cette réalité, qu'elle constata lorsqu'elle essuya une larme sur ses lèvres : la morsure de l'hiver ? Cet ancien chagrin d'enfant abandonnée qui venait de la faucher sans prévenir, comme tous les chagrins acharnés ?

« Qu'attendez-vous de moi, finalement ?

– Pour l'instant, une chose : que vous appeliez votre ex, Dominech. C'est la seule issue envisageable. Vous devez lui demander de nous faire parvenir tous les documents auxquels il pourrait avoir accès sur toutes les affaires. »

Elle souhaita le voir foudroyé, qu'il craque à l'instant même dans d'immenses gémissements comme un arbre trop arrogant touché par l'éclair, puis s'abatte, enfin mort, muet : elle avait toujours respecté le secret professionnel, plus encore intime, qui la liait à Dominech. Ce secret-là, elle ne voulait pas que Pierson le salisse.

« Catherine. Veuillez m'excuser. Je fais mon boulot.

– Vous profitez de ma vie privée. C'est immonde.

– J'ai besoin de vous comme vous avez besoin de moi. Cette requête ne doit pas polluer nos relations personnelles.

– Polluer ? C'est élégant comme un coup de poignard dans le dos.

– Je suis convaincu que ces affaires vous obsèdent comme elles m'obsèdent.

– Vous ne savez rien de mes obsessions, Paul. Alors laissez-les tranquilles. Et arrêtez de jouer au patron compréhensif.

– Je sais pourtant que vous me pardonnerez. Plus tard...

– Vous êtes d'une arrogance à vomir.

– Pourquoi l'évidence que nous devons faire appel à Dominech vous effraie-t-elle à ce point ? Vous croyez que j'ignore que vous avez recours à ses services ? Osez me dire que vous ne lui avez jamais demandé de vous trouver des infos pour vos petites lubies personnelles !

– Ce que je fais avec Dominech ne vous regarde pas. Vous allez trop loin : vous vous fichez bien de la nature de ma relation avec cet homme.

– Je suis comme vous. Un idéaliste pur sucre. Acharné, buté, tourmenté. Quelqu'un qui ne lâche jamais. Au nom de la vérité et de la justice.

– Ah ! Et ça suffit à justifier votre ordre ?

– Vous avez l'impression que je vous ai donné un ordre, et vous ne le supportez pas ? Dominech, c'est la seule issue possible. Reprendre l'affaire déjà jugée de Vanessa Louis me, nous, permettra de requérir des poursuites justifiées concernant les autres. C'est ça, ma tactique : trouver ce que

Renaud a laissé passer à l'époque. Il a foiré son coup. Et il le sait. On en a déjà parlé et vous étiez d'accord avec moi.

– Ce que Dominech accepte de faire pour moi, et moi seule, ce sont de "petites" entorses, pour répondre à mes "petites lubies", comme vous l'avez bien souligné. Enfin, je vais vous avouer une chose que vous ignorez, je l'espère : on ne communique que par écrit... quelques mots de temps en temps.

– C'est bien ça votre problème : nulle à l'oral. Je vais rédiger vos dialogues. Vous n'aurez plus qu'à les lire.

– Vous êtes vraiment dégueulasse.

– Vous êtes en train de gâcher votre talent. »

Chapitre 21

Vendredi 1er mars 2013

Renaud avait finalement décidé de laisser mijoter leur unique et idéal suspect dans sa cellule jusqu'à onze heures du matin. Son équipe avait pu prendre un peu de repos, contrairement à l'individu qui se tenait recroquevillé sur sa chaise, alors que Nahoum, frais comme un gardon, faisait à ce dernier un grand sourire carnassier. Ils avaient amassé beaucoup d'éléments sur le bonhomme, mais rien qui justifierait plus que les quarante-huit heures légales de garde à vue. Après Renaud, qui avait débriefé leur client en premier, c'était au tour de Nahoum...

« Reprenons. Monsieur Crétin... pardon, veuillez m'excuser, monsieur Crépin donc, monsieur Gérald Crépin, vous faites une sacrée noce depuis quelques jours ! lança Nahoum.

– Ben ouais, c'est carnaval. Je m'amuse. Comme tout le monde.

– C'est vrai. En ce moment, la ville est pleine de gens comme vous, qui s'amusent. Il y a beaucoup de façons de s'amuser, monsieur Crépin, vous vous en rendez compte, n'est-ce pas ?

– Je ne vois pas ce que vous voulez dire.

– Vous êtes un honnête travailleur, monsieur Crépin, ça ne fait aucun doute. Vous travaillez dur, vous faites un métier pénible.

– Oui. Vous pouvez même rajouter pour un salaire de merde !

– Je n'en doute pas, hélas... Et en plus, vous vivez avec votre femme et vos trois enfants dans une cité HLM pas très bien fréquentée, d'après ce que l'on sait dans nos services.

– Exact.

– Vos enfants sont scolarisés dans le quartier ?

– Oui.

– Bien. Vous avez un fils au collège, une fille à l'école primaire, et une petite dernière à la maternelle, c'est bien ça ?

– Oui. Je vois pas le rapport.

– Vous connaissez la famille Wizniek ?

– Non. Ils habitent l'immeuble d'en face, ça fait pas d'eux des copains. Tout le monde est au courant pour leur fille. Je ne sais même pas comment elle s'appelait, leur gosse.

– Samantha. Votre fils, Mathis, devait la connaître, puisqu'ils étaient au collège ensemble.

– Mathis n'a rien à voir avec cette histoire.

– Je vous demande simplement si votre fils connaissait Samantha.

– J'en sais rien. Il faut lui demander à lui.

– On va le faire. Revenons-en à vous. D'après nos fichiers, vous avez déjà écopé de quelques avertissements pour ébriété et bagarre sur la voie publique. Vous confirmez ?

– Vous voulez que je vous dise que c'est faux ? Alors que vous savez déjà tout, le nom de mes gosses, le montant de mon salaire, mon nombre de points sur mon permis et je sais pas quoi encore ? ! Vous voulez peut-être savoir aussi combien de fois par mois je saute ma femme, hein ?!

– Excusez-moi, monsieur Crépin. Nous nous contentons de faire notre travail. Ici, c'est la routine. On tente de vous connaître un peu mieux avant de passer à des choses plus sérieuses... Le contexte, si vous voyez ce que je veux dire. Je comprends que ce ne soit pas très agréable. Mais vous vous doutez bien que dans un ordinateur de commissariat, ce ne sont pas les bonnes notes qu'on garde, ce sont les mauvaises, surtout dans la mention Conduite. Et vous en avez quelques-unes dans votre carnet, monsieur Crépin.

– J'ai toujours été sanguin. Je ne suis pas méchant, contrairement aux apparences.

– Parfait. Et votre épouse, Céline, elle a la même opinion que vous ? »

Crépin se ratatina encore plus sur sa chaise. Ni Renaud ni Nahoum n'en furent surpris : trois ans auparavant, la police avait toqué à la porte des Crépin un soir au cours duquel des voisins s'étaient plaints des cris et des chocs qui traversaient les murs de chez eux. À la vue des flics en brassard sur leur paillasson à 22 heures, le mari pas plus que la femme n'avaient trouvé ça drôle ; Céline Crépin n'avait jamais donné suite au conseil des policiers, à savoir déposer au minimum une main courante au commissariat pour signaler le comportement agressif de son conjoint. Et personne n'avait jamais rappelé pour cause de raffut chez les Crépin...

« Monsieur Crépin ? Dois-je vous lire le rapport d'intervention de la police chez vous, dans la soirée du 19 juillet 2010 ?

– Non merci. Et je ne vois toujours pas le rapport avec la môme qui s'est fait trucider !

– Le rapport, c'est la violence, monsieur Crépin. La violence dont vous faites preuve trop souvent et trop visiblement pour que la police l'ignore.

– Je n'ai jamais frappé ma femme. Ni mes gosses.

– Pourtant, ça vous est arrivé de frapper, de cogner, de traiter des femmes de tous les noms. Pas plus tard qu'hier soir, raison de votre présence dans ce bureau. Où étiez-vous dimanche soir vers 19 heures ? »

Crépin ouvrit grand la bouche ; il était terrifié.

« Vous êtes dingues. Je suis rentré chez moi à 22 heures, mais c'est pas moi qui ai zigouillé la petite. Je vous le jure...

– Où étiez-vous ?

– Dans mon camion. Je cuvais. J'avais trop picolé.

– Qui peut confirmer votre alibi ?

– Personne. Le patron me laisse les clefs de la boîte, je peux y aller quand je veux. Dans mon camion. Le dimanche, les jours fériés, et des fois j'y passe même la nuit. C'est le seul avantage de ce boulot : le camion, et personne pour me gueuler dessus.

– Je répète ma question plus clairement : avez-vous croisé ou vu Samantha Wizniek dimanche soir, quand vous êtes rentré chez vous ivre ? Vous êtes-vous acharné sur elle comme vous le faites avec les femmes quand vous avez bu ? Répondez, monsieur Crépin. »

Là, le pauvre type se mit classiquement à pleurer. De gros bouillons, avec la morve qui allait avec. Renaud lui tendit un mouchoir, et fit signe à Nahoum qu'il reprenait le manche.

« Monsieur Crépin, dites-nous ce qui vous tracasse, enchaîna placidement Renaud, tout en posant une main apaisante sur l'épaule de l'homme. Allons, reprenez-vous. Racontez-moi.

– Vous pouvez pas comprendre, laissa échapper Crépin en se mouchant.

– C'est notre travail, de comprendre. Jusqu'en 2008, vous êtes gérant de votre propre entreprise de travaux tous corps d'état. Qu'est-ce qu'il s'est passé ?

– La poisse ! Il suffit de trois ardoises, trois mauvais payeurs, et la banque vous prend tout. C'est pas compliqué à comprendre !

– C'est pour cette raison que vous avez vendu votre maison et emménagé en HLM ?

– Pour quelle autre raison j'aurais fait ça ? ! Parce que c'est plus sympa de vivre en HLM ? Vous en avez, de ces questions... Quand une banque vous tombe dessus, et vous demande de rembourser de l'argent que vous avez gagné mais que vous n'avez pas, elle vous prend tout. Tout, vous entendez !

– Mais vous avez retrouvé du travail...

– Dans les ordures ! Et même comme ça... »

Crépin ne parvenait pas à finir sa phrase, ratatiné tout autour de ses larmes convulsives qu'il tentait de cacher.

« Oui ? continua Renaud ? Même comme ça ?

– Rien ! Putain, rien ! J'aurais pu me flinguer... J'aurais dû, d'ailleurs. Je suis qu'un lâche...

– Monsieur Crépin. Qu'est-ce que vous nous cachez ?

– Rien !

– Samantha Wizniek. Vous l'avez croisée ?

– Non !

– Qu'est-ce que vous nous cachez, monsieur Crépin ? martela Nahoum.

– Je peux rien vous dire ! Et même si je vous le dis, vous ne me croirez pas ! Foutez-moi la paix. J'ai rien fait.

– On ne peut pas se contenter de ce que vous prétendez, monsieur Crépin. »

Crépin les prit de court : il se mit à gémir, puis à hurler à la mort comme un chien errant qui se serait fait briser l'échine par une voiture. Il se redressa d'un coup, et, avant qu'ils aient pu faire un geste, ôta dans un même mouvement tee-shirt et pull, baissa carrément son pantalon et son caleçon, et se tint ainsi, nu, en pleurs, postillonnant son désespoir :

son torse était bleui de coups, et, alors qu'il pivotait pour montrer son dos, ils purent constater que cette partie de son corps était également zébrée de flagellations qui avaient laissé leurs marques jusque sur ses fesses et ses cuisses. Et le gars continuait de hurler à la mort, en exhibant son martyre et sa honte devant Renaud et Nahoum, stupéfaits.

« J'ai rien fait. Je vous le jure. Je suis pas violent. C'est ma femme... »

Il s'effondra en boule sur le sol, le pantalon sur les chevilles, anéanti par les sanglots. Alors ils l'entendirent répéter en boucle :

« Putain, j'ai rien fait. C'est ma femme. Je suis rien qu'une merde. Elle me bat, putain. Elle me bat. Et je peux rien faire. Si je me défends, je la tue ! Je l'écrase, je lui fracasse la tête ! Alors je fais rien. Je dis rien. Même à mes gosses, je peux rien dire. Elle me bat, putain, mais vous, vous en avez rien à foutre. Vous me croyez pas. Un gars qui se fait battre par sa femme, ça peut pas exister, hein ? ! Ou alors c'est rien qu'un mec sans couilles, c'est ça ce que vous vous dites. »

Chapitre 22

Samedi 2 mars 2013

Elle n'avait pas fermé l'œil de la nuit. Elle était incapable de lui parler. Elle avait alors tourné et retourné maintes fois l'illusion de sa démission : elle n'y croyait pas, incapable de se projeter ailleurs, et surtout pas dans un quelconque commissariat de la banlieue parisienne où elle était certaine de retrouver un poste ; telle était sa faiblesse, que Pierson avait détectée dès le premier instant de leur rencontre, et qu'il venait d'étaler sur la table d'un jeu de poker qu'elle avait jusque-là voulu ignorer. Elle se sentait nue, stupide. Le pire, c'était d'admettre que la clairvoyance de Pierson lui causait moins de tourment que l'idée même de devoir parler avec Dominech, d'avoir à lui demander de vive voix davantage que ces quelques petits cailloux blancs qu'il semait parfois dans ses mails, à sa demande ; il lui donnerait tout sans rien imposer en retour. Jamais son orgueil n'avait été dévoilé à ce point, sa pugnacité de femme battante transformée en entêtement imbécile. Dominech était tout pour elle, et elle refusait cet amour. Alors franchir le mur des ondes sur l'unique raison d'un secours professionnel, lui dire qu'il était indispensable pour un moment forcément court dans le temps, et que leur relation providentielle allait servir ses intérêts et ceux de Pierson, tout ceci n'avait rien d'honorable ; elle se sentait aussi dégueulasse que Pierson ; elle avait peur.

Et non loin, de l'autre côté de la rivière, le charivari des fanfares invitées pour le carnaval se mettait en ordre de marche, les cuivres s'échauffaient par bouffées sonores, les quais commençaient à être débordés par la foule. Avec un peu de chance, il ne répondrait pas ; elle n'aurait simplement qu'à raccrocher, sans laisser de message.

Elle se jeta d'un coup dans l'ombre de la pièce comme au départ d'une course, saisit le téléphone sur la table et suspendit son souffle tandis que, au loin quelque part, une sonnerie retentissait. Était-il de service ? Chez lui, songeur devant l'écran de la télévision, perdu dans les allées d'un supermarché, ou bien trottant dans celles d'un parc ? Pensait-il à elle comme souvent il le lui écrivait dans ses brefs messages ?

« Bonsoir mon ange. »

Elle respira pour pouvoir répondre.

« Comment vas-tu ? reprit la voix.

– Ça va. Et toi ?

– Je pense à toi. »

Elle le savait. Il le disait. Ce fut doux, soudain, toute peur anéantie.

« Moi aussi.

– Je suis heureux de t'entendre. Dis-moi comment tu vas ? »

Elle s'adossa au mur, se laissa glisser jusqu'à sentir le parquet sous ses fesses, se cala confortablement sans que la voix dans le combiné n'interrompe cet intermède trop long. Il lui revint qu'il avait toujours pris soin de lui laisser le temps.

« Je vais. L'hiver est long. Il fait froid ici.

– À Paris, le temps aussi est trop long, hiver comme été, tu le sais.

– Je crois.

– Comment vas-tu ? Vraiment.

– Pas fort, je le crains. En tout cas pas suffisamment pour te voir.

– Ce n'est pas ce que je te demande. »

Elle ne pouvait pas répondre. Il insista.

« Comment va ton corps ?

– Dominech... Que veux-tu que je t'avoue ? Que mon corps me manque ? Ou que ton corps me manque ? »

Elle entendit son rire, complice. Elle soupira, vaincue, apaisée.

« Je cours sans cesse après lui, tu le sais très bien.

– Tu te fais encore du mal dans ces endroits de tarés ? »

Elle ne pouvait pas lui mentir. Il savait tout d'elle. C'en était étrange, d'un engourdissement bienfaisant. Le soulagement de ne rien avoir à cacher à l'homme qui l'aimait et qui acceptait à la fois cette anomalie de son corps, son éloignement, son enfermement obstiné sur sa quête de douleur, son refus de partager sa vie... tout ceci contribuait à l'amour qu'elle lui portait.

« J'ai beau faire, je n'y arrive pas.

– Tu y arriveras. Je le sais, mais toi pas encore.

– La dernière fois, je me suis juré que ce serait la dernière...

– Et alors ?

– Rien. Je ne sens rien. Ils renoncent tous avant moi.

– Moi, je ne renonce pas.

– À quoi ?

– À mon espoir que le désir te fasse vivre. Que tu t'abandonnes, telle que tu es.

– Je ne peux pas aimer. Je n'en suis pas capable.

– C'est difficile. Ça s'apprend.

– J'ai besoin de toi, lâcha-t-elle brutalement.

– J'en suis heureux. »

Il éclata de rire, car il avait déjà compris. Elle s'attacha à cet écho. Il reprit :

« Dis-moi tout.

– Une affaire déjà jugée. Un coupable trop vite trouvé. Une possible connexion à d'autres meurtres sans meurtrier. J'ai besoin que tu tapes dans ton carnet d'adresses pour avoir accès à beaucoup de dossiers... Beaucoup plus que d'habitude.

– Un rapport avec la petite morte de la Saône ?

– Oui. Pierson a sa propre idée sur la question. Et je ne suis pas loin de croire à son hypothèse. Plus exactement, son hypothèse mérite qu'on la travaille.

– Envoie-moi un mail avec toutes les infos sur mon adresse perso. Je m'en occupe immédiatement.

– Je ne veux pas te créer de problème.

– Tu ne m'en causes aucun. Tu me raconteras ?

– Bien sûr... Dominech ?

– Je t'écoute.

– Je suis désolée.

– De quoi ? D'avoir téléphoné pour le boulot ?

– Oui. Je me sens mal. J'ai l'impression d'exploiter notre relation comme...

– Arrête. Ce n'est pas une impression. C'est la vérité. Et je m'en moque. Je veux que tu saches une chose : si tu as besoin de moi... sur ton île.

– J'ai encore des plaies à vif.

– Alors c'est une bonne raison pour que je ne vienne pas.

– Maintenant, je t'appellerai. C'est promis.

– Ne les laisse plus te toucher. Ils vont te tuer sans que tu le saches... Et j'en mourrai.

– Je ne veux pas que tu meures, et je ne veux pas mourir.

– Je veux te croire.

– Dominech ? »

Les mots lui restèrent au bord des lèvres et du cœur : il avait raccroché, alors qu'elle était sur le point de céder à un « Je t'aime. »

Chapitre 23

Samedi 2 mars 2013

Gérald Crépin était resté prostré sur le banc de sa cellule durant toutes les heures puis la nuit qui avaient succédé à ses aveux. Ni Renaud ni Nahoum ni personne n'avait pu lui soutirer un seul autre mot. Le médecin qu'ils avaient quémandé pour examiner les traces de son martyre et prévenir son état traumatique grâce à un calmant et des antidépresseurs leur avait fait un compte rendu impitoyable : l'homme était tabassé régulièrement, psychiquement totalement laminé, bon pour une cure de désintoxication à plusieurs entrées, entre autres à l'alcool et à la violence qu'il subissait depuis trop d'années. Quant à un possible passage à l'acte vengeur sur une femme de hasard, le toubib n'y croyait pas, mais il n'était pas expert, et ne voulait pas se prononcer dans son compte rendu ; il y avait la constatation, écrite, et une seconde, verbale : ce qu'il pensait avoir lu chez cet homme brisé par son déclassement, effectivement brutal dans son langage, seul moyen d'expulser les sévices, et en revanche manifestement incapable de frapper quiconque. Même si la police avait dans ses archives quelques plaintes et rappels à la loi le concernant, elle devait désormais le classer dans la catégorie des victimes, car Crépin avait à ces occasions-là morflé bien davantage qu'il n'avait cogné, probablement pour se défendre.

Nahoum avait reniflé à cette conclusion : il le cherchait bien. Renaud avait été le seul à entendre cette réflexion. Il ne prit pas la peine de dire son objection, car il savait que Nahoum, grand cœur et sensibilité exacerbée mais secrète, ne croyait pas un mot de ce qu'il avait lâché. Il devait plaindre cet homme, désarçonné qu'il était par la découverte, impensable pour tous d'ailleurs, qu'il existait des hommes battus, qui vivaient dans la honte perpétuelle d'être découverts comme tels, d'être jugés par d'autres hommes pour cette anomalie inadmissible. Marini avait résumé la situation de Crépin en un lapidaire : « Coincé par les couilles : en avoir ou pas. Je le plains. »

Là, Renaud était intervenu.

« Judith, faites-moi le plaisir de baisser le feu sous le bouillon de votre féminisme exacerbé. Et répondez-moi en toute honnêteté : un gars qui mesure presque un mètre quatre-vingt et qui pèse plus de quatre-vingt-dix kilos, ça donne quoi lorsqu'il doit répliquer contre les coups d'une femme d'un mètre soixante et d'à peine cinquante kilos ? Sans oublier que la femme fragile en question règne sur le corps de son mari depuis des années avec force coups de poing, de ceinture et de bien d'autres objets domestiques. Alors ? »

La jeune policière fit une grimace, qu'elle prolongea quelques secondes.

« Ça donne évidemment un massacre.
– Merci Judith. Nous sommes donc d'accord. »

En outre, Crépin était innocent : la cabine de son camion avait été désossée par l'équipe de l'IRCGN, et les prélèvements analysés étaient vierges de toute trace de Samantha, et de toute autre présence féminine. Ce qui en disait long sur la détresse abyssale du bonhomme. Le fils aîné, Mathis, longuement interrogé sur ses relations de collège et sa malheureuse petite voisine, n'avait apporté aucune information susceptible de faire progresser l'enquête. Son père était bel et bien hors de cause. Et lorsque Bouzit, désigné à cet effet pour sa capacité d'empathie masculine adolescente, avait suggéré au jeune et triste Mathis, monté en graine, disgracieux, que sa mère pouvait se montrer très « dure », ce dernier avait zappé, soudain muet et douloureux. Bouzit avait poussé délicatement l'entretien jusqu'à la question : « Est-ce qu'elle est aussi dure avec toi qu'avec ton père ? » Le môme, retranché, amer, honteux, avait fait un signe de dénégation, et simplement lâché avec un regard embué de larmes : « Non. Elle s'en prend qu'à papa. » Et voilà. Le désespoir de la honte corrompait aussi le fils ; finalement, l'épouse abusive n'avait pas besoin de frapper sa mâle progéniture, qui souffrait suffisamment de voir son père battu et humilié dans un secret que toute la famille était ainsi obligée de garder. La boucle était bouclée. Mais pas la procédure.

« Monsieur Crépin, vous allez pouvoir rentrer chez vous. Cependant, nous avons été obligés de prévenir les services sociaux de votre situation. Une assistante sociale va s'entretenir avec vous... »

L'entretien fut bref : Gérald Crépin refusa, en vrac : de porter plainte, le foyer d'accueil d'urgence proposé et toute visite au domicile conjugal par les services sociaux. Et même la question de la protection des enfants ne changea rien à son entêtement : il voulait rentrer chez lui, et ne plus jamais voir sa vie privée disséquée dans quelque bureau que ce fût, d'un commissariat de police ou d'un service social. Ses enfants, il les protégeait en se mordant la langue et en se recroquevillant dans la position du fœtus lorsqu'elle tapait. La seule concession potentiellement envisageable, ce fut la proposition de la pension pour Mathis. Et encore, la négociation ne faisait que commencer…

À 20 heures, Nahoum en personne raccompagna discrètement Gérald Crépin au pied de son immeuble. Avant que l'ex-suspect quitte la voiture, Nahoum, en un geste qu'il ne s'était jamais autorisé auparavant, le retint brutalement par le bras.

« Monsieur Crépin. Nous n'avons rien contre vous. Mais je vais vous avouer une chose : j'ai du mal à vous croire quand vous dites que vous n'avez jamais frappé une femme. »

Il sentit Crépin se raidir sous sa poigne. Il serra plus fort.

« Je ne peux pas vous croire pour une raison : un homme tel que vous doit en vouloir à toutes les femmes, et je dis bien toutes. Se défouler sur une autre femme que la vôtre, c'est dans le domaine du possible, c'est en tout cas ma certitude. Alors je vous garde à l'œil. Je saurai ce que vous faites, où vous allez, ce que vous bouffez, ce que vous regardez à la télévision, la couleur du slip et des chaussettes que vous enfilez le matin… je saurai tout… et le jour où vous commettrez une erreur, je serai là. »

L'homme promis à l'enfer concocté par Nahoum se contenta de regarder sa grosse patte aux ongles bien coupés crispée sur son bras. Il se dégagea lentement.

« Votre chef, il me croit, lui. Alors je vais lui répéter ce que vous venez de me dire. Et je ne suis peut-être pas très instruit, mais je sais ce que le mot harcèlement veut dire. Maintenant, foutez-moi la paix. Et si vous voulez savoir où je suis, pas de problème : dans mon camion, ou les pieds dans un tas de gravats, si mon patron ne m'a pas foutu à la porte par votre faute.

– À bientôt, donc. »

Chapitre 24

Dimanche 3 mars 2013

Depuis les fenêtres de son séjour, Catherine contemplait la Saône, qui étirait un lit glauque sous un ciel pluvieux, d'un gris plus propice à rechercher la chaleur et le confort d'un lit que les horreurs qu'elle s'apprêtait à disséquer. Une théière fumait sur un guéridon de service en bois noirci et hideux mais pratique car muni de roulettes, trouvé non loin de chez elle sur un trottoir lors d'une de ses balades nocturnes. Sur le plateau de la table poussée vers la lumière des fenêtres, la couverture d'une chemise intitulée « Vanessa Louis, 05/04/2004 », le dossier complet transmis par Dominech dans la nuit et fraîchement imprimé du matin, semblait flotter au milieu d'un fleuve de boue. Catherine avait pu comparer l'épaisseur du dossier confié par Pierson à celui de Dominech. Une fois de plus, l'avocat semblait avoir la raison de son côté : la maigreur de l'un comme de l'autre en disait long sur la rapidité de l'enquête et la mise en examen du prévenu.

Catherine ouvrit enfin avec tendresse la première page...

Elle soupesa les feuillets empilés parsemés de photos qu'elle n'avait jamais vues jusqu'à présent. L'unique photo de la jeune fille en vie, fournie par la mère, prise en plan américain, représentait Vanessa assise sur un muret, au visage et aux cheveux sauvages, en train de porter à ses lèvres barbouillées d'un rouge presque noir une cigarette fumée d'une aspiration si intense que le tube à moitié calciné tenait encore. On sentait dans le geste figé toute la brutalité de sa courte vie. Les ongles étaient soigneusement noircis par le vernis, le nez et les oreilles percés de multiples clous et petites croix, les paupières alourdies également de noir, sur un regard étonnamment vif malgré les cernes marqués. Sa chevelure en masse était parsemée de mèches rouge et violet. Elle portait une tenue dans le même registre, clous, cuir, chaînes et trous... Elle était très belle, malgré l'enlaidissement provocateur.

Sur les autres clichés, elle n'était plus qu'un tas de chair en loque, avec un reste de visage en sang séché, au cou pris dans un foulard qui avait tellement attaqué la chair que le tissu n'était presque plus visible.

L'endroit où on avait trouvé son corps n'était pas le lieu primitif de son agression. Elle avait été jetée dans le fossé de ce lointain bout de quai de la Saône, probablement depuis une voiture. La position de ce corps en vrac laissa penser à Catherine que le meurtrier avait probablement été dérangé dans son entreprise de dissimulation du crime. Ainsi, le cadavre n'avait pu être emporté par la Saône, comme les autres. Il avait été découvert très vite, et le décès probable fixé dans la même nuit du 4 au 5 avril, entre 1 heure et 3 heures du matin. Le mode opératoire relevé par les enquêteurs, confirmé par le rapport du légiste et d'autres clichés, faisait apparaître, outre les marques de coups qui défiguraient son visage, la ligature des mains dans le dos, le pantalon baissé sur les fesses, le viol anal post mortem… Vanessa semblait cependant s'être défendue, ce que laissait supposer l'étranglement avec son propre foulard, qui avait provoqué sa mort. Un cliché de ses bras dévoilait sur les plis des coudes des traces fraîches de piqûres : Vanessa se défonçait depuis peu à l'héro, était totalement chargée en came et en alcool au moment de son assassinat, d'après le rapport toxicologique.

Catherine revint sur le visage à la beauté électrique : ainsi, cette fille de femme de ménage avait fait le grand saut dans le vide des stupéfiants, dont elle portait déjà les morsures à peine âgée de dix-huit ans. Elle sélectionna quelques clichés, qu'elle disposa en ligne, plaçant au centre la photo de Vanessa puissante de vie, sans doute pas encore sous la coupe de l'héroïne. Elle s'attaqua au procès-verbal d'interrogatoire, qu'elle avait pour la première fois sous les yeux. Elle le feuilleta d'abord rapidement. Pierson le lui avait dit : les investigations semblaient s'être arrêtées sitôt le petit ami auditionné, car à la fin de son interrogatoire figurait la mention de sa mise en examen pour meurtre. Suivaient les auditions de deux témoins cités par le présumé coupable, qui avaient confirmé le périple raconté par le suspect le soir du meurtre, et ne pouvaient par ailleurs lui fournir aucun alibi solide. Le témoignage d'un troisième individu, déterminant pour l'accusation, était également glissé dans les pièces. Catherine choisit cependant d'attaquer le dossier par son début, le procès-verbal d'interrogatoire.

Date de l'interrogatoire : lundi 5 avril 2004, 16 heures. Suspect : Kevin Hassaoui, né le 4 avril 1982, à Montceau-les-Mines, de nationalité française. Domicile : 21, rue des Platanes, 71100 Chalon-sur-Saône. Profession : sans. Condamnations : multiples (pour petits trafics de drogue).

Interrogatoire mené par : J.-P. Renaud, commissaire de police criminelle au commissariat de Chalon-sur-Saône.

Assisté de : T. Nahoum, commandant de police judiciaire au commissariat de Chalon-sur-Saône. »

Renaud avait été à l'œuvre en personne sur cette affaire qui avait finalement fait peu de bruit à l'époque : le coupable avait été appréhendé, condamné, et lui et sa victime étaient deux marginaux qui se droguaient. Nul besoin, pour les localiers comme pour les nationaux, d'en faire la une pendant des mois.

« PROCÈS-VERBAL D'INTERROGATOIRE

« Après avoir vérifié l'identité de la personne appréhendée par nos soins à son domicile, le lundi 5 avril à 13 heures, nous demandons au prévenu de répondre aux questions suivantes :

– Connaissez-vous mademoiselle Vanessa Louis, demeurant 12, chemin de la Poudrière, à la résidence Jean Thiébaut, à Chalon-sur-Saône ?

– Oui.

– La fréquentez-vous depuis longtemps ?

– Trois ans.

– Quel type de relations entretenez-vous ?

– C'est ma petite copine. Depuis trois ans.

– Vous vous entendez bien ?

– Ça dépend des jours. Vanessa elle est perchée dans sa tête ! Elle est tout le temps en train de me réclamer du fric.

– Vous la voyez souvent ?

– Presque tous les jours. Elle a arrêté le bahut. Mais elle est majeure, elle fait ce qu'elle veut.

– Quand l'avez-vous vue pour la dernière fois ?

– Hier soir. Pour mon anniversaire.

– Pouvez-vous nous raconter votre soirée d'hier ?

– Oui. Je suis allé la chercher au bas de son immeuble. On avait rendez-vous à 18 heures. Je suis venu avec ma voiture. Elle était en retard. On s'est engueulés, un peu, à cause de ça. Vanessa est toujours en retard. Elle dit qu'il faut qu'elle se maquille, tout ça. En plus, elle n'avait pas de cigarettes et pas d'argent pour s'en acheter. Ça m'a énervé. C'est toujours moi qui paye pour elle. Après on est partis en ville, au bar du Marché. Là, c'est elle qui s'est énervée. Ça m'a gavé.

– Pouvez-vous préciser ?

– Quoi ?

– Pour quelle raison elle s'est énervée ?

– Elle voulait que je paye le champagne pour mon anniversaire. J'avais déjà payé ses clopes et une tournée. Elle avait déjà bu du whisky. Ça coûte cher. Je voulais pas.

– Et vous, vous vous êtes… "énervé" à votre tour ?

– Oui. Un peu, forcément. En plus, comme je ne voulais pas payer le champagne, elle s'est mise à chauffer un mec au bar. Elle me disait qu'elle allait se le draguer rien que pour un verre. Alors là, je lui ai vraiment crié dessus.

– Que s'est-il passé alors ?

– Rien. En fait, le dimanche, le bar du Marché ferme tôt. On a été obligés de partir.

– Quelle heure était-il ?

– Je sais plus trop. Vers 20 heures. Je peux vous demander pourquoi vous me posez toutes ces questions ? Si c'est la mère de Vanessa qui cherche à me causer des ennuis, j'y suis pour rien. Vanessa est majeure, je vous l'ai déjà dit.

– Revenons au bar du Marché. Qu'avez-vous fait ensuite ?

– On a repris ma voiture. On a roulé un moment dans Chalon. Vanessa m'a encore dit qu'elle avait envie de partir, loin. Elle s'entend pas avec sa mère, elle s'engueule tout le temps avec elle. Elle voulait plus faire son CAP cuisine. Elle dit que ça lui apportera rien. Ce qu'elle veut, c'est voyager, la Côte d'Azur, tout ça… Elle dit ça tout le temps. À un moment, elle a pleuré. Alors, je me suis calmé. C'est mon bébé, quand même, mon petit cœur. Alors j'ai voulu l'emmener au resto. Pour lui changer les idées. Et puis c'était mon anniversaire. Mais y a rien d'ouvert, dans cette p... de ville ! On s'est retrouvés au kebab, derrière la gare. Voilà...

– Continuez, je vous en prie.

– J'ai pas grand-chose d'autre à dire. On a pris des kebabs avec des frites, de la bière. J'ai acheté aussi deux bouteilles de vin, pour emporter. On a le droit d'acheter du vin, si c'est ça que vous me reprochez. Parce qu'on a mangé, donc c'est légal.

– Tout à fait. Revenons à la suite de votre soirée.

– J'ai rien à dire. Vous voulez quoi ?

– Est-ce que Vanessa vous a demandé de la drogue ?

– Pourquoi elle aurait fait ça ?

– Parce que vous savez qu'elle se drogue, n'est-ce pas ?

– Si vous le savez, pourquoi vous me demandez ?

– C'est votre petite amie. Vous l'aimez ?

– Oui. Je crois.

– Et elle, elle vous aime ?

– Des fois, je me demande. J'ai l'impression qu'elle aime surtout mon fric et ma voiture, vu qu'elle a rien.

– C'est une belle fille. Vous avez dit tout à l'heure qu'elle avait "chauffé un mec au bar du Marché". Ça lui arrive souvent ?

– Vous voulez en venir où ?

– Répondez à la question.

– Oui, ça lui arrive souvent. Elle est canon, cette meuf. Tous les mecs, ils voient que son cul. C'est sûr que ça fout les boules. Mais entre nous, même si on se tape dessus des fois, on s'entend bien. Qu'est-ce qu'il se passe avec Vanessa ?

– Vous dites que vous vous tapez dessus. Développez s'il vous plaît.

– Attention ! Me faites pas dire ce que j'ai pas dit. Souvent, c'est elle qui commence. Elle me gifle, elle me griffe. Elle m'a même mordu.

– Hier soir, elle vous a mordu ?

– Monsieur, je sais pas ce que vous cherchez, mais oui, elle m'a mordu. Après le resto. On était dans la voiture, on s'était arrêtés pour boire un coup.

– À quel endroit ?

– C'est là où on va d'habitude, pour être tranquilles vous voyez ce que je veux dire. Chez moi, il y a mes parents et mes frères et sœurs. Chez Vanessa, sa mère elle ne peut pas me saquer, et puis il y a sa petite sœur. On n'est jamais tout seuls. C'est pour ça que j'ai une voiture, vous comprenez. Au moins, c'est à moi, cette caisse, je fais ce que je veux dedans. C'est une belle voiture, je l'ai payée avec mon fric, c'est tout ce que j'ai. Et puis c'est privé, ce que je vous dis là. Avec Vanessa, on aime bien : on met la musique à fond, on parle, bref... Vous voyez ce que je veux dire.

– Très bien. Où est cet endroit où vous avez l'habitude d'aller ?

– Au bout du quai Bellevue. Y a des endroits tranquilles. Quand y fait beau, on sort et on s'assoit au bord de la rivière, on regarde l'eau.

– Et hier soir ?

– On a fait pareil que d'habitude. Sauf que Vanessa, elle était en stress. Elle est vraiment casse... des fois.

– Elle était en manque ?

– J'en sais rien. Je vois pas où vous voulez en venir.

– Vanessa a eu un cancer. Elle vous l'a dit ?

– Oui. Je le savais. On s'est rencontrés juste après, quand elle était guérie.

– Elle avait quinze ans, donc.

– Oui. Mais c'est pas moi qui suis allé la chercher. C'est elle qui m'a chauffé. On s'est mis tout de suite ensemble, mais j'ai appris qu'après qu'elle avait que quinze ans. Et je vous répète qu'elle est majeure. Elle a porté plainte, c'est ça ?

– Vous vous entendiez bien. Elle savait que vous aviez déjà été condamné pour trafic de drogue ?

– Ça y est. Vous auriez pu le dire tout de suite. Oui, évidemment qu'elle savait. Et alors ?

– Vous avez été condamné à deux reprises pour trafic de drogue. La première fois en 2000, vous avez écopé d'une peine de six mois avec sursis et mise à l'épreuve pour trafic de cannabis. La deuxième fois en 2002 d'une peine de dix mois ferme pour consommation d'héroïne. Vous confirmez ?

– Oui.

– Cette dernière fois, on a trouvé dix doses d'héroïne dans votre portière de voiture. Vous confirmez ?

– Oui. C'est fini, ça. Je suis sorti de zonzon au bout de six mois pour bonne conduite.

– En 2002, vous connaissiez déjà Vanessa ?

– Oui. Elle m'a écrit en prison. Elle pouvait pas venir me voir parce qu'elle avait que seize ans.

– Quand vous êtes sorti de prison, elle vous attendait ?

– Oui. Elle est même venue me chercher.

– Qu'avez-vous fait après votre sortie de prison ?

– J'ai cherché du travail.

– Vous en avez trouvé ?

– Un peu. Par-ci par-là. Des petits boulots. Vous savez bien ce que c'est.

– Aujourd'hui, vous travaillez ?

– Non. Je travaille plus. Enfin, je ne travaille plus régulièrement. Des fois, je fais des chantiers. Mais au noir, alors je peux rien prouver.

– Revenons au cancer de Vanessa. Elle avait pris l'habitude de calmer sa douleur avec des opioïdes. Vous le saviez ?

– Oui. Elle me l'a dit. Et alors ?

– Quand vous l'avez connue, en 2001, elle était accro aux opioïdes ?

– Disons qu'elle aimait bien planer avec, oui.

– Comment s'en procurait-elle ?

– Avec ses ordonnances. Enfin, c'est ce qu'elle m'a dit.

– En 2002, vous vendiez de l'héroïne, puisque vous avez été condamné pour ce délit. Exact ?

– Oui.

– Vous en avez procuré à Vanessa ?

– Doucement. Je voulais pas. Pas pour elle. Elle était trop jeune.

– D'accord. Vous lui avez procuré quoi ?

– Du shit. Je ne vais pas vous mentir. C'est mieux pour ses douleurs. Elle a toujours mal. Ça lui fait du bien. C'est recommandé pour le cancer, vous savez. Et c'est tout ce que je lui donne.

– Mais vous, à cette époque, vous avez continué à vendre de l'héroïne. Vous en aviez toujours avec vous ?

– Oui. Mais pas beaucoup. C'était juste pour me faire un peu de fric, vous voyez. Je trouvais pas de travail régulier. Et je vous le répète, j'ai déjà été condamné pour ça.

– Vanessa savait où vous cachiez votre marchandise ?

– Oui. Elle est futée, ma gonzesse. Je peux rien lui cacher.

– Est-il arrivé à Vanessa de se servir dans votre stock de drogue sans votre autorisation ?

– Oui. Notez bien : sans mon autorisation.

– Vous vous en êtes aperçu ?

– Oui.

– À chaque fois ?

– Oui. C'est pas difficile, j'en avais pas beaucoup.

– Ça lui arrivait souvent de vous prendre des doses ?

– De plus en plus souvent.

– Et ces derniers temps, savez-vous si elle se drogue encore ?

– Oui.

– Qu'est-ce qu'elle prend ?

– De l'héroïne. Je sais bien qu'elle se pique. C'est ma gonzesse, quand même.

– Vous l'aidez à se procurer de l'héroïne ?

– Non. Plus maintenant. Enfin, je le fais juste de temps en temps, quand elle me casse vraiment les c... De toute façon, ça fait un petit moment qu'elle a plus besoin de moi pour son matos.

– Vous admettez quand même que vous lui avez fourni de l'héroïne ?

– Oui. Je le reconnais.

– Depuis quand ?

– Depuis qu'elle va plus voir son psy. Je lui ai pourtant dit de pas arrêter. Ça lui faisait du bien. En plus, elle pouvait avoir des médicaments pour sa douleur et pour son stress. C'est vrai qu'elle a mal tout le temps. Je le vois. Et quand elle prend pas ses médicaments, elle est stressée. Mais ces derniers temps, j'en avais pas pour elle. C'est pour ça qu'on s'engueulait.

– Vous vous disputez souvent, donc ?

– Tout le temps. Ça fait plusieurs mois. En fait, j'en ai marre d'elle. Je veux la plaquer. Elle couche avec tout le monde pour avoir sa dope. Elle veut pas s'en sortir.

– Et vous si ?

– Oui. Je sais pas de quoi vous allez m'accuser, mais notez bien que j'ai arrêté les conneries. Je touche plus à rien.

– Et hier soir, avec Vanessa, vous vous êtes disputés dans votre voiture ?

– Oui. Elle voulait une dose. Je lui ai dit que j'en avais plus. Elle était saoule. Elle hurlait. Je lui ai dit qu'elle n'avait qu'à aller se faire enculer par ce salaud de David. Lui, il lui en filerait.

– Qui est David ?

– Un mec qu'en prend. Un bourgeois qui se la pète. Il peut se taper Vanessa, je m'en fous maintenant. C'est fini avec elle.

– Quel est le nom de famille de David ?

– David Martin. Mais je ne sais pas où il habite.

– Bien. Nous notons le nom d'un témoin. Vous venez de nous dire que vous avez rompu avec Vanessa hier soir ?

– Oui. Je l'ai larguée. Elle est allée trop loin.

– C'est quoi, "aller trop loin" ?

– Elle m'a frappé, elle m'a insulté, elle a dit qu'elle me trompait avec David depuis longtemps, que lui au moins il lui donnait ce qu'elle voulait. Que j'étais qu'un minable… Tout quoi.

– Et vous avez réagi comment ?

– Je me suis défendu.

– C'est-à-dire ?

– Je ne me suis pas laissé faire. J'ai tapé aussi. Mais elle m'avait poussé à bout. Faut me comprendre.

– Je comprends. Donc vous l'avez frappée ?

– Oui. On s'est battus. Dans la voiture.

– Et après, vous l'avez ramenée chez elle ?

– Non. Pas question. C'était fini entre nous. Je me suis tiré. Elle a porté plainte, c'est ça ? Elle l'a bien cherché. Mais j'ai pas tapé fort. C'était juste pour me défendre. En plus, elle voulait pas descendre de ma voiture. Alors, c'est vrai, oui, je l'ai tirée par les cheveux. C'est là qu'elle m'a mordu, regardez, au bras. Vous voyez la marque ?

– Oui. Nous constatons une trace de morsure.

– Je ne vous raconte pas de mensonge. Je vais même vous dire qu'une fois dehors de la voiture, elle voulait pas lâcher ma jambe. J'ai été obligé de lui filer un coup de pied pour pouvoir m'en aller.

– Un seul coup de pied ?

– Je crois. Je ne sais plus. Peut-être deux, ou trois.

– Et après ?

– Après, je me suis barré. Je l'ai laissée là-bas. Je suis rentré chez moi.

– Quelle heure était-il ?

– Je sais plus trop. Peut-être minuit. En tout cas, quand je suis rentré chez moi, je suis sûr qu'il était pas encore 2 heures. Ma mère pourra vous le confirmer : elle est insomniaque, elle m'a entendu.

– Qu'avez-vous fait entre minuit et 2 heures du matin ?

– Je suis allé rouler pour me calmer les nerfs.

– Vous ne vous êtes arrêté nulle part ?

– Ça y est, j'ai compris. Ce que vous voulez savoir, c'est si je suis allé voir cet enculé de David pour lui faire une tête ? C'est ça ?

– Qu'avez-vous fait entre minuit et 2 heures du matin ?

– C'est bon. Je reconnais que je sais où habite David, et que j'y suis allé. Je peux vous donner son adresse.

– Nous en aurons besoin. Vous avez vu ce fameux David ?

– Non. Mais on s'est parlé. Il a un appartement en ville, c'est ses parents qui payent. J'ai sonné. Il a répondu à l'interphone. Je voulais monter pour qu'on s'explique, cool, je lui ai dit que j'étais plus avec Vanessa, qu'il pouvait se la garder. C'est lui qui a porté plainte ? J'ai rien fait, pourtant. On a juste discuté. Je voulais qu'il me file un peu de blé, un arrangement quoi.

– Un arrangement pour quoi faire ?

– Pour pas que je lui pourrisse la vie. Je sais qu'il prend de la dope. Et il a tout le fric qu'il veut. Alors, je lui ai proposé un deal, normal quoi : Vanessa contre un peu de thune. Et comme ça, tout le monde aurait été content. Je reconnais que c'est pas bien, mais j'étais vraiment énervé à cause de ce que m'avait dit Vanessa.

– Qu'est-ce qu'il vous a répondu ?

– Qu'il s'en foutait, que je racontais des salades, et que je voulais lui péter la gueule. Je reconnais que j'étais un peu énervé. Il a raccroché. J'ai encore sonné, et il m'a répondu pour que j'arrête de faire du bruit, parce que je gueulais dans la rue. On a causé un moment. Je me suis calmé. Il m'a promis un peu de fric pour que je la boucle. On s'est donné rendez-vous pour dans deux jours, au centre commercial, devant le cinéma. Alors je suis rentré. J'étais calmé. Je vous jure. Il pourra vous le dire. S'il dit le contraire, c'est un menteur.

– Revenons à Vanessa. Où l'avez-vous laissée exactement quand vous êtes parti voir David ?

– Dans notre coin, au bout du quai Bellevue, après la commune de Lux.

– Nous avons saisi dans votre chambre, au domicile de vos parents, des seringues, ainsi que trois grammes d'héroïne. Le tout était dissimulé dans des chaussures. Reconnaissez-vous que ce matériel vous appartient ?

– Non. C'est à Vanessa. Elle m'a demandé de lui garder son matos, parce que sa mère fouille dans ses affaires.

– Soit. Hier soir, avez-vous rendu une partie de son « matos » à Vanessa ?

– J'admets. Une dose seulement. C'est ce qu'on avait convenu. Comme ça, elle pouvait pas en prendre trop d'un coup. C'est moi qui lui ai fait son shoot.

– À quel moment de la soirée ?

– Quand on est sortis du bar du Marché. Je voulais pas lui donner tout de suite, mais elle me lâchait pas. Après, au resto, elle était gentille. On pouvait faire la fête. Ça l'avait calmée.

– Vous dites que ce « matos » est le sien. Vous savez où elle se le procure ?

– Non. Peut-être avec David... J'en sais rien. Tout ce que je sais, c'est ce qu'elle m'a dit : que lui, il lui donnait tout ce qu'elle voulait. Vous n'allez qu'à aller le voir, lui.

– Revenons à hier soir. Vous lui avez fait son shoot, elle allait mieux, vous êtes allés dîner dans un fast-food et puis vous vous êtes rendus en voiture au bout du quai Bellevue. Là vous vous êtes violemment disputés. Vous confirmez ?

– Oui.

– Vanessa était saoule et sous l'emprise de l'héroïne. Vous vous êtes battus, elle vous a mordu. Vous l'avez ensuite tirée de votre voiture par les cheveux, puis lui avez donné des coups de pied pour qu'elle vous lâche les jambes. Exact ?

– Oui.

– Vous vous êtes ensuite rendu après minuit dans le centre-ville de Chalon, pour vous expliquer avec un individu que vous citez comme étant M. David Martin. Vous ne l'avez pas vu, mais vous avez parlé avec lui par l'interphone de son immeuble. Puis vous êtes rentré chez vous vers 2 heures du matin, et vous n'avez pas eu de nouvelles de Vanessa depuis cette nuit ?

– C'est exact.

– Vous maintenez vos déclarations.

– Oui.

– Vous maintenez que vous avez frappé Vanessa Louis à plusieurs reprises dans votre voiture et hors de votre voiture aux environs de minuit, puis l'avez laissée à terre avant de rentrer chez vous.

– Oui.

– Monsieur Kevin Hassaoui, nous vous notifions ce jour, lundi 5 avril 2004, à 20 heures et 15 minutes, votre mise en examen pour le meurtre de Vanessa Louis dans la nuit du 4 au 5 avril 2004. »

Ç'avait donc été aussi simple que la lecture de ces quelques pages de procès-verbal. En l'espace de trois petites heures d'échanges polis, le prévenu s'était retrouvé coupable avant même les conclusions de l'enquête. Renaud avait emballé son suspect tout en douceur, lequel avait signé, des deux mains, ne comprenant manifestement rien aux conséquences du récit qu'il venait de livrer.

Le thé était froid et amer depuis longtemps, mais Catherine en avala une belle tasse d'un trait. Ainsi, le dénommé Kevin Hassaoui avait tout du coupable idéal, la bêtise comme la drogue et le casier, et, tandis qu'il moisissait en cellule et clamait depuis neuf ans son innocence, bien qu'il eût reconnu avoir frappé son « petit cœur », Pierson s'arc-boutait sur son innocence présumée. Ça faisait tache dans le paysage des trois autres affaires. Mais force était de reconnaître que Renaud avait un peu trop rapidement expédié le dossier chez le juge d'instruction avec la mention « coupable », lequel l'avait botté directement chez le procureur, et ainsi de suite jusqu'au jugement puis l'application de la peine.

Pourtant, Renaud avait douté dès après l'audition de Kevin Hassaoui, réclamé un complément d'investigation, en vain : les conclusions de sa première enquête avaient été jugées satisfaisantes pour l'instruction, le juge avait confirmé l'inculpation du jeune homme dans les heures qui avaient suivi, balayant cette requête comme un doute inutile. Ce n'était pas qu'une intuition de Pierson d'affirmer que le commissaire Renaud doutait de la culpabilité du petit ami de Vanessa : le gamin, bien que paré de tous les attributs du coupable idéal, aurait pu être mis hors de cause si la justice n'avait pas passé outre la demande du policier. Renaud devait effectivement avoir la conscience chargée.

Catherine revint sur la photo de Vanessa, s'attachant à ce regard qui semblait vouloir piétiner l'appareil photo et rompre les os de la personne qui le tenait. Au dos, une inscription à l'écriture enfantine mentionnait « anniversaire Vanessa, 2002 ». Le cancer n'avait pas laissé de traces visibles, pourtant Catherine en chercha, fouillant la couleur explosive des cheveux, des paupières, scrutant les plis de la bouche ; Vanessa avait vaincu, finalement davantage grâce à cette rage qui l'auréolait qu'à la sagesse dont on se complaît généralement à parer les survivants d'une telle guerre. Après cette guerre-là, Vanessa en avait mené d'autres, accro à la lutte, comme on se jette dans un champ de bataille sous les bombes parce qu'il reste le seul espace où l'on peut sentir son sang couler dans ses veines et faire battre son cœur. Le reste n'avait pas eu d'importance. Vanessa savait qu'elle allait jouer jusqu'à plus soif, et ne rien perdre car elle n'avait rien. Catherine aurait pu comprendre cette jeune fille, mais elle n'aurait pas tenté de lui faire miroiter un avenir autre que celui qu'elle s'était fabriqué, parce qu'il n'en existait pas pour les Vanessa Louis. Les Vanessa Louis souffrent, dans leur chair, leurs os ; oublier la souffrance est leur guerre quotidienne. Tandis que Catherine se sentait abandonnée par cette souffrance, orpheline de douleur, perpétuellement à sa quête, la petite de la photo lui donnait la leçon magistrale qu'à trop souffrir, on ne cherche plus que la mort. Et si Vanessa n'avait pas croisé la route d'un meurtrier, son corps aurait-il résisté longtemps aux mauvais traitements qu'elle lui infligeait ? Rien n'était moins sûr. Or Pierson ne lui demandait qu'une chose dans ce fatras de vies brisées : des preuves pour innocenter un jeune homme qui faisait partie du massacre.

Elle passa rapidement sur les deux témoignages qui confirmaient, pour l'un, la dispute au bar du Marché, pour l'autre, l'achat de deux sandwiches, de bière et de bouteilles de vin. Vanessa était déjà totalement shootée, et Kevin avait pu fêter en toute quiétude son anniversaire. Le gérant du fast-food avait même remarqué que la jeune fille piquait du nez dans son assiette, et que son compagnon tentait de la faire manger à la becquée. L'assiette était passée presque entièrement à la poubelle… tout comme l'enquête. Ce qui interloqua Catherine, c'était le troisième témoignage, qui n'avait jamais été exploité, ni par les policiers ni par la défense. Le larron en question, interrogé sur la présence de Kevin Hassaoui en pleine nuit en bas de chez lui, avait tout nié, y compris connaître et fréquenter Vanessa et son amoureux frappeur. Or, Catherine, elle, le connaissait : il s'agissait du « petit génie » Martin, éternellement en poursuite d'études, qui rendait fou d'inquiétude des parents aveuglés au point qu'ils avaient déjà claqué des milliers d'euros en enquêtes privées pour savoir s'il n'avait pas d'ennuis. Le lascar se portait bien, très bien même. Et Catherine, en découvrant son nom au détour de cette enquête bâclée, décréta que sa récréation dans les environs de Nice était terminée.

Catherine connaissait par cœur le CV du petit ange et les raisons de sa fuite à Nice : il avait commencé à faire parler de lui en 2006 lors d'un go-fast sur l'A31 en provenance de Bruxelles, stoppé net par les herses de la gendarmerie à sa sortie vers Chalon. À bord du bolide, outre les 200 kg de cannabis compressé, les gendarmes avaient glané durant l'interrogatoire du conducteur un joli carnet d'adresses, qui contenait entre autres le numéro de téléphone de Martin. Surtout, il était apparu que la voiture avait appartenu en première main à monsieur Martin père, alors fraîchement nommé à la sous-direction de Kodak pour prêter main-forte à son P.-D.G. dans le dossier de liquidation de l'usine.

Papa Martin, ancien des Mines, n'en était pas à son premier plan de restructuration, une activité lucrative en vogue dans la région depuis les années quatre-vingt-dix. De surcroît, c'était un enfant du pays, à la carrière bâtie à coups de passages remarqués à la tête de diverses industries bourguignonnes, fleurant bon le vignoble, les relations cordiales tout autant avec les barons politiques qu'avec les dirigeants syndicaux du cru... bref, un homme respectable, qui n'avait qu'un seul défaut : son fils unique, David.

Cette fameuse et somptueuse quoique discrète berline avait donc été un cadeau, une avance sur de futures hautes études après un bac obtenu à la seconde fois, au prix d'innombrables et coûteux bachotages, un bac sans mention, digne des ambitions du rejeton. En 2006, le brillant fils Martin avait été mis hors de cause dans cette affaire de drogue : il connaissait évidemment le conducteur, lui avait cédé la voiture en liquide et en cachette de son père, et ce n'était pas sa faute si l'acheteur, un voyou notoire de la région lyonnaise, n'avait pas fait établir de nouvelle carte grise à son nom. David Martin avait le cul bordé de nouilles, en l'occurrence un père aux deux bras longs jusqu'à Paris, aux mains pleines de jetons de présence de divers conseils d'administration.

Catherine avait pisté sa trace dans divers dossiers tous liés au trafic de drogue, tous enterrés. À l'époque du meurtre de Vanessa, il avait probablement menti sur toute la ligne, couvert par des parents argentés et convaincus que leur petite merveille ne pouvait pas fréquenter la lie de Chalon, d'ailleurs il avait passé cette fameuse nuit chez eux !

Catherine lissa les pages du dossier. Pour mettre la main sur le fils Martin, un mail ne suffisait pas : elle allait devoir rappeler Dominech. L'après-midi ne faisait que commencer, le décor monacal de la pièce baignée de nuances de gris et de noir la submergea.

Le tumulte de la cavalcade de clôture du carnaval lui parvint. Ce soir, à la place des rectangles gris de la fenêtre, elle aurait droit à un ciel en feu d'artifice reflété dans les eaux de la Saône. Puis le calme reviendrait sur la ville.

Elle choisit d'informer Pierson en premier : après tout, c'était à l'avocat de prendre une décision.

Le sort de David Martin fut réglé en quelques minutes : Catherine comme l'avocat étaient tombés d'accord sur l'urgence d'un entretien avec ce témoin forcément capital de leur affaire. Elle devait solliciter de nouveau Dominech et ses réseaux pour enfumer la grotte dorée où il se planquait, et le faire se précipiter dans le giron parental... l'avocat y croyait dur comme fer. Elle soupira : Dominech et sa voix, sa sollicitude, son amour sans faille, son consentement tacite à ses plongées en eaux troubles qui lui convenaient si bien... ; elle aurait tant voulu le laisser inscrit comme une note dans la marge, au crayon de papier pour pouvoir tout gommer.

Chapitre 25

Dimanche 3 mars 2013

Michel Dréon avait froid, bien que parfaitement vêtu pour l'hiver. À ses côtés, Élisabeth causait chiffons et décoration avec une de ses collègues bénévoles des œuvres de l'abbé Pierre. Il n'avait pas osé lui dire qu'il voulait renoncer à cet après-midi festif coché depuis des mois sur le calendrier de la cuisine. Aucun mensonge ne lui était venu à l'esprit. Chaque année, c'était leur rituel : aller admirer la dernière procession des chars et des confréries gôniotiques du carnaval chalonnais, avant de se rendre sur le quai des Messageries pour assister à l'exécution du Vieux Carnaval, puis au feu d'artifice et, enfin, achever la soirée dans une pizzeria où le couple avait ses habitudes. C'était aussi l'occasion de croiser tout au long du parcours diverses connaissances, comme celle avec qui Élisabeth s'éternisait place de Beaune. De leur emplacement, Michel voyait les fanfares, les danseurs, les chars arriver, les dépasser puis disparaître à l'angle de la rue de Belfort, pour revenir, passé une boucle, droit sur eux par la rue Colette. Michel avait décroché des mondanités depuis un moment. Élisabeth et sa comparse bavardaient sans s'arrêter, et il se demanda comment elles pouvaient discuter dans le vacarme des tambours, des cuivres sonnants, des cris. Les deux femmes commentaient le meurtre de la petite Samantha avec des mots compassionnels, et Michel, devant le spectacle de la rue, qui ne le divertissait pas, remarqua néanmoins que les enfants n'étaient pas lâchés dans la foule comme pour les carnavals précédents, mais gardés à proximité immédiate des parents. Son anxiété nerveuse se transformait peu à peu en un étau d'angoisse qui comprimait tout son corps. Il n'avait plus envie que de cachets de somnifères et du creux de son lit. Mais Élisabeth bavardait, bavardait, et Michel Dréon, pétrifié, les yeux dans le vague et le cerveau bouillonnant, débordant de supplications d'oubli muettes et inavouables, sentait peu à peu le froid l'engourdir et prendre le dessus sur ses pensées ; il finit par souhaiter le gel et ôta sa chapka. Élisabeth arrêta immédiatement sa causerie : « Tu vas prendre froid ! » Il remit sa chapka, tandis que sa femme prenait congé avec effusion de sa compagne de charité. Elle saisit son époux par le bras et l'entraîna fermement vers le comptoir d'un bistrot qui vendait des gobelets de vin chaud à emporter. Elle en acheta deux, et lui ordonna tendrement d'avaler le sien. Les épices et la chaleur du breuvage lui donnèrent un léger tournis. Il termina son gobelet d'un trait, et le rendit au vendeur, en même temps qu'un peu de monnaie :

« Un autre s'il vous plaît.

– Michel… tu es sûr ?

– C'est bon, délicieux même, et puis ça fait vingt minutes que je gèle en attendant que tu te décides à bouger. »

Élisabeth l'observa en train d'avaler son vin presque bouillant à grandes gorgées, elle-même sirotant le sien délicatement. À sa troisième commande, elle ouvrit la bouche puis s'abstint de tout commentaire. Michel la regardait d'un air de défi par-dessus le bord de son verre, qu'il vida cette fois-ci avec plus de contenance, et de plaisir. Il était enfin gentiment gai, prêt à laisser ses yeux vagabonder sur les jambes et les fesses moulées de danseuses brésiliennes qui défilaient en s'agitant dans des froufrous frénétiques. Il sentait les regards étonnés d'Élisabeth, et la saisit par la taille pour l'entraîner dans une lente et forcenée poursuite des chars de tête, alors qu'ils auraient normalement attendu le dernier char, celui des reines, pour lui emboîter le pas. Il avait besoin de perdre la tête, de se jeter dans cette fête burlesque, à la joie avinée, contaminante, sans entrave ; il n'avait pas besoin du hasard pour pouvoir croiser la route de visages vaguement connus, tout aussi saouls que lui, puisque le centre-ville n'était plus qu'une immense guinguette à ciel ouvert. Michel tanguait pour rompre la foule des badauds, Élisabeth se cramponnait à son bras. Il accéléra encore le pas : le char du roi Cabache et de la reine Moutelle était presque à leur portée, et Élisabeth se prêtait maintenant au jeu en gloussant discrètement dès qu'elle forçait un passage, distançant même Michel dans ses efforts pour remonter le défilé plus avant encore.

Il la rattrapa enfin bien en aval du char de tête convoité : celui de la Confrérie gôniotique de Chalon, grande ordonnatrice du carnaval. Ils l'attendirent en pouffant comme deux gosses, poussant de grands cris, sautant pour apercevoir par-dessus les têtes les énormes mitres dorées et les costumes de satinette rouge sang des gôniots les plus anciens de l'ordre, perchés sur leur char entouré de leurs confrères moins gradés, à pied. Enfin, Michel Dréon reconnut un des gôniots, et se fraya un passage vers lui, Élisabeth à la traîne. C'était Yves Cottard, qui leur ouvrit grand les bras dans un éclat de rire rocailleux.

« Michel ! Content de te voir ! Tiens, goûte-moi ce nectar ! brailla Cottard. Et comment va la jolie madame Dréon ? »

Il attira sans douceur Élisabeth contre son ventre et attarda deux bises gluantes sur ses joues. Michel tétait déjà avec gourmandise le goulot du cru tendu par Cottard en préliminaire. Élisabeth sentit confusément le bonheur enfantin se disloquer. Michel lui tendait la bouteille, elle refusa. Un gamin lui jeta une poignée de confettis dans les yeux. Ça tombait bien. Il était à peine 18 heures.

À 19 heures, Élisabeth tentait de contenir les vacillements de son mari, avachi plus qu'assis sur le parapet du quai des Messageries, à hauteur du pont Saint-Laurent. Ils pouvaient voir la potence dressée au milieu du pont. Michel serrait contre lui une seconde bouteille offerte par Yves Cottard. Depuis leur rencontre avec son ex-collègue, il n'avait cessé de boire à son goulot, par petites gorgées, maintenant son ivresse dans une zone qu'il pensait raisonnable, confortable. Il se sentait bien, flottait entre chaleur douce et paroles rassurantes pour Élisabeth qui, impuissante, avait cessé tout effort pour l'empêcher de se saouler tranquillement. C'était la première fois qu'elle voyait cet homme réfléchi et mesuré en train d'organiser méthodiquement sa beuverie. Il lui faisait peur, lui échappait, la jetait dans un tourment inconnu, il avait forcément des soucis, un secret qu'il n'avait pu lui révéler, une autre femme peut-être... Tout était possible, et elle contenait difficilement son envie de pleurer, soumise par sa foi aveugle en la capacité de son mari à se reprendre, quoi qu'il eût pu faire. Des projecteurs illuminèrent soudain la tour du Doyenné, au sommet de laquelle les silhouettes reconnaissables des Grands Gôniots se mettaient en ordre. Enfin, l'acte d'accusation allait être lu, la sentence prononcée, le Vieux Carnaval pendu, brûlé et jeté dans la Saône, qui serait ensuite illuminée par le feu d'artifice... Elle connaissait le déroulement de la cérémonie par cœur, piaffait pour que le supplice infligé par l'état de son mari s'achève. Un cri retentit : « Le voilà ! » Élisabeth soupira : sa délivrance ne tarderait plus, et avec elle le repli dans la sécurité de leur maison, à Givry.

Michel Dréon se redressa à la vue de la foule qui approchait en longeant la Saône. Au-dessus des têtes costumées, couronnées, masquées, on apercevait régulièrement la silhouette désarticulée de sa Majesté Carnaval, mannequin de paille grotesquement vêtu, jeté vers le ciel sous les cris et les vivats. Avant qu'Élisabeth ait pu l'en empêcher, Michel se hissa sur le parapet pour surplomber le spectacle. Élisabeth frémit, accrocha le bas des jambes de son mari, dérisoire laisse contre la chute qu'elle redoutait. Mais plus la foule approchait, dense, bruyante d'éclats, plus Michel Dréon semblait dessaouler, hypnotisé par les sursauts de l'homme de paille agité, presque en vie. Au centre de l'excitation, des hommes en toge, cagoulés, tenaient le drap qui permettait de malmener le pantin, de le jeter dans les airs à grands gestes combinés puis de le récupérer à la volée afin de recommencer tout en le menant jusqu'à la potence dressée au milieu du pont, à la corde pendouillant sur l'eau maintenant noire de la Saône. Une voix amplifiée donna enfin le départ de la lecture du réquisitoire, la foule se figea, le silence se fit. L'énumération de la longue liste des méfaits de sa Majesté Carnaval durant l'année écoulée put débuter : « Ivrogne et grand humeur de piots, bambocheur invétéré, noceur sans retenue, luxurieux protagoniste de partouzes, salopiot ! » Dréon ne se joignait pas aux rires, aux cris, aux remarques hurlées à certaines des accusations portées pour enfoncer davantage le clou des torts commis, particulièrement à l'énoncé des déboires subis par le peuple dans sa chair, tels l'augmentation du prix de l'essence ou du montant de la TVA qui ne permettaient plus au Chalonnais d'acheter le tissu pailleté nécessaire à la confection de sa tenue de carnaval. Ça braillait maintenant des commentaires tant et bien, tandis que Dréon, toujours statufié sur son parapet, avalait les accusations et les gorgées de vin. « Il a embrassé la secrétaire du comité des fêtes ! Il a mis des cailloux sur le parvis de la mairie ! Il a prévu d'élargir son harem en incluant dans sa cour les reines du Grand Chalon ! Il a organisé une visite de Chalon à la nage pour attirer sur son île les minettes en maillot de bain ! Il a montré ses fesses à la femme du boulanger parce qu'elle ne voulait pas lui faire la bise ! » Dréon suffoquait.

Alors qu'on passait la corde au cou du pauvre Carnaval, il se mit à pleurer sans honte, debout sur son parapet. Élisabeth ne vit pas les larmes, absorbée qu'elle était à s'agripper aux mollets de son mari. Au moment où le mannequin fut enflammé puis pendu sur la Saône, Michel Dréon eut la vision de sa fatalité : sur la chaussée au milieu du pont, visage levé au ciel, bras grand écartés, visage en extase hilare levé vers les projecteurs, grossièrement maquillé et costumé, il reconnut Bertrand Maheux. Tout le vin ingurgité lui inonda le cerveau, une gerbe rouge sang éclaboussa ses pupilles. Échappant à l'emprise d'Élisabeth, il bondit de son parapet et se rua sur le pont. En quelques secondes, il fut sur Maheux, aussi aviné que lui. Dréon frappa, à coups de poing désordonnés, vacillant, éructant, se rattrapant pour ne pas tomber à la toge de carnaval de Maheux, qui tenta d'abord d'échapper au combat, puis hurla « 'spèce de malade ! » avant de foncer tête baissée, nez pissant le sang, dans le ventre de Dréon, le projetant à terre. Des corps entremêlés des deux hommes, vautrés sur la chaussée, gigotant, fusaient des insultes inaudibles, étouffées par les coups dont ils se bourraient ; le ballet misérable d'une bagarre de poivrots, où les poings ne font jamais mouche car les corps ne sont plus que des écorces usées, abîmées, les espoirs depuis longtemps consumés, où la haine n'est qu'une éruption fugace, brutale, qui jaillit toujours à côté, dans le vide, toujours impuissante alors qu'on voudrait massacrer, écraser, pilonner le dégoût de soi enseveli sous le désir d'en finir, d'en finir avec les regards, les jugements, la banalité de la déchéance croisée dans le regard d'un autre tout aussi déchu.

Sidérée, Élisabeth regardait les deux hommes emmêlés à terre rouler au milieu de la foule qui s'écartait, percevant les vociférations et les supplications des femmes pour que quelqu'un sépare ces deux abrutis bourrés qui gâchaient la fête. Au même instant, la première salve du feu d'artifice éclata sur les têtes, ajoutant encore au pitoyable de la scène. Un homme massif en tenue de gôniot se fraya enfin un passage au travers des spectateurs impuissants à arrêter la bagarre. Élisabeth reconnut Cottard, qui parvint à séparer les deux hommes en ceinturant Michel Dréon, dont les hurlements entre deux explosions l'atteignirent comme un uppercut au foie : « Saloperie de merdeux ! Je vais te crever ! Ton enfer, tu te le gardes ! J'en veux pas ! Ordure ! Assassin ! Je vais te crever ! Comme la fille ! Je vais te crever ! »

Chapitre 26

Lundi 4 mars 2013

La ville entière aurait dû dormir, assommée après les folies de ces derniers jours. Mais non ! La sonnerie du téléphone portable de Jean-Pierre Renaud n'arrêtait pas. Il ne savait plus où il était, dans son lit probablement car il sentait les coups de coude de Marianne dans ses côtes, qui gémissait pour qu'il arrête son bidule infernal. Renaud ne comprenait pas : le carnaval s'était déroulé et achevé sans incident notable, et lui et son équipe avaient bien mérité une longue nuit de repos après ces journées et soirées passées à la fois sur le terrain en surveillance discrète, et aussi sur l'enquête sur le meurtre de la petite Samantha, totalement enferrée dans un cul-de-sac. À demi réveillé, il finit par répondre en grommelant un « commissaire Renaud » de mauvais augure pour son correspondant. C'était évidemment un planton du commissariat. Renaud l'écouta sans l'interrompre, essayant de remettre dans l'ordre ses pensées et le récit décousu du brave flic à l'autre bout du fil. Il finit par bougonner un « j'arrive » tout en coupant la communication, puis s'extirpa du lit en braillant un « eh merde ». Sa femme ne le sermonna même pas, de nouveau dans ses vapes chaleureuses et douillettes.

Lorsqu'il posa le pied sur la chaussée du quai de la Poterne, il pesta de nouveau : il avait encore chaussé sans réfléchir ses bottines de ville, et ce qu'il apercevait, en contrebas, illuminé par intermittence par le gyrophare du camion de pompiers, le convainquit qu'il allait forcément se retrouver le cul par terre pour pouvoir accéder au périmètre où l'attendait déjà Nahoum le fidèle, entouré de soldats du feu stoïques. L'imposant arbre mort qui surplombait la promenade de la bordure de Saône était renommé pour son grand âge et, depuis quelques années, pour son tronc magnifiquement sculpté. On l'appelait l'Orme à Manon ; il attirait systématiquement les regards et les amoureux, son bois travaillé au ciseau égrenant une guirlande de saynètes païennes et de la paysannerie locale qui résumait l'histoire de Manon, de ses chansons, de ses convictions révolutionnaires. Cependant, Renaud, s'il connaissait le moindre détail de la sculpture, qu'il venait régulièrement contempler lors de ses pauses, n'aurait pu imaginer qu'un fruit aussi étrange que le corps de ce pendu, grossièrement grimé et déguisé, puisse pousser sur l'unique branche qui restait à l'orme mort. Médusé, il en oublia les semelles lisses de ses chaussures, le froid mordant, son immense fatigue et l'envie de déverser la mauvaise humeur qu'il contenait au bord de ses lèvres pour épingler n'importe qui avec un énorme « faites chier ». Il fit un pas et tomba, comme il l'avait prévu, sur le cul, mais sans un mot : il fixait toujours le pendu en contrebas, qui le regardait droit dans les yeux.

« Mais comment il a fait, ne cessait de répéter Nahoum, tête levée vers le corps, bouillonnant de rage. Le con ! Manquait plus que lui ! »

Renaud en avait tout autant sa claque, et ne supporta pas. La coupe était pleine ; il choisit de remettre les choses dans l'ordre, il choisit le vouvoiement.

« Depuis le temps, vous devriez savoir qu'à un homme saoul, rien n'est impossible, surtout en matière de suicide, rétorqua sardoniquement Renaud à son commandant. Encore que, le suicide reste à prouver. On n'en a pas fini.

– Mais comment il a fait ? insista Nahoum.

– Il est mort, Nahoum. Arrêtez de le regarder, il ne vous dira rien. Examinez plutôt le tronc. Tenez, là, il y a des traces de boue. »

Renaud s'approcha de l'orme avec toute la précaution d'un vieillard craignant pour son col du fémur, saloperie de godasses, saloperie d'hiver. Il éclaira le tronc sculpté avec sa lampe de poche : la corde au bout de laquelle le pendu les narguait en leur tirant une langue violacée avait été solidement nouée autour. Renaud remonta avec le faisceau de sa lampe son parcours jusqu'à la branche, où elle s'enroulait plusieurs fois, la suivit jusqu'au nœud coulant puis passa sur la tête grotesque et le corps, s'attardant enfin sur les chaussures aux semelles usées, maculées de boue.

« Et voilà. Un peu de souplesse, un éthylomètre bloqué au maximum, et le tour est joué. Il lui a suffi d'accrocher la corde autour du tronc, de la balancer autour de la branche, de grimper le long du tronc en se cramponnant à son bout, puis de calculer à la louche la longueur suffisante pour passer l'arme à gauche. Il a dû s'y reprendre à plusieurs fois, mais je ne pense pas qu'il ait eu besoin d'aide.

– Tu as vu le nœud coulant ? C'est un vrai… parfait. On dirait qu'il a des traces de brûlure.

Ça fit tilt. Renaud se tourna vers un des pompiers.

« Vous pourriez me dénicher le préposé à l'exécution de Carnaval hier soir ? Je voudrais savoir s'ils ont récupéré leur corde après la pendaison. Je vous remercie. Bien, ajouta-t-il à l'attention de Nahoum, j'en ai plus que marre des "carnavaleries", vous avez pris toutes les photos d'usage ?

– C'est fait. J'ai récolté aussi ce que j'ai trouvé sous l'arbre. On ne sait jamais.

– Parfait. On va pouvoir descendre ce pauvre gars de son arbre. J'espère qu'il est en règle, et qu'il a ses papiers...

Nahoum lui décocha enfin un pâle sourire...

Les pompiers firent une dépendaison impeccable, tout en compassion respectueuse. Le cadavre reposait maintenant sur leur civière, emballé comme une prémonition dans sa toge noire de carnaval raidie par le sang séché et les vomissures, sous laquelle l'homme portait un jean, un blouson et un pullover crasseux de sueur. Renaud et Nahoum s'abîmèrent de concert dans un examen scrupuleux. Renaud s'arrêta longuement sur le visage boursouflé du pendu : le maquillage, noir et rouge, renforçait la brutalité du suicide, mais ne masquait pas les traces de coups. Le nez, démesurément enflé, semblait cassé ; les traces de sang séché étaient visibles sur le noir des lèvres. Une pommette avait également amorti un coup. Mais, pire encore, le mascara dont le type avait noirci ses cils avait coulé sur le rouge violent des joues, en longs sillons. L'homme avait pleuré avant de se jeter dans le vide. Renaud sentit monter une vague colérique : bon sang, se suicider, c'était hélas imaginable, concevable même, mais se donner la mort en public, ça non. Ça ressemblait davantage à un doigt d'honneur brandi à la face des passants innocents, à une vengeance sans panache, comme si le pendu avait délibérément voulu infliger au monde entier au travers de sa mise en scène sordide une souffrance dont lui-même avait été victime. Misérable, c'était tout ce qu'avait probablement été sa vie, mais Renaud, à cet instant, ne lui pardonnait rien. Nahoum lui tendait depuis quelques secondes sous le nez un portefeuille, qu'il saisit et ouvrit d'un geste brusque.

Les pièces administratives étaient rangées dans l'espace porte-cartes. Avant d'en extraire le fatidique rectangle de plastique qui donnerait une identité au pendu, Renaud explora les divers papiers : des cartes de visite au nom de Bertrand Maheux lui apportèrent hélas une réponse trop rapide. Sur les cartons, outre le nom et les coordonnées de rigueur, figuraient la mention « ingénieur division Recherche et Développement Kodak, responsable chaîne production ». D'autres documents pliés, écornés, racontaient ce que Renaud comprenait soudain : une attestation de Pôle emploi, de nombreuses cartes au nom de responsables de sociétés de travail intérimaire, deux Photomaton de garçonnets blonds et sains aux sourires édentés, et, vestige d'un idéal perdu, une vieille carte de cantine imprimée du logo Kodak et de la photo du mort. Plus de repas à l'usine avec les collègues, plus de Noëls du comité d'entreprise pour les enfants, plus de congés payés, plus rien de ce qui avait construit cet homme puis l'avait jeté, comme tant d'autres, dans l'errance au milieu des zones industrielles de Chalon. L'état du blouson et du pull racontait encore les marches une à une dégringolées, chacune rabotée par l'espoir, puis l'amertume, les traites de la maison, les engueulades, la dépression, les nuits sur le canapé du salon, l'alcool, pour s'achever sur la pension de divorce qu'on paie même si les allocations de chômage deviennent épaisses comme une feuille de papier à cigarette et vous réduisent à bouffer de la pâtée pour chien, parce qu'on aime ses gosses, qu'on est loyal à sa famille, et qu'on a honte mais qu'il ne faut pas que ça se voie, parce qu'on est un homme bien. Et puis on perd l'estime de soi, et le vide devient attirant.

Renaud contemplait ainsi cet étrange fruit trop mûr répandu sur la civière. Triturant un carton d'adhésion au « Cercle des anciens de la division Recherche de Kodak » au dos duquel il venait de lire le nom de son président,

Yves Cottard, et d'apprécier les cases de cotisations toutes signées par le même depuis 2007, il dut s'avouer que non, décidément, il ne trouvait pas en lui la force de pardonner cet ultime geste haineux. Bertrand Maheux, s'il avait toutes les raisons du monde d'en finir, aurait pu aller se jeter dans la Saône ou se pendre où il voulait, mais pas ici. La cruauté de sa fin, son cynisme revanchard avaient eu le dessus sur sa dignité.

Renaud saisit enfin le rectangle de plastique avec un soupir : et voilà, le perdant du jeu était âgé d'à peine quarante-cinq ans d'après un rapide calcul, et habitait une zone pavillonnaire d'un bourg des environs de Chalon.

« Tu es prêt à y aller ? s'enquit Nahoum.

– Tu l'es toi ? En route. Tu me suis. Je dépose ma voiture au commissariat, et tu me prends. Je n'ai pas mes lunettes pour conduire. »

Nahoum ne releva ni le tutoiement retrouvé ni le prétexte. Qui était un mensonge, évidemment, car les lunettes étaient dans sa voiture, garée sur le quai à vingt mètres, mais Renaud n'avait vraiment pas envie de conduire. Il se sentait immensément fatigué rien qu'à l'idée d'aller sonner à la porte d'une veuve inconnue, qu'il allait réveiller en pleine nuit pour lui présenter des condoléances, le tout en espérant qu'il n'y aurait pas de garçonnet réveillé et en pleurs. Il empocha le portefeuille du mort, s'engagea à la suite de Nahoum sur le raidillon pour rejoindre la chaussée, glissa, et laissa échapper un énorme « merde, fais chier » ! Il s'adressait au mort.

Chapitre 27

Lundi 4 mars 2013

Ni Michel ni Élisabeth n'avaient fermé l'œil. Couché dos à sa femme, Michel écoutait ses sanglots étouffés. Ses aveux l'avaient anéantie. Ils avaient longuement pleuré tous les deux, serrés l'un contre l'autre sur le canapé du salon où il avait déroulé son monologue.

Il s'était lancé dès le moment où ils avaient franchi le seuil de la maison, après qu'Élisabeth les eut conduits tant bien que mal jusque chez eux. Durant le trajet, pas un sermon, pas une question, pas même un mot n'avait été prononcé. Élisabeth n'était plus qu'une somnambule au volant d'un fourgon mortuaire transportant un homme inconnu, hagard, au visage griffé, souffle fauché, manche d'anorak déchirée de laquelle s'échappait un incongru duvet, qui voletait dans l'habitacle de la voiture, bercé par le souffle du chauffage.

Michel avait ainsi débité sans respirer sa tragédie secrète, sans se chercher aucune excuse. Ça l'avait soulagé, et maintenant que sa femme pleurait sur leur sort, Michel ressentait un détachement profond. L'envie irrépressible du calme d'une cellule où il serait nourri, blanchi, où il pourrait enfin lire et faire des mots croisés jusqu'à l'aveuglement l'excitait presque comme la vue d'une sucrerie pour un enfant ; le mot « prison » fondait innocemment sur sa langue, le mot « parloir » lui faisait entrevoir des émotions perdues depuis longtemps. Il refusait cependant les mots « tribunal, procès, jugement », encore trop brutaux après ses aveux exténuants. Ils étaient convenus de se lever à 6 heures, et de partir à 7 h 30 pour arriver à 8 heures, l'heure des braves et de la relève au commissariat. Il guettait les chiffres sur le réveil.

En homme respectueux de la parole donnée et habitué à ne pas déroger aux programmes, il se leva à l'heure dite, tout comme Élisabeth, dont il ne vit que le dos, courbé, ratatiné en une courte nuit. Il eut la tentation d'un geste vers son épaule, mais se leva d'un coup et disparut dans la salle de bains.

Après sa douche, il se rasa soigneusement, toujours étranger à lui-même, ses efforts concentrés uniquement sur son apparence. Ainsi se choisit-il un costume et une cravate assortis, une paire de chaussettes de fil, des chaussures de cuir lustré. Lorsqu'il rejoignit Élisabeth, elle était fin prête également, manteau sur le dos, gants enfilés. Elle lui tendit une petite valise : « J'ai mis un change et ton nécessaire de toilette. »

À 8 heures, Michel Dréon pénétra avec son petit bagage dans le commissariat après avoir confié la voiture à sa femme, qu'il avait embrassée comme on part au travail. Le hall était désert. Il put se présenter directement devant le flic de l'accueil, et débiter d'un ton poli, valisette à ses pieds : « Bonjour monsieur. Je voudrais voir le commissaire de police. C'est pour un meurtre. Un meurtre que j'ai commis. »

Chapitre 28

Lundi 4 mars 2013

Renaud et Nahoum avaient préféré achever leur nuit au commissariat, à se perdre dans le PV qui rendait compte de leur trouvaille quelques heures auparavant sous l'Orme à Manon. L'éventualité du suicide aidé s'était dissipée d'elle-même.

La femme de Maheux, tout en épuisement fataliste après ses longs mois de lutte avec son époux, leur avait fourni une version conforme au récit que Renaud avait reconstitué dans le portefeuille du mort. Son mari était à bout, tout comme elle, et elle lui avait demandé de quitter leur domicile le lundi précédent, au terme d'une énième nuit passée dehors à boire et probablement à se battre étant donné l'état dans lequel il était rentré, de surcroît sans la voiture. Depuis, elle ne l'avait pas revu. Il avait le vin mauvais. Son suicide ne l'étonnait pas. Elle ne parvenait pas à pleurer. Renaud la comprenait, se devait aussi d'insister sur l'entourage de son mari et d'autres circonstances potentielles qui l'auraient mené au suicide. La jeune veuve avait ri jaune :

« Quel entourage ? Bertrand ne voyait plus personne. Ou s'il voyait du monde, il ne m'en disait rien. À part Yves Cottard, qui est passé un soir de la semaine dernière pour me parler de sa dépression, je ne vois personne. »

Elle avait lâché une grimace de dégoût à l'évocation de cet homme, que Renaud avait saisie au vol.

« Monsieur Cottard, c'est bien le président du Cercle des anciens de la division Recherche de chez Kodak ? »

La jeune femme avait simplement acquiescé d'un geste.

« Il est passé pour vous proposer de l'aide ? »

Et là, l'épouse s'était lâchée :

« Oui. Il m'a d'abord raconté qu'il était inquiet pour Bertrand. On était assis sur le canapé. Je n'en pouvais plus, des frasques de Bertrand. Je me suis mise à pleurer, et il m'a pris la main. Je déteste Yves Cottard. C'est un alcoolique, et je suis sûre que Bertrand a commencé à boire avec lui. Il n'a jamais rien fait pour Bertrand, au contraire, il l'a enfoncé. »

Renaud et Nahoum s'étaient regardés un court instant, traversés simultanément par l'accablement, tous deux mis devant l'évidence qu'ils n'en avaient peut-être pas tout à fait fini avec l'histoire du pendu. Un autre témoignage semblait nécessaire avant de cocher la mention « suicide » dans leur rapport.

Et maintenant, ils observaient dans un recueillement abasourdi un homme inconnu assis de l'autre côté du bureau, qui était venu comme on vient à confesse.

Renaud avait fini par déposer sur son bureau la carte du « Cercle des anciens de la division Recherche de chez Kodak » avec laquelle il jouait depuis un moment. Le type devant lui avait poliment décliné son identité, son adresse, son statut de retraité, avait continué en débitant son histoire d'un trait, les circonstances puis le meurtre qu'il avait commis. Renaud l'avait laissé raconter sans l'interrompre, malgré les regards hébétés que lui lançait Nahoum, semblant le supplier d'arrêter cette tragédie grotesque. L'énormité des aveux occupait toute la place dans la pièce, personne ne bougeait plus : Michel Dréon ne baissait pas les yeux devant le regard pensif du commissaire, figé sur sa chaise dans une posture élégante, le dos droit, la cravate en place, les mains manucurées mais aux jointures meurtries sagement posées sur les genoux ; un cas de plus à ajouter à la déjà trop longue liste des espèces de salopards rencontrées par Renaud au cours de sa carrière, lequel parvenait encore malgré tout à s'étonner des tourments et des secrets insondables de l'âme humaine.

Le commissaire fit un geste vers l'ordinateur, signalant à Nahoum de se poster devant son clavier, plein de remords pour ce qu'il s'apprêtait à lui faire de nouveau subir, d'appréhension aussi : Nahoum se comportait comme un automate grotesque, grimaçant et grinçant.

« Bien. Monsieur Dréon, nous allons reprendre point par point votre récit de la soirée du dimanche 24 février, à partir du moment où vous déposez en ville monsieur Maheux. Le commandant Nahoum ici présent va dans un premier temps simplement noter les faits.

– Vous ne m'inculpez pas ? s'étonna Dréon.

– Monsieur Dréon, avant toute inculpation, même avec des aveux, nous devons vérifier vos déclarations, vérifier que vous êtes d'accord avec ce que nous allons vous soumettre ensuite par écrit. Vous comprenez ?

– Oui. Je tiens à signaler que je suis sain d'esprit et que tout est véridique.

– Bien. Vous êtes prêt ?

– Oui. Mais il faut que je précise de nouveau que, juste avant de le déposer en ville, Bertrand Maheux m'avait avoué qu'il était au bord du gouffre. Il s'était effondré dans mes bras. C'est pour cette raison que j'ai décidé de l'emmener au plus près du centre-ville, là où je pourrais garer la voiture parce qu'il y avait le carnaval. J'ai donc trouvé une place tout en haut du quartier de la Citadelle. On était un peu loin du centre, mais j'avais l'intention d'accompagner monsieur Maheux jusqu'à un distributeur bancaire pour tirer de l'argent et lui donner deux cents euros. Plus nous approchions de la mairie, plus il y avait de monde. Alors que je retirais de l'argent à un distributeur, on est tombé sur Yves Cottard, notre président du Cercle, avec qui on avait déjeuné le midi même. Yves Cottard fait plus ou moins partie de la Confrérie des Gôniots, il était en tenue de carnaval, et c'est lui qui nous a reconnus. Étant donné qu'il y avait eu un incident avec Maheux au cours du déjeuner des anciens le jour même, Yves a voulu en discuter, et nous a invités tous les deux à boire un verre. Ce qu'on a fait, dans un bistrot près de la fête foraine, malheureusement je ne me rappelle plus lequel. Je sais qu'on a pris un premier verre. Je ne me sentais pas très bien, mais Yves avait commandé une bonne bouteille, et il m'a resservi. Bertrand Maheux ne disait pas grand-chose, c'était surtout Yves qui parlait. Il voulait absolument aider Maheux à retrouver du travail, il n'arrêtait pas de le répéter. Moi, je me sentais de plus en plus mal. Après, tout est très vague. Je me rappelle qu'on est allés dîner tous les trois, dans un restaurant près de l'hôtel de ville. Peut-être l'auberge de Cabache ? Pendant les fêtes, tout est ouvert le dimanche soir. Il me semble que c'est Cottard qui a payé... ou moi ? Je n'ai pas vérifié mes comptes, je vous préciserai ce détail plus tard... En tout cas, ça ne peut pas être Maheux, il n'avait pas un sou, et je ne lui avais pas encore donné l'argent que j'avais retiré. J'avais toujours l'intention de le dépanner financièrement. Je me rappelle être allé aux toilettes. J'ai dû y rester un long moment. J'étais dans un état pitoyable. Quand je suis ressorti, Yves Cottard n'était plus là, il était parti. Il y avait une jeune fille à notre table. Peut-être une connaissance d'Yves. Il faudra le lui demander. Elle était ivre, peut-être moins que nous, mais très saoule. Dans mes souvenirs, cette... fille embrassait Maheux et ils se... tripotaient. Je pense que c'était une prostituée. Je ne sais pas comment on s'est retrouvés sur le trottoir avec elle. Je ne me rappelle pas non plus comment on est arrivés à pied en sa compagnie jusque dans le quartier de l'IUT. Sans doute par le pont Jean-Richard ? À quelle heure ? Et pourquoi là ? Je ne pourrais pas vous le dire. Peut-être que cette demoiselle habitait par là-bas. Elle parlait très fort. Elle était très maquillée, elle avait une perruque de carnaval. Rose fluo. Ça me faisait mal aux yeux quand je la regardais. Elle riait beaucoup avec Bertrand Maheux. À un moment, Maheux est tombé. On se trouvait dans une sorte de terrain vague, plein d'ornières et de boue. Je crois que j'ai aidé Maheux à se relever, parce que la fille riait trop pour l'aider. Elle avait l'air de se moquer de nous. C'est là que Maheux a pété les plombs, si je peux m'exprimer ainsi. Il s'est jeté sur elle. Il a commencé à la frapper. Je me rappelle encore avoir essayé de les séparer. Mais la fille s'était mise aussi à frapper violemment Maheux. Alors je l'ai frappée, moi aussi. Avec Maheux on a tapé tous les deux. Je ne sais pas combien de temps ça a duré... Quand on a arrêté, elle était par terre, elle ne bougeait plus. Elle était couverte de sang. Nous aussi. À ce moment-là, j'ai dû vomir... je n'en suis plus certain. Maheux m'a dit qu'elle était morte, que je l'avais tuée. Il m'a dit textuellement qu'il avait assez d'emmerdements comme ça. Il m'a conseillé de rentrer chez moi et de ne rien dire à personne. Lui se débrouillerait pour rentrer chez lui. Il est parti de son côté. J'ai bêtement suivi son conseil. Je n'étais plus moi-même. J'ai mis deux heures à retrouver ma voiture. Je voulais me rendre au commissariat tout de suite pour me livrer. C'est alors que j'ai pensé à mon épouse, et j'ai voulu la voir. Puis une semaine a passé. Voilà les faits, que je vous raconte le plus fidèlement possible. J'ai tout dit. J'avoue tout. Je ne sais pas si Bertrand Maheux confirmera ma version. J'espère qu'il ne mentira pas. Car ce qui est certain, c'est que nous avons été deux à la frapper. Je ne suis pas le seul coupable de ce meurtre. Je suis prêt à vous accompagner pour essayer de retrouver le corps de la victime. Je suis également prêt à signer des aveux. Je plaide coupable. »

Jean-Pierre Renaud dut presque se gifler pour anéantir la léthargie qui l'avait gagné : ce n'était ni le bon meurtre ni le bon meurtrier, celui qui hantait ses nuits et celles de tous les habitants bien que ce fût carnaval, celui qui s'en était pris à une adolescente qui s'appelait Samantha. Ce meurtre-là, inconnu de ses services, avait été commis par deux hommes dont l'un s'était pendu la nuit même, ce que le second ignorait totalement ; une innovation dans le lot des absurdités du quotidien policier, même pour un flic qui en avait pourtant vécu beaucoup. Renaud dévisageait Dréon, impassible et impeccable sur sa chaise, un criminel sans histoire, au langage prude, châtié au point d'avoir pu contourner les mots qui auraient classé l'homme dans la catégorie des sanguins, des gens de classe dérisoire ; les mots d'un homme qui avait réussi le tour de force de ne prononcer « prostituée » qu'une seule fois dans son récit, pour finir par qualifier du bout des lèvres sa victime de « fille, demoiselle », des termes tout aussi bourgeois que ce qu'il prétendait pour lui-même. Dréon paraissait ainsi s'être convaincu que les coups qu'il avait portés pouvaient se résumer à un accident de parcours, une légère bien que brutale déviation dans sa vie rapidement replacée sur son orbite de cadre supérieur retraité, propriétaire et époux d'une femme qu'il avait fait souffrir mais qui lui pardonnerait sa faute de goût. Au fond, un homme parfait, respectable et presque non coupable puisqu'il venait d'avouer et son crime et ses remords.

« Monsieur Dréon, une dernière question. Pourquoi être venu vous dénoncer aujourd'hui ?

– J'ai réalisé que je ne pouvais pas vivre avec ce poids sur la conscience. Je ne dors plus depuis une semaine. De plus, j'ai eu l'occasion de croiser de nouveau Bertrand Maheux, hier soir. Ma femme se faisait une joie d'assister au feu d'artifice. Maheux était là, sur le pont, ivre… comme moi. Nous nous sommes battus, au sujet de ce que je viens de vous raconter. C'est Yves Cottard qui nous a séparés. Yves n'est au courant de rien. Moi, j'ai compris que Maheux n'a aucune intention d'endosser sa part de responsabilité. Alors en rentrant hier soir, j'ai tout avoué à ma femme, et je lui ai annoncé mon intention de me livrer ce matin. Elle me soutient.

– Vous êtes resté jusqu'à la fin du feu d'artifice ?

– Non. Nous sommes partis immédiatement après ma dispute avec Bertrand Maheux. Tout était insupportable, sa vue, mes souvenirs, la culpabilité. J'avais trop bu, j'étais tellement ivre que c'est Élisabeth qui a pris le volant.

– Vous avez passé la soirée et la nuit chez vous, en compagnie de votre épouse ?

– Oui. Élisabeth est prête à répondre à vos questions. Nous avons choisi le cabinet Pierson pour ma défense, si Maître Pierson l'accepte. Élisabeth doit déjà y être… »

Renaud ne fut même pas surpris à l'annonce de cette diligence feutrée, et n'eut aucun doute que le meilleur pénaliste de la région avait déjà une facture d'honoraires au nom de Dréon, et lâché Catherine Gauthier pour l'ouverture de la chasse. Et, alors que, l'espace d'une seconde, il avait cru pouvoir boucler un salaud de la pire espèce, il se retrouvait dans la situation inédite où le type en face de lui aurait pu prétendre aux félicitations d'un flic ; finalement son alter ego, un homme ordinaire et de bonne moralité. Il se devait de dissiper au plus vite ce malentendu qui commençait à imprégner ses convictions intimes, telle la mission qu'il avait épousée avec le métier.

« Eh bien, nous allons nous rendre avec mon équipe sur les lieux de votre crime pour y chercher votre victime. »

Dréon acquiesça calmement, un air presque heureux s'affichant sur son visage soudain lissé. Renaud entendit un choc dans son dos : Nahoum avait presque fait sauter le bouton « impression » de son clavier. L'imprimante se mit heureusement à vomir à leur place la confession de papier. Nahoum semblait au bout du rouleau, fulminant, Renaud le savait, mais pétrifié par une hébétude qu'il ne lui avait jamais connue alors qu'il regardait, immobile, les pages noircies d'aveux qui s'empilaient sagement sur le plateau de l'imprimante. Il avait plus que jamais l'air d'une grenade dégoupillée, et c'était à Renaud que revenait désormais la tâche de maintenir son levier en place pour qu'elle n'explose pas en milliers de fragments capables de ravager non seulement les enquêtes en cours, mais aussi tout le commissariat ; son groupe se trouvait en première ligne de cette guerre imminente.

Chapitre 29

Lundi 4 mars 2013

À 8 h 30, Élisabeth Dréon s'était effectivement présentée à l'accueil du cabinet Pierson et avait demandé une entrevue avec le maître des lieux en personne, obligée de souffler à l'oreille de la standardiste que c'était une urgence absolue puisqu'il s'agissait d'un meurtre commis par son mari dans la nuit du dimanche 24 au lundi 25 février. Sous le coup de l'émotion, la jeune femme avait dérangé son patron, attablé devant un café et les journaux chez lui, les pieds au chaud dans une paire de pantoufles. Pierson était accouru, se faisant confirmer la présence de Catherine dans les locaux.

Madame Dréon avait bien évidemment d'abord pleuré tout son saoul avant de se lancer dans une histoire entrecoupée de longs sanglots qui la secouaient. Dans cette pièce-là le récit des faits fut identique à celui que Renaud venait d'avaler jusqu'à l'écœurement. Pierson avait toujours une boîte de mouchoirs jetables à proposer à ses clients en bout de course, la posant à portée de main avec toute la délicatesse du médecin des âmes en détresse qu'il savait être.

Catherine, pensées bousculées, bloc et crayon à la main, avait noirci quelques feuillets de son écriture illisible, soulignant les noms cités par la dame Dréon, tandis que Pierson dirigeait maintenant avec toute l'habileté qu'elle lui connaissait l'entretien hors des faits concrets racontés, tâtonnant vers un éclairage nécessaire qui leur manquait, celui du « pourquoi », celui qui ferait exploser les marges de la raison mais qui leur permettrait de comprendre, donc d'accepter d'occuper le poste de défense que cette femme était venue les supplier de prendre. C'était ainsi que Pierson procédait ; Catherine également ; l'avocat lui cédait la main.

« Madame Dréon, nous avons besoin que vous nous parliez de votre mari, de son histoire. Nous devons tout savoir sur lui, vous comprenez ? »

Élisabeth Dréon s'accrocha à Pierson, quémandant un répit que Catherine ne pouvait lui accorder.

« Votre mari donnait-il des signes de dépression ces derniers temps ? insista-t-elle.

– Non. J'ai senti que quelque chose n'allait pas seulement cette fameuse nuit, lorsqu'il est rentré totalement ivre. Sinon, Michel a toujours été sobre et d'humeur égale. Même lorsqu'il a dû choisir son parcours à l'annonce de la fermeture de Kodak. Nous avons pesé toutes les possibilités ensemble. Jamais je ne l'ai vu se plaindre, ou déprimer. Lorsqu'il a décidé de prendre sa retraite, en 2007, il s'est consacré au vélo. Depuis quelques semaines, c'est surtout la généalogie qui le passionne. Il passe des heures sur ses arbres généalogiques, se fait envoyer de la documentation. Il m'en parle peu, voire pas du tout. Il y a quelques jours, il a paru très contrarié par ce travail, bouleversé même, mais il ne m'a rien dit sur ses découvertes. Il est très secret, très solitaire. Il répète souvent qu'il préfère être seul que mal accompagné. Jusqu'à hier soir. Nous menons une vie paisible, normale. Nous sommes un vieux couple, soudé.

– Votre courage est admirable, madame Dréon, reprit Pierson pour rompre le chagrin silencieux qui avait soudain enseveli Élisabeth Dréon. Votre mari est entre de bonnes mains, faites-nous confiance. »

À l'abri dans sa voiture, garée selon les indications d'Élisabeth Dréon derrière l'IUT, Catherine attendait donc impatiemment l'arrivée inévitable du commissaire Renaud. Elle ne pouvait se permettre l'erreur d'inspecter les lieux avant lui, et rongeait son frein, la tête pleine de bribes de ses autres enquêtes, suspendues à l'arrivée de David Martin, probablement ce soir même à Chalon.

Dominech avait tenu parole : il avait chassé son témoin de Nice à coups de nombreuses rumeurs alarmantes pour sa sécurité s'il restait à claquer son fric au bord de la baie des Anges. Martin Junior, avec tout le courage qui le caractérisait, avait bouclé ses valises et pris un train dans la matinée pour venir se mettre à l'abri dans le giron paternel. Catherine l'attendait de pied ferme, comptant les heures qui la séparaient de ce morceau de vérité à faire cracher. Maître Pierson, de son côté, s'était assuré la collaboration des parents Martin en leur susurrant que leur fiston, en pleine forme par ailleurs, s'il ne revenait pas sur son faux témoignage de 2004, risquait de se bousiller pour de vrai la santé au zonzon. La persuasion suave de l'avocat avait fait des merveilles.

Catherine sursauta lorsque Renaud, grimace lasse, frappa sèchement sur la vitre de sa voiture. Il en avait mis, du temps...

« Commissaire...

– Bonjour mademoiselle Gauthier. Inutile d'ajouter quoi que ce soit. Votre client est bien avec nous, et vous pouvez l'accompagner. Ne perdons pas de temps. »

« Je vous dis que je reconnais cet endroit. Je suis certain de ce que j'affirme ! Cette fille était là, à terre. Nous l'avons tellement frappée qu'elle ne bougeait plus ! »

Michel Dréon était enfin sorti de sa réserve polie, de sa félicité de bon citoyen : à grands moulinets de bras, hagard, il exhortait l'équipe de police à mieux inspecter les lieux, suppliait pour qu'on croie à sa culpabilité. Mais en deux heures de fouille sur ce terrain de quelques centaines de mètres carrés de terre boueuse et de ronces gelées, les policiers n'avaient rien trouvé, ni cadavre de femme, ni traces ni indices qui auraient pu suggérer un déchaînement de violence contre autrui. Renaud faisait rempart de son corps pour protéger Dréon du probable coup qui semblait vouloir jaillir des poings de Nahoum. Judith Marini, sur le qui-vive, se mordillait consciencieusement un ongle de pouce tout en fixant Dréon, tandis que Bouzit s'entretenait au téléphone avec le parquet de Dijon, afin de décommander le juge d'instruction. La brigade cynophile venait de reboucler ses renifleurs en faisant ostensiblement la gueule. Renaud n'avait même plus la force de présenter ses excuses, toute honte bue, exténué par ce qu'il jugeait sa propre bêtise. Foncer sans réfléchir, il l'avait déjà fait, mais à ses débuts, en bleu de la République. L'échec était aussi sordide que cuisant. Et Dréon qui continuait de gémir que le monde entier devait le croire, le condamner pour son crime, à moitié en larmes, ressassant en vociférant le moindre de ses gestes durant cette nuit-là. Renaud avait tout autant envie de lui casser la gueule que Nahoum.

Catherine rempocha son téléphone : Pierson venait de conclure, tout comme elle, que Dréon racontait probablement la vérité, mais que la présumée victime, bien que certainement dans un sale état, avait dû regagner ses pénates après son tabassage. Catherine n'avait plus qu'à attendre que Renaud, dangereusement placide, lui confie le coupable d'un meurtre imaginaire.

« Monsieur Dréon, coupa Renaud d'un ton trop calme, arrêtez vos jérémiades. Mon équipe n'a qu'une envie : vous faire suer votre honte jusqu'à ce que votre beau costume soit trempé, vous inculper et vous mettre au trou pour violence sur une femme, pour outrage à la patience et à la fatigue de fonctionnaires qui ont d'autres chats à fouetter que soulager votre mauvaise conscience... Bref. De toute façon, je vous embarque pour vous entendre sur une autre affaire. Heureux ? »

Catherine sursauta, ce qui n'échappa évidemment pas à Renaud, qui l'interpella :

« Rassurez-vous, on n'a même pas une plainte pour le coffrer ! Vous le récupérerez plus tard... avec sa petite valise. En attendant, vous pouvez nous envoyer Madame, histoire qu'on en termine. »

Le capitaine Bouzit poussait déjà Michel Dréon sans ménagement jusqu'à la voiture banalisée, le commandant Nahoum traînant les pieds loin derrière, lourd de son envie de cogner mais couvé par Judith Marini, plus que jamais vigilante.

« Commissaire, si notre client est entendu dans le cadre d'une autre affaire, puis-je en transmettre des éléments à Maître Pierson ?

– Un suicide par pendaison... Et comme par hasard, le pendu en question serait le coauteur des faits dont s'accuse Dréon. Pour ma part, je serais ravi de le boucler pour non-assistance à personne en danger. D'ailleurs, légalement, je ne vois rien qui m'en empêche. En tant qu'ex-OPJ, vous retrouverez bien l'article de loi qui sied parfaitement au délit de ce monsieur. Sur ce, bonne chance, mademoiselle Gauthier. »

Chapitre 30

Lundi 4 mars 2013

Anne Grollay s'était immiscée tout en douceur et mensonge dans la salle d'attente du docteur Paulin. Elle savait que la dentiste, à sa vue, se muerait immédiatement en mère avide de justice ; pas besoin de rendez-vous pour intégrer ce club unique des mutilées dans leur chair. Anne avait eu le temps de faire remonter tous ses souvenirs du jour fatidique alors qu'elle poussait les meubles de son salon, puis en lessivait les murs avec méthode ; le ménage s'avère un excellent moyen de nettoyer jusqu'à ses idées. Lorsque la porte du cabinet s'ouvrit, elle s'imposa immédiatement, sans un mot d'excuse pour le patient dont c'était le tour. Madame Paulin ne manifesta pour sa part aucun signe de surprise. Elle se contenta de l'inviter à entrer sur un signe.

Les deux femmes s'examinaient maintenant, chacune d'un côté du bureau de la praticienne. Silencieusement, patiemment, elles scrutaient leur chagrin respectif, leur envie d'en découdre, soupesaient l'état de leurs forces au seul moyen de cette longue plongée dans les yeux de l'une et l'autre. Ce qu'elles y lisaient confirmait qu'il n'y aurait plus de pleurs, plus de dérobade ni d'excuses, plus de fatalisme.

« Vous êtes libre quand pour voir Maître Pierson ? demanda madame Paulin.

– N'importe quand. Je me débrouillerai pour être disponible.

– Nous aurons besoin de faire appel à tous vos souvenirs, dans le moindre détail. Les vôtres comme ceux de votre mari.

– J'ai déjà commencé à noter par-ci par-là tout ce qui me revenait. Par écrit, par bouts, pas forcément chronologiques, mais par détails plus précis. Ça m'aide, à tout point de vue. J'ai l'impression d'être quelqu'un d'autre. Pas la femme d'avant évidemment, mais pas celle de toutes ces dernières années non plus. Vous me comprenez.

– Totalement. Les notes, c'est une bonne idée. Je vais en faire autant… Voulez-vous qu'on se voie toutes les deux avant que je prenne rendez-vous chez monsieur Pierson ?

– Je pense que ce ne sera pas nécessaire. Mais si ça l'est pour vous…

– Non. Vous avez raison. Je vous appelle dès que j'ai la date et l'heure. Dès ce soir.

– Dans ce cas, à très vite.

– Je ne sais pas comment vous remercier.

– C'est drôle, je pensais la même chose… À ce soir. »

Elles n'avaient pas eu besoin d'autre explication. Anne était repartie après ces quinze intenses minutes au cours desquelles elle avait compris qu'elle ne se sentirait plus jamais seule. Et ça, les pères, les époux, les amants… murés dans leur mutique et masculine douleur, ce « ça » qu'elle avait du mal à définir, comme une solidarité animale directement issue de leurs entrailles et de leurs mamelles, ne leur était pas accessible. C'était incontestable parce que c'était un fait qu'elle avait relevé chez tous les hommes qu'elle connaissait, cette capacité immémoriale à couler du béton dans des blessures béantes, à y emmurer la parole et les larmes.

Elle n'en voulait pour autant pas à Denis. Leur part de deuil social, ils l'avaient avalée jusqu'à l'écœurement, de toute façon anéantis durant des mois, elle comme lui incapables d'écarter le rideau des fenêtres, de sortir dans les rues, de croiser des adolescents, des couples, des parents... sans que les dernières images d'elle, meurtrie, ne s'imposent comme une gale sous la peau. Aujourd'hui, ces images remontaient à la surface uniquement lors des remous de leur quotidien, alors qu'ils avaient naturellement estimé au fil des ans que le contrat du deuil dans le regard des autres avait été rempli. En revanche, jamais elle ne ferait cet autre deuil, celui qui est indicible, celui qui la faisait encore et toujours pleurer en cachette, celui qui l'avait laissée le ventre déchiré et la poitrine écrasée, celui qui fait qu'on ne sait plus pour quelle raison on est encore en vie ; ce deuil-là est impossible ; l'expression même est falsifiée, convenable uniquement pour les autres : « faire le deuil » d'un enfant, ça n'existe pas.

« 9 décembre 2007. Juliette descend prendre son petit déjeuner à 10 heures. Elle fait un câlin à son père pour lui avouer qu'elle est rentrée à 4 heures du matin. Elle était invitée la veille, le samedi soir, chez sa meilleure amie Nanou pour ses dix-huit ans. La coquine ! Nous ne l'avons même pas entendue se glisser dans sa chambre comme la petite souris qu'elle sait être quand elle en a besoin. Je ne suis pas très contente d'apprendre qu'elle est rentrée seule, à pied, en pleine nuit, car ce ne sont pas ses dix-huit prochaines bougies qui empêcheront le danger ! Denis non plus ne se laisse pas embobiner par son bisou : il lui fait remarquer qu'elle sent le tabac. Notre Mademoiselle ne se démonte

pas. Elle répond qu'elle n'a fumé ni cigarette ni haschich... mais qu'elle aurait pu si elle l'avait voulu. Je pouffe devant la tête que fait Denis. Je sais de qui elle tient quand il s'agit d'argumenter : de son père ! D'ailleurs, elle éclate de rire. À cet instant, elle est joyeuse, comme je la connais. Rien ne semble la tracasser. Elle s'arrête de rire tout à coup pour dire à son père qu'elle n'a pas oublié, et que ça la perturbe beaucoup, cette démolition d'aujourd'hui. Avec ses mots à elle, elle dit que les patrons sont dégueulasses de foutre une usine par terre, en plus après avoir licencié tout le monde. Ils en ont discuté avec ses amis hier soir, et ils sont tous d'accord. Il n'y a pas que sa mère et son père à se retrouver au chômage, beaucoup de ses amis ont des parents qui travaillaient chez Kodak. D'ailleurs, cette usine, elle devrait leur revenir à eux, aux ouvriers. Après tout, c'est grâce à eux si l'usine existait, si les machines fabriquaient des films. Je vois le magnifique sourire de Denis : il a beau s'en cacher, ce grand silencieux, mais il est tellement fier de sa fille. Moi aussi. Et mon homme, quand il sourit, est si beau. Denis en profite pour lui rappeler un bout de l'histoire du marxisme, évidemment, et Juliette lève les yeux au ciel, elle a entendu la leçon mille fois. Elle rétorque d'ailleurs à son père que, pas plus tard qu'hier soir, elle a encore expliqué à ses amis ce qu'était l'appropriation des moyens de production par les ouvriers, et qu'elle se fait traiter d'arriérée coco par certains, mais qu'elle en est fière. Elle raconte tout ça à son père d'une seule traite, et a encore le souffle pour enchaîner sur le fait que son père oublie tous les jours que sa fille chérie se destine à des études de sociologie et de sciences politiques, donc qu'il arrête de la prendre pour un bébé qui ne sait lire que du Harry Potter, même si Harry Potter c'est vachement bien aussi. Et puis d'ailleurs, elle a promis à Nanou de l'aider ce matin à faire le ménage d'après-fête, puis elles ont prévu de réviser ensemble philo et histoire... Sur ce, elle débarrasse la vaisselle de son petit déjeuner et nous plante, Denis et moi, dans la cuisine. Elle nous a quand même fait une énorme bise à chacun, en nous répétant qu'elle est désolée de ne pas nous accompagner devant chez Kodak, car franchement elle aurait du mal à ne pas insulter les dirigeants et à ne pas pleurer, c'est mieux qu'elle aille chez Nanou, nous ne devons pas nous laisser abattre par ce sale coup. Elle est splendide, tout en douceur et en solidité, lorsqu'elle nous quitte pour aller faire un brin de toilette. Elle est plus forte que nous ; ce matin-là, rien ne la traverse à part notre détresse et notre angoisse.

« Je reprendrai ces souvenirs, ces notes, mes fragments de mémoire plus tard. J'ai l'impression de me trouver devant un bac de développement photo : la lumière rouge de la pièce, le carré de papier épais que je dépose dans le révélateur, les ombres qui deviennent images... Denis n'a jamais remis les pieds dans le labo photo de la maison. Moi non plus. Je pense qu'il faut que j'ouvre cette porte de nouveau. Elle était vêtue d'un jean, de ses bottes marron foncé à revers fourrés blancs, de son chandail rose vif à grosses mailles que Nanou lui avait tricoté, de sa doudoune-parka bleu marine à capuche et col fourrés blancs, des gants rose vif que je lui avais achetés et, avec ça, l'écharpe de différents tons rose vif que j'avais eu du mal à tricoter. Elle portait évidemment la parure en or que son oncle Yves lui avait offerte, boucles d'oreilles et pendentif ornés de colombes ; un bijou coûteux, un cadeau luxueux que nous n'aurions jamais pu lui faire ; elle l'avait accepté avec une telle joie que nous n'avions finalement rien dit. Elle dormait avec. Je suis certaine de ce que j'écris aujourd'hui ; j'ai tant de fois ouvert ses placards. »

Chapitre 31

Lundi 4 mars 2013

Élisabeth Dréon, sur les conseils de Maître Pierson, s'était présentée devant le commissaire Renaud, qui avait pris tout son temps pour apprécier la véracité du témoignage de l'épouse. Elle avait répondu à ses questions comme une parfaite élève, et Renaud l'avait laissée partir avec le sentiment qu'il aurait pu lui attribuer un 20/20 dans toutes les matières : dévouement, patience, précision, calme, maintien, tenue... Et même lorsqu'il lui avait récité les aveux de son mari, madame Dréon avait acquiescé calmement à la lecture des faits. Cette femme ne connaissait manifestement pas cet aspect de l'homme qu'elle avait épousé, mais semblait s'en ficher, sa confession permettant à la fois son pardon, et de renouveler les liens sacrés de son mariage. Il ne faisait aucun doute qu'elle comme son mari reprendraient le cours d'une vie ordonnée et lissée de ses moindres plis une fois l'épreuve passée, même si c'était une cellule qui devait accueillir Michel Dréon.

Nahoum, lui, avait harcelé toutes les cliniques et les hôpitaux pour trouver la piste d'une femme blessée qui aurait pu atterrir dans un service d'urgence ; Marini et Bouzit s'étaient farci les appels de tous les médecins de la ville et des environs ; la journée s'était achevée sur une déroute totale. Durant toutes ces investigations téléphoniques, Dréon, cantonné sur un banc du couloir, menotté pour la leçon, avait patienté sagement, mâchant avec précision le sandwich que Judith Marini lui avait présenté en guise de déjeuner. Bouzit s'étonnait tout haut du calme de l'homme, qui n'avait même pas demandé à voir un médecin, ni à aller pisser, ce qui avait fait dire au jeune capitaine que l'énergumène avait dû se faire ôter la vessie en plus du cerveau avant de venir se dénoncer. Ce ne fut qu'à la vue d'Yves Cottard, accompagné du commandant Nahoum, que Michel Dréon manifesta enfin une émotion : la honte.

« Michel ? ! Qu'est-ce que tu fabriques ici ? bêla Cottard.

– Monsieur Cottard ! rugit Nahoum. Veuillez ne pas vous adresser à monsieur Dréon tant que nous ne vous avons pas entendu. »

Cottard une fois disparu dans le bureau de Renaud, Dréon avait perdu toute sa superbe, se tassant sur son siège pour mieux disparaître. Entre deux portes, Renaud apprécia sa petite vengeance : il aurait pu téléphoner à Yves Cottard pour que ce dernier lui fournisse un témoignage aussi mineur, mais il désirait plus que tout crucifier Dréon dans le couloir, le jeter en pâture à tous ses proches qui louaient sa probité, sa droiture ; Dréon était loin d'être un citoyen modèle, et Renaud voulait que ça se sache…

« Le dimanche 24 février au soir, lorsque vous avez pris congé de messieurs Dréon et Maheux au restaurant, une jeune fille vous a rejoint à votre table. Une de vos connaissances ?

– Une jeune fille ? souffla Cottard, ironique. J'en connais beaucoup. Et pendant le carnaval, j'en connais encore plus ! », grasseya-t-il avec un clin d'œil appuyé.

Renaud n'était pas d'humeur à jouer les beaufs complices pour susciter les confidences. Cottard eut l'intelligence de s'en rendre compte.

« Excusez-moi. C'est une mauvaise plaisanterie. Je ne comprends pas ce que je fais ici ni ce que vous attendez de moi.

– Des informations concernant cette soirée.

– Bien. Nous étions très... en forme ce soir-là. Si mes souvenirs sont bons et si c'est d'elle qu'il s'agit, elle m'a dit s'appeler Chloé, et être venue de Montceau-les-Mines. Nous avons fait un bout du défilé ensemble, en fin d'après-midi dimanche. Et elle nous a effectivement retrouvés au restaurant, tard dans la soirée.

– Son nom de famille ?

– Là, vous m'en demandez trop. Je me rappelle simplement qu'elle m'a dit qu'elle logerait chez sa sœur pour la durée du carnaval, parce que ça lui évitait de faire la route le soir. On avait prévu de se revoir pendant les festivités. Mais après cette soirée, je ne l'ai plus croisée. Dommage. Très jeune, à peine dix-huit ans je dirais, un peu maigre, prête à faire la fête. De très bonne compagnie, pas bégueule, rigolote.

– C'est vous qui l'avez invitée à vous rejoindre à table ?

– Oui. J'ai pensé que Bertrand avait besoin de se détendre un peu. Il était sinistre. Cela étant, je le plains. Sa femme l'a fichu dehors, il ne retrouve pas de boulot et il n'a plus un rond.

– Vous avez revu monsieur Maheux, hier, au cours du défilé ?

– C'est exact... Est-ce que Bertrand a porté plainte contre Michel ? Parce qu'ils se sont battus à la fin du défilé. Je suis intervenu en personne pour les séparer.

– Merci pour cette précision. Avez-vous revu monsieur Maheux et monsieur Dréon après cet incident ?

– Élisabeth a emmené Michel tout de suite. Quant à Bertrand, il n'a pas souhaité me donner la raison de leur querelle. Il était ivre, mais il s'est calmé, et m'a simplement dit qu'il rentrait se coucher. Je ne l'ai plus revu, et je suppose que c'est ce qu'il a fait.

– Vous fréquentez la Confrérie des Gôniots, et nous voudrions savoir qui s'est chargé de récupérer la corde qui a servi à la pendaison de Carnaval ?

– Je l'ignore. Pourquoi cette question ? s'inquiéta Cottard.

– Cette corde a été... volée. Passons. Où avez-vous terminé votre soirée ?

– Moi ? Écoutez, cet interrogatoire commence à me taper sur les nerfs. Si vous me reprochez quelque chose, dites-le-moi tout de suite.

– Monsieur Cottard, le commissaire Renaud vous demande tout simplement où vous étiez hier soir, après que monsieur Maheux vous a quitté, martela sauvagement Nahoum.

– À l'Osiris, la boîte de nuit. On fêtait la mort de Carnaval, en bonne compagnie. J'ai dû payer ma tournée, avec ma carte bancaire, vous pourrez vérifier. Je suis rentré chez moi vers 4 heures du matin, avec beaucoup de peine, concéda Cottard.

– L'Osiris, c'est bien la boîte qui est louée de temps en temps pour les malades du chat à sept queues ? s'étonna Nahoum.

– Neuf queues, si je peux me permettre, intervint Renaud doctement. N'est-ce pas monsieur Cottard ?

– Comme toute personne soumise à la question, j'aurais tendance à abonder dans le sens du questionneur, monsieur le commissaire...

– Parfait. Nous serons bien évidemment obligés de vérifier vos dires, monsieur Cottard, reprit Renaud, impassible.

– Est-ce que vous voulez bien m'expliquer maintenant ce que je fabrique au commissariat ?

– Monsieur Maheux s'est suicidé cette nuit. J'ai été obligé d'ouvrir une enquête sur les circonstances de son décès. »

Yves Cottard ne feignit pas la surprise. Il s'écrasa sur sa chaise.

« Merde. On savait qu'il dérapait, mais pas qu'il allait mal à ce point. Ça fiche un coup.

– Nous vous présentons nos condoléances. Je suppose que votre Cercle des anciens saura aider sa veuve au mieux...

– C'est évident... Je vais prévenir les membres.

– Monsieur Cottard, nous ne vous retenons pas plus longtemps. »

Yves Cottard, visiblement sonné, était déjà à la porte lorsque Renaud reprit :

« Monsieur Cottard, une dernière question me vient à l'esprit, comme ça... Monsieur Maheux était-il client de l'Osiris ?

– Je ne crois pas... En tout cas, je ne l'y ai jamais croisé.

– Vous-même en êtes un client régulier ?

– Pas régulier, non. Il m'arrive parfois d'y aller pour m'encanailler. Et toujours en compagnie. Mais vous-même semblez bien connaître les règles du jeu du chat à neuf queues...

– Si vous saviez ce que le métier exige de simples policiers comme nous en matière de culture générale...

– Je n'ai rien à cacher, commissaire. Si vous avez d'autres questions, dans quelque domaine que ce soit, je reste à votre disposition.

– Merci pour votre patience et votre franchise, monsieur Cottard. »

À la suite de quoi, Renaud, toujours d'humeur vengeresse, avait lâché la bride à Nahoum pour qu'il renvoie Michel Dréon dans ses pénates avec la férocité du méchant flic. Dréon, interloqué, s'était donc retrouvé sur le trottoir avec sa petite valise, la promesse du commissaire que celui-ci ferait son possible pour l'inculper, et l'injonction menaçante de Nahoum de ne pas quitter la ville. À l'annonce de ce changement désarçonnant du programme pourtant minutieusement établi par le couple Dréon, Élisabeth s'était hâtée de régler Maître Pierson rubis sur l'ongle, en prévision d'une probable conséquence judiciaire aux actes de son époux. Puis elle avait recueilli Michel, désemparé, presque déçu, et sa petite valise devant le commissariat comme on récupère son garnement à la sortie de l'école, avec cheveux en bataille, genoux de pantalon déchirés et œil au beurre noir. Il était l'heure de rentrer à la maison pour faire la toilette et dîner.

Chapitre 32

Lundi 4 mars 2013

Dominech avait parfaitement réglé l'arrivée de David Martin. Et là, le jeune homme avait enfin pris l'air de ce qu'il était : un petit garçon gâté par la vie, qui venait brutalement de réaliser que son univers cousu d'argent, parsemé de belles filles, de grosses voitures et planté de cocotiers pouvait s'écrouler si papa n'intervenait pas. Or, papa lui avait fait la leçon, la première de sa vie, et patientait dans le couloir ; il était seul devant l'avocat paternel et cette étrange femme flic en train d'étaler sous ses yeux des photos sordides de Vanessa au visage en bouillie. Il eut du mal à réprimer un sanglot acide : sa mère n'était même pas venue.

Pierson, lui, dissimulait à grand-peine sa jubilation devant la mine hébétée de son imbécile de client par procuration du père : l'avocat croyait encore à une justice possible, à la vérité.

« Bien, David, continuait Catherine en ordonnant les clichés ensanglantés sur le bureau sans un regard pour le jeune homme, je vais vous raconter une histoire. Il était une fois une jeune fille qui avait des rêves, de petits rêves tout simples, tout doux, tout raisonnables, de ceux qu'on peut avoir quand on a quinze ans et qu'on est née dans une cité, seule avec sa maman et sa sœur. Et puis un jour, patatras ! elle est tombée malade. Un vilain cancer. Elle était courageuse, à sa manière ; elle a probablement perdu ses cheveux, elle a probablement aussi cru qu'elle allait mourir, elle s'est sentie encore plus seule, misérable, elle vivait dans l'effroi et dans le doute, elle souffrait, elle n'avait personne à qui se confier, et elle pensait pourquoi moi ? Elle était en colère, pleine de colère, de rage contre cette maladie qui lui volait ses rêves pas bien grands encore. Elle ne pouvait rien voir d'autre devant elle que ce cancer, encore et toujours, nuit et jour. Elle s'est mise à croire qu'il était son seul avenir, définitif. Et quand elle a finalement guéri, elle n'a pas compris que c'était le cancer qui avait vaincu : elle avait besoin de lui pour se battre, pour trouver un but à cette nouvelle vie qu'il lui avait donnée. Sans lui, elle ne serait restée qu'une adolescente promise au futur de sa mère, divorcée avec quelques enfants à nourrir. Elle a réalisé que ce destin de sacrifiée à bas amour et bas salaire était finalement plus effroyable que celui entrouvert par cet amant qui l'avait consumée : il lui avait offert la marijuana, l'opium, l'héroïne, l'alcool… tous ces cadeaux pour qu'elle ne souffre pas.

– Vanessa était barge, ouais ! Hystérique ! s'insurgea le jeune Martin. Elle bouffait du mec à tous ses repas ! Un danger public, c'est ce qu'elle était. Si elle est morte, c'est de sa faute. Ça ne m'étonne pas que ce crétin l'ait tabassée à mort. Il a craqué. Logique. Et si ce n'avait pas été lui, ç'aurait été la came qui aurait eu sa peau. Vous ne l'avez pas connue. Vous ne savez rien. »

Martin en postillonnait de rage… ou de frayeur ? Catherine le regardait s'énerver, puis retrouver la calme arrogance du jeune nanti. D'ailleurs, il s'était redressé sur sa chaise, et sa bouche de poupon goulu sous le hâle affichait une moue de mépris incontestable. Pierson observait son client, engoncé dans son fauteuil, en retrait du grand oral, yeux à l'affût, coudes sur son estomac de bon vivant, et mains jointes dans la posture de l'examinateur aguerri aux entretiens les plus délicats, de ceux au cours desquels un individu peut jouer sa carrière, sa vie. Magistral. Catherine laissa quelques secondes s'étirer ; Martin fonça.

« Vous avez fini ?

– Hélas... J'en reviens à Vanessa. Moi, cette jeune fille, je la plains, jamais je ne me permettrai de la juger, ce que vous, vous vous permettez. Laissez-moi vous expliquer une chose, que votre père a comprise, lui, puisqu'il est dans le couloir à se ronger les sangs. Vous êtes dans de sales draps. Je peux vous faire plonger pour d'autres faits que faux témoignage. J'ai là une liste extrêmement conséquente de délits, tous liés au trafic de drogue, dure, comme la future peine que vous risquez. Les Stups de la région n'attendent qu'un coup de téléphone pour vous épingler. Depuis le temps qu'ils en rêvent.

– C'est beau, de rêver, ne put se retenir Martin, goguenard.

– Papa ne veut plus jouer avec vous, fiston. Il a fait ses comptes, et vous risquez de lui coûter sa carrière et sa respectabilité. Il aimerait éviter d'avoir à vous verser une pension lorsque vous serez en taule alors qu'il aura tout perdu. Bilan : le rêve des Stups est en train de devenir réalité.

– Il ne me laissera jamais tomber.

– C'est déjà fait. Lui et votre mère se sont subitement souvenus que vous n'étiez pas chez eux la nuit du meurtre de Vanessa.

– En quoi est-ce que ça m'implique dans ce meurtre ? C'est son mec le coupable !

– Justement. Parlons-en, de ce monsieur. Nous avons besoin d'une confirmation de votre part. Est-il exact qu'il s'est planté en bas de chez vous cette fameuse nuit ?

– … Je ne me rappelle pas.

– Voulez-vous que je relise sa déclaration à la police, et qu'on la confronte avec la vôtre ?

– Non merci.

– Alors ? Vrai ou faux, ce témoignage ?

– Tout de suite les extrêmes !

– Vrai ou faux ?

– Je me suis trompé de nuit. C'est sûrement ça.

– Ça arrive à tout le monde. Faute avouée, à demi pardonnée. Donc ?

– D'accord, ça devait probablement être cette nuit-là. Ce type est venu faire un scandale en bas de chez moi. Au sujet de Vanessa. Il hurlait ! J'ai accepté de parler avec lui, mais uniquement pour qu'il ne réveille pas le quartier. Je savais de quoi il était capable. Un taré.

– Il est monté chez vous ?

– Sûrement pas ! On a discuté par l'interphone.

– Combien de temps ?

– Longtemps. Je n'ai accepté de lui parler qu'au bout de vingt minutes à peu près. Je l'entendais crier depuis chez moi. Alors, j'ai bien été obligé de le calmer.

– Le sujet de votre échange ?

– Vanessa, grinça le jeune homme. C'était une discussion délirante, maintenant que j'y repense. Il voulait me la vendre !

– Et cette… négociation a duré longtemps ?

– Oui. Je n'arrivais pas à m'en défaire. Il ne voulait qu'une chose : de l'argent. Un maquereau. Il me menaçait de mort, de me dénoncer pour trafic de dope… Bref. C'était l'hôpital qui se foutait de la charité. Moi, je…

– Votre petite personne n'est pas le sujet de cette conversation. C'est votre témoignage qui nous intéresse. Vers quelle heure avez-vous raccroché votre interphone ?

– Il était plus d'une heure et demie du matin.

– Pourquoi avoir menti à la police ?

– Une manière de me débarrasser de tout, de Vanessa, de ses embrouilles... définitivement. Cette nuit-là, je ne savais pas qu'elle avait été tuée. Et puis la police a prouvé tout de suite que ce minable était coupable. Alors... ça n'aurait rien changé. »

Pierson ne haussa même pas un sourcil ; on en était enfin aux confidences...

« Et Vanessa, dans tout ça. Racontez-nous...

– Je vous ai déjà dit ce que je pensais d'elle. Une fille dangereuse, très belle, très folle, très accro. Elle m'avait mis le grappin dessus. Au fond, ce n'était pas une histoire d'amour. Elle aspirait les hommes, du moins ceux qu'elle désirait. Elle avait un côté dangereux, fascinant. J'ai couru pendant des semaines. Au début, je la croyais fragile, perdue, une fille qui ne demandait qu'à être aimée. Je savais qu'elle voulait quitter son crétin, et je pensais que c'était pour moi. J'ai vite déchanté ! Je n'étais que son nouveau crétin parmi d'autres crétins qu'elle avait en réserve. Elle était experte en manipulation. Elle jouait sur tous les tableaux. Alors ne venez plus me raconter qu'elle était une pauvre petite fille naïve. Avant moi, en même temps que moi, après moi, il y a toujours eu des crétins pour se laisser hypnotiser par cette garce. Et c'est vrai, je lui donnais ce qu'elle voulait, de la dope, pour être sûr qu'elle n'irait pas voir ailleurs. C'est moi qui étais sous son emprise, pas le contraire. J'ai pris une claque... Et puis il l'a tuée. »

Ainsi, le fils à papa avait eu le cœur carbonisé par une jeune fille volcanique, toute de nuit noire et de feu, jaillie de sa cité pour renverser sa table, lui inculquer enfin une forme de justice, celle de la souffrance. La carapace de l'enfant unique adoré et choyé venait de se fissurer ; restait à agrandir la brèche pour savoir quel était celui des « autres crétins » qui avait fait exploser sa belle histoire d'amour.

« Que savez-vous d'un autre homme que Vanessa aurait pu fréquenter ?

– Rien ! Elle ne faisait que suggérer, cette salope. Jamais de précisions, seulement des insinuations, du genre "Tu sais, j'ai croisé un mec qui prétend qu'il pourrait donner sa vie pour protéger la femme qu'il aime. Moi, j'y crois pas. Tu pourrais faire ça pour la femme que tu aimes ?" Et puis deux jours après, elle remettait ça sur le tapis, mine de rien : "Est-ce que tu crois à l'amour fou ? C'est quoi, le grand amour, pour toi ? Est-ce que ça pourrait être moi ?" Je ne marchais pas, je courais ! Elle n'avait pas besoin de minauder, il suffisait qu'elle vous regarde en s'interrogeant tout haut, et vous aviez l'impression que sa vie ne tenait qu'à votre réponse. Moi, je disais oui, et j'étais cuit. Fini. Haché. On n'avait qu'une envie, avec elle : la prendre dans ses bras, la rassurer. Des femmes enfants, vous avez dû en rencontrer, dans votre carrière. Ça cause des dégâts, ça fait croire qu'on est quelqu'un.

– Elle parlait beaucoup d'amour, pourtant...

– Elle faisait semblant. Sinon, pourquoi calculer en permanence ce qu'elle pouvait tirer des hommes ? L'amour, c'était son fonds de commerce : elle le vendait, et il fallait qu'il rapporte.

– Et vous vous êtes rendu compte que vous n'étiez pas le seul à l'acheter. »

Le témoin tardif n'eut pas le temps de réagir. Catherine enchaîna :

« Au moment de son meurtre, vous étiez encore ensemble ?

– Non. J'avais appris qu'elle voyait encore son ex. Et puis elle m'avait laissé entendre qu'elle avait rencontré un vieux nounours, un bon gros nounours confortable, qui la faisait rire, texto. C'est comme ça qu'elle en avait parlé, de ce nouveau crétin, comme d'un jouet, un truc rassurant, bien plus rassurant que moi. Je l'ai fichue dehors. Je n'en sais pas plus, et la suite vous la connaissez mieux que moi.

– Vous l'avez beaucoup aimée ? »

Là, Pierson leva un sourcil : Catherine ne se contentait pas d'avoir ouvert une brèche, elle balançait maintenant une grenade dégoupillée en plein cœur du garçon pour lequel il venait enfin de trouver un brin de compassion. Il faudrait qu'il l'entretienne à ce sujet. Quoique...

– Oui. Comme un fou. C'était la première fois. Ça ne m'est plus arrivé depuis. J'ai haï Kevin Hassaoui lorsque j'ai su qu'elle n'avait pas rompu avec lui. Et encore plus lorsque j'ai su qu'elle avait été tuée. Il était forcément coupable. »

L'aveu avait fait plisser le front parfait, lisse et bronzé, lui conférant une seconde un brin d'humanité, le reflet fugace d'un homme que le garçon aurait pu devenir s'il avait eu le courage de se battre ne serait-ce qu'un peu dans sa vie ; il ne l'avait pas fait pour Vanessa... Comprendrait-il le sens du mot « dignité » ?

« Vous êtes prêt à revoir votre témoignage sur ce qu'il s'est passé ce soir-là, en bas de chez vous ? avança Pierson.

– Oui. Il a bien mangé, son connard. Il ne s'en remettra jamais. »

Pierson, interloqué, regarda Catherine. Celle-ci lui fit une mimique qui voulait dire « sourire », une grimace tendue et sardonique à souhait : elle se foutait ouvertement de sa gueule. Pierson soupira : l'entretien qu'il se promettait d'avoir avec elle n'était finalement pas nécessaire ; elle avait raison, le garçon, digne héritier de papa, ne méritait pas une once de sa compassion. La supériorité est un privilège que ces gens-là ne manquent jamais de rappeler au péquin à leur service. Soit. Même s'il était convenu dans le contrat négocié avec papa que le fiston s'en sortirait sans dommage, il se chargerait à la barre de faire ravaler à l'avorton son faux témoignage, conclut sereinement Pierson.

Chapitre 33

Lundi 4 mars 2013

Le petit génie de papa Martin avait regagné le cocon familial sous haute surveillance parentale. Non sans avoir reconnu dans un témoignage écrit et assermenté la fatale omission qui avait envoyé Kevin Hassaoui moisir en taule, et ce depuis bientôt neuf ans. Ces neuf longues années légitimaient de surcroît Maître Pierson pour faire sonner le tocsin de plusieurs clochers : outre une demande de libération anticipée, il avait agrafé le soir même le procureur et une série de maillons de la chaîne des décisionnaires du palais de justice, réclamé et obtenu un permis de visite pour son nouveau client, qu'il se faisait fort d'innocenter en requérant une révision de son procès la plus rapide possible. La nomination d'un juge d'instruction, en revanche, serait conditionnée à leurs propres résultats ; une contradiction que la justice, en enterrant les affaires sous d'autres plus fraîches, n'avait aucun mal à assumer.

Catherine retrouvait un Pierson plus opiniâtre que jamais, agité, réclamant avec force des piles de dossiers à ses troupes effarées, dossiers dont il répandait le contenu sur des tables de fortune dressées à la hâte dans une salle de réunion. Ce capharnaüm n'était lisible que par lui, et par Catherine. Les membres du cabinet s'étaient vu interdire l'accès à la salle ; ni confrères ni secrétaires n'avaient été sollicités pour prendre part à cette nouvelle affaire qui secouait le patron de la racine de ses cheveux jusqu'au bout de ses orteils. Une tornade bourrée d'électricité qu'il valait mieux éviter en se réfugiant là où il y avait de la place, n'importe où pourvu qu'on ne se trouvât pas sur son passage.

La litanie haineuse des déboires amoureux du jeune Martin avec Vanessa avait en effet déclenché chez l'avocat une série de questions à résoudre, d'autant plus difficiles que les réponses ne se trouvaient pas forcément dans le fouillis des pièces administratives étalées sous leurs yeux, mais plutôt dans les portraits jusque-là seulement esquissés des jeunes victimes. Une quête de l'insaisissable, au cours de laquelle chacune allait devenir le centre de leur vie durant un temps ; le temps de comprendre ce qu'elles avaient pensé, ce qu'elles avaient vécu, de déterrer tous ces petits chagrins et ces petits bonheurs qui font la trame de la vie d'une adolescente au bord de l'âge adulte. Car si on connaissait leurs moindres faits et gestes, les vêtements qu'elles portaient, leurs activités régulières, leurs notes à l'école... tous ces éléments-là brossaient d'elles des portraits beaucoup trop minces, comme une robe flottant sur un cintre.

Catherine et Pierson étaient tombés d'accord : ils devaient donner de la chair aux victimes ; le « pourquoi elles » était l'essence même de leur martyre. Comme des Ève consciencieusement épinglées sur le tableau de l'origine du mal, coupables de leur sexe et de leur beauté, responsables de la folie des hommes. Le portrait de Vanessa dressé par son amoureux éconduit avait mis au jour une évidence : il n'y avait probablement dans ces affaires aucune victime de circonstance, mais un faisceau de points communs, de détails infimes, qu'ils allaient devoir relier entre eux. Une étude approfondie de victimologie comme encore jamais Catherine n'en avait poussé une aussi loin. Pierson comptait sur elle, la harcelait même. Elle comprit que les nuits seraient blanches, agrémentées seulement de café noir et de plats décongelés. L'avocat avait d'ailleurs déjà fait livrer leur dîner : des pizzas… prédécoupées pour manger plus vite !

« On va procéder comme vous le faites d'habitude, était-il en train d'affirmer tout en alignant les photos des jeunes filles souriantes sur les tables. Nous avons besoin de les voir vivre. Finis les cadavres, les modes opératoires, les relevés téléphoniques, les analyses toxico, d'ADN et j'en passe. Merde, on n'est pas dans un feuilleton américain. Ça nous emprisonne. Même si les faits sont irréfutables, ils ne deviendront des preuves que lorsqu'on aura compris ce qu'elles, elles avaient dans le crâne pour être attirantes au point de se faire tuer. Le criminel les a forcément repérées, suivies, abordées. Bon sang, il les connaissait…

– On a déjà une bonne image de Vanessa. Grâce à David Martin, vous avez une longue liste de questions à poser à Kevin Hassaoui. Le juge d'instruction n'a jamais donné le temps à Renaud de creuser cet aspect.

– Dès que j'aurai officiellement la défense en main, vous irez voir Renaud. Dès demain si j'ai l'imprimatur. »

Catherine observait la fresque des visages en train d'être élaborée par Pierson. Il leur manquait tellement d'images des jeunes victimes en vie, prises sur le vif ou bien en pose ; certaines avaient été moins fréquemment photographiées par leurs proches. Catherine savait qu'il faudrait arracher encore davantage que ce que les mères avaient déjà donné : les albums de famille. Elle pouvait constater que Vanessa, par exemple, avait peu de bouts de vie dans son dossier mortuaire, Pierson n'ayant jamais rencontré ses proches, et pour cause. La petite Carole, la pièce maîtresse de la culpabilité de Pierson, dont elle retrouvait la trace sur deux ou trois clichés jaunis, faisait également partie de cette singulière lignée d'invisibles. Anne-Angélique, par comparaison, affichait sa beauté sur de nombreuses photos et articles de journaux locaux : son élection de Miss Carnaval 1998 l'avait projetée sous les flashs, cadrée en pied, en groupe, en gros plan... mais peu en famille ; une vie de reine de beauté, photographiée de surcroît dans ses prestations de danseuse, un art qu'elle pratiquait en tutu et chignon serré sur la nuque. Un panégyrique familial. Quant à Juliette, même dans les pénombres du noir et blanc qui caractérisaient les quelques photos procurées à l'époque par les parents, sa lumière éclatait partout, jaillissait de l'iris de ses yeux qu'on devinait clairs et d'une couleur mystérieuse, de ses cheveux, de sa peau et des contours de ses lèvres mêmes qui aspiraient l'objectif de l'appareil, totalement prisonnier, soumis, irradié par ses rayons ; des clichés pris par le père. Pourtant, Juliette, si on la comparait à Anne-Angélique, au visage et au corps aux lignes parfaites, ne présentait aucune des mentions qui auraient pu la labelliser dans la catégorie des beautés ; comme Vanessa, Juliette projetait sans le savoir sa vitalité hors de la photo. Un point commun, immédiat.

Les quatre arboraient des couleurs de cheveux et des coupes différentes ; du brun au blond, du court au mi-long... Leurs chevelures ne les avaient pas disqualifiées dans le choix du tueur. Pas plus que le maquillage : seule Vanessa étalait son rouge et noir sur le cliché que Catherine avait déjà longuement dépecé. Aucune autre ne portait a priori de rouge à lèvres ni de mascara, excepté Anne-Angélique, capturée lors de moments officiels. Encore que : se maquillait-elle dans sa vie courante ? Elle avait vingt ans, elle conduisait sa propre voiture, elle avait de multiples activités à Chalon en même temps qu'elle étudiait à Dijon. Les Paulin avaient dressé pour la police un portrait sans la moindre aspérité à se mettre sous la dent. Catherine songeait qu'elle allait devoir labourer le jardin du souvenir des parents de la jeune fille modèle, jusqu'à en retourner le moindre caillou pour faire revivre leur enfant morte quatorze ans plus tôt. Elle en vint à douter du bien-fondé de leur raisonnement. Un doute légitime ou bien le résultat de la fatigue accumulée depuis le meurtre de la petite Samantha Wizniek ? Laquelle, finalement, ne faisait pas partie du lot des beautés à ressusciter. Mais ce remords conclusif, elle devait le mettre pour l'instant de côté, le laisser à d'autres, le commissaire Renaud et son équipe. Catherine se jeta sur un gobelet de café chaud : ce n'était pas le moment de laisser ses idées se diluer devant des perspectives qu'elle ne maîtrisait pas.

« Alors ? Vous en pensez quoi ? la réveilla Pierson, échevelé, planté mains sur les hanches devant sa mosaïque.

– Elles sont toutes très belles. C'est un facteur commun indéniable. Cette beauté qu'elles jettent toutes aux yeux, ça a pu rendre leur criminel fou... de rage ? de jalousie ? d'amour ? d'envie de les posséder ?

– Ouais. Vous n'êtes pas convaincue, n'est-ce pas ?

– Moyennement. Certaines photos sont limpides, d'autres non. Et cette galerie n'est pas suffisante pour qu'on puisse cerner la psychologie du tueur, ce ou ces facteurs qui ont déclenché un amour brutal.

– Amour ? beugla l'avocat.

– Je le pense. Une forme d'amour. Démesuré. Incontrôlable. Pas de cet amour qui rend la plupart des gens heureux, confiants, paisibles, qui peut permettre, quand il est partagé, de se projeter, d'envisager. Ici, toutes nous racontent une potentielle histoire d'amour, mais un amour voyeur, à sens unique, plutôt. Un amour insulté, repoussé, méprisé et moqué. Oui, c'est potentiellement une infernale méprise passionnelle qui a mené un homme à les tuer, à s'acharner sur elles. Elles avaient la vie devant elles ; les hommes qui les ont aimées, ont partagé leur intimité, ont tous été mis hors de cause.

– À part le jeune Hassaoui…

– Je comprends que Renaud ait foncé dessus : il avait tout pour remporter la palme.

– Il la frappait, c'est vrai. Mais il ne l'a pas tuée.

– Sa violence n'est pas excusable.

– J'énonce un fait.

– C'est vous qui le défendrez à la barre.

– Tâchez de le considérer comme un témoin indispensable, et une victime du système.

– C'est Renaud qui va être content de l'apprendre… », susurra-t-elle avec une franche ironie.

Chapitre 34

Lundi 4 mars 2013

Elle avait ouvert la porte. Immobile sur le seuil, elle pensait devant cette pénombre qu'elle pouvait illuminer ou non : « Est-ce que c'est utile ? » Elle avait attendu le départ de Denis. Il s'était inquiété : « Tu veux que je reste ? » Non, elle ne voulait pas qu'il reste. Sa présence aurait détruit sa volonté de pénétrer dans la chambre noire. Il était parti seul à leur réunion syndicale en ignorant son projet, et elle avait ouvert la porte. Elle ne lui avait encore rien dit de sa rencontre avec madame Paulin, de sa décision d'accepter l'offre de l'avocat. Plus tard il serait temps.

Chaque chose était à sa place, comme avant. L'agrandisseur soigneusement protégé de sa housse, les bacs empilés, les cuves, les produits étiquetés sur les étagères, les papiers dans leurs cartons, les fils tendus et la boîte de pinces... Elle pouvait deviner tout ça, et même les gestes méthodiques, les précautions, l'ordonnancement des émulsions, tous ces petits mécanismes nécessaires pour activer la chimie chatouillaient sa mémoire, son nez, les paumes de ses mains. Elle se souvenait de tout. C'était Denis qui lui avait appris les secrets de l'argentique, sa passion. Elle l'avait faite sienne. Elle aurait presque pu développer en gardant les yeux fermés tant elle avait pratiqué. Elle illumina la pièce. Oui, tout était en ordre, comme ses souvenirs à l'instant. Elle savait ce qu'elle cherchait, et où chercher. Entreposées dans la petite armoire, les planches contact étaient à leur place, dans les pochettes étiquetées, avec leurs négatifs, soigneusement lissés dans leur papier.

Elle avait racheté les flacons de produits neufs dont elle avait besoin ; cela faisait six ans que Denis et elle avaient condamné la chambre, seul Denis ayant eu le courage un jour de forcer cet espace qui avait été magique, et de vider méthodiquement toutes les émulsions dans l'évier. Elle avait ouvert la porte, elle allait percer de nouveaux contenants, elle allait redonner une vie en noir et blanc à sa mémoire, comme on ouvre en grand une boîte de Pandore sans aucun doute.

Dans la pile des planches contact, elle sélectionna tous les cartons étiquetés « Anniversaire Juliette », des années 2000 à 2007. Après 2007, il n'y avait plus de carton... Kodak avait été rayé de la carte le 9 décembre de cette année-là, ce jour même où Juliette n'était plus jamais rentrée ; c'était toujours le présent.

Tout était si bien classé... Elle saisit les chemises datées des Noëls de 2000 à 2007. La lampe et la loupe étaient prêtes à leur emploi sur la petite table, elle avait les yeux secs. Elle ouvrit l'anniversaire de l'année 2000. Un hoquet la déchira jusque dans l'estomac, elle suffoqua. Denis avait fait des dizaines de photos qui s'étalaient en miniature, bien alignées sur le rectangle de papier brillant. Celles qu'il avait choisies pour être tirées et exposées étaient entourées d'un coup de feutre ; celles-là étaient maintenant scellées dans les albums, quelques-unes encadrées sous verre, accrochées sur les murs du salon, de leur chambre, de l'entrée... Deux ou trois ans auparavant, elle avait voulu les ôter de sa vue, les arracher à jamais de son quotidien. Denis et elle s'étaient pris de bec violemment ; la seule dispute depuis leur mariage, la première et l'unique. Les photos étaient toujours sur les murs. Restait sur les planches la part d'ombre qu'elle soupçonnait et devait trouver dans cette bulle de bonheur. Elle s'assit, alluma la lampe de travail, en tordit le long pied articulé pour isoler dans son halo les premières rangées. La loupe ne trembla pas dans sa main tandis qu'elle se penchait.

Chapitre 35

Mardi 5 mars 2013

Renaud avait immédiatement accepté de la rencontrer. Il lui avait donné rendez-vous dans l'arrière-salle d'une brasserie du centre. Elle était en avance, et fut surprise : il l'était encore plus qu'elle, ressassant son fatalisme dans le fond de sa tasse de café vide. Elle le trouva touchant.

« Commissaire Renaud.

– Mademoiselle Gauthier. Un café ?

– J'ai déjà commandé, merci. Vous êtes au courant, n'est-ce pas ?

– Oui. Depuis hier soir. Officieusement, cela va de soi.

– Quelle est votre opinion ?

– Je suis soulagé, si ça vous intéresse. J'ai toujours jugé que la conclusion de cette affaire était trop... simpliste. Le temps que le doute s'installe, et pouf ! L'instruction a fait son boulot, le coupable est sous les verrous, et le doute qui vous bouffe, cette espèce d'intuition, vous mettez un mouchoir par-dessus, et vous apprenez à vivre avec. Vous savez ce que c'est. »

La sincérité de l'homme en face de Catherine, l'aveu sans fioriture de son échec étaient d'une simplicité confondante, presque enfantine. Elle eut envie de poser sa main sur la sienne.

« Oui, je pense savoir ce que vous traversez. Vous connaissez mon passif... »

C'était étrange ce besoin qu'elle avait soudain de se sentir proche de lui, de partager ce qu'elle avait toujours refoulé depuis son arrivée chez Maître Pierson.

« J'en ai entendu parler.

– Il m'a fallu une très longue dépression, et des années à me réveiller de force pour ne plus rêver de ce gamin.

– Vous n'en êtes pas moins un bon flic.

– Faux. J'ai eu peur. Plus aucune maîtrise. J'ai tiré sur un jeune qui n'était pas armé. Je l'ai tué. Je n'appelle pas ça être un bon flic. Une enquêtrice, je l'accepte, et je préfère. Travailler sans arme, ça me soulage.

– À part quelques abrutis du commissariat, je ne connais pas beaucoup de flics de la PJ qui aiment se trimballer en exhibant leur deuxième Popaul », lâcha Renaud en souriant.

Elle éclata de rire.

« Popaul ! Quel langage, commissaire !

– Il faut bien appeler un con un con, et un con qui prend son arme pour un pénis, ça s'appelle un impuissant dangereux. Ceux-là, je les surveille comme le lait sur le feu ; même à la circulation ils peuvent faire des dégâts. »

Ils laissèrent l'émoi d'avoir pu se confier l'un à l'autre s'apaiser. C'était la première fois qu'ils avaient l'occasion de vérifier leur connivence, jusqu'à présent flairée.

« Impuissant, dangereux, mais très loin d'être con. C'est le portrait du type qu'on cherche tous.

– Incontestablement.

– Nous n'en avons jamais discuté, évidemment, mais je sais que vous êtes arrivé à la même conclusion que nous. Les meurtres de Carole Bertaud, d'Anne-Angélique Paulin, de Vanessa Louis et de Juliette Grollay peuvent avoir été commis par le même individu.

– Je ne connais pas l'affaire Carole Bertaud, je n'étais pas encore nommé à Chalon, donc je ne peux rien affirmer. Dans toutes les affaires que vous me citez, je n'ai été en charge que de celles de Vanessa Louis et d'Anne-Angélique Paulin. Mon collègue Morloch a pour sa part hérité de l'affaire Juliette Grollay. Ça l'a même tué, mais c'est une autre histoire. Quant à la dernière en date, Samantha Wizniek, je penche pour l'hypothèse du même meurtrier.

– Trop jeune. Trop banale. Elle ne rentre pas dans le profil des autres victimes.

– Même mode opératoire. Je vous épargne les détails.

– Modes opératoires identiques pour tellement de crimes sexuels. Ce n'est pas le mode opératoire qui fait la marque de fabrique de notre assassin dans les affaires qui nous occupent.

– Je ne suis pas d'accord avec vous. Même la Saône y est partout, il y jette leurs corps. Entre autres, c'est d'ailleurs parce qu'on a retrouvé le corps de Vanessa sur la terre ferme et non dans la rivière que Hassaoui a fini en taule… Et j'en suis responsable.

– Dans la chaîne de la justice, vous n'avez pas été le seul maillon faible. Même Hassaoui y a mis du sien. Alors vous ferez votre mea culpa plus tard.

– Je voudrais pouvoir prendre ma retraite sans remords. Trouver le meurtrier de Samantha. Et lorsqu'on aura mis la main dessus, nous aurons bouclé la boucle.

– Je l'espère tout autant que vous. Je vous remercie d'avoir accepté de me rencontrer. Vous n'y étiez pas obligé. D'autant plus que Maître Pierson vous fait un sale coup, finalement.

– Pierson est buté, têtu… Il a toute mon estime et mon respect.

– Comment allons-nous procéder pour travailler en bonne intelligence ?

– Dans l'ombre ! S'il faut qu'on attende qu'un nouveau juge d'instruction soit nommé, on m'aura enterré avant d'avoir pu mettre la main sur ce salopard.

– Maître Pierson va demander l'intégralité des pièces des dossiers Bertaud, Paulin, Louis et Grollay. Il en a déjà un certain nombre.

– Sans blague ? lâcha Renaud. De quoi diantre aurait-il besoin qu'il n'ait déjà ? »

Le ton était certes théâtral, mais ne manquait pas de jovialité. Catherine sourit.

« Les enquêtes de voisinage ?

– Pour Vanessa Louis, nous n'en avons pas eu besoin… hélas. J'ai des rapports pour la petite Paulin. Je vous ferai parvenir le tout cet après-midi. Je ne possède pas grand-chose pour Juliette Grollay, et rien pour la petite Bertaud, malheureusement. Cette dernière affaire date, et tout est stocké à Dijon. Je vais voir ce que je peux faire… en toute discrétion, évidemment. Comme pour le reste, nous sommes d'accord ?

– On ne franchira aucune limite. Maître Pierson est sur le point d'obtenir toutes les autorisations nécessaires pour avoir accès aux pièces judiciaires.

– Par quel miracle ?

– Le cabinet va travailler officiellement pour les Paulin, les Bertaud… et sans doute pour les Grollay. Ce n'est plus qu'une question d'accord contractuel pour que Maître Pierson prenne leurs défenses en main. Quant à Madame Louis, c'est une autre histoire.

– Ah… madame Louis. »

Renaud tritura sa tasse de café vide. Il était visiblement tourmenté à l'évocation de la mère de Vanessa.

« Je l'ai évidemment rencontrée, pour lui annoncer à la fois le décès de sa fille et l'inculpation de son meurtrier. Elle n'a rien dit. Pas de pleurs, pas de cris, pas de stupeur... Je connais les états de choc, mais ce n'en était pas un. Elle m'a reçu comme si Vanessa n'avait jamais existé ; un peu comme si je venais lui parler d'un fantôme que j'aurais été le seul à voir. Ça m'a déstabilisé. J'étais convaincu d'avoir fait correctement mon boulot, je me sentais capable d'affronter la douleur de la famille, de pouvoir répondre à leurs questions...

– On ne s'y fait jamais.

– Non. C'est comme pour la mère de Samantha Wizniek. J'entends encore ses cris. Mais pour elle, je n'ai toujours rien à apporter. Aucune piste, aucun indice à nous mettre sous la dent. Mon équipe est sur le point de faire une dépression... et moi je fais semblant de tenir le coup. Bon ! On va se remettre au boulot, hein ? »

Catherine lui tendit la main, qu'il serra chaleureusement. Il était soudain un homme de bientôt soixante ans, usé par les nuits blanches, rongé par ses doutes, probablement lâché par sa hiérarchie qui, elle le savait, se rappellerait quel rôle il avait joué lorsqu'il faudrait rejuger l'affaire Hassaoui... en oubliant certainement les ordres du juge d'instruction de l'époque. Il était en train de boutonner son pardessus et allait la quitter...

« Commissaire... »

Elle eut l'impression de le réveiller brutalement.

« Oui ?

– Merci pour votre confiance.

– J'en attends autant de votre part, mademoiselle Gauthier. Nous ne sommes ni des amis ni des collègues, nous sommes confrontés à une collaboration contrainte. Faisons en sorte que cette association soit la plus fructueuse possible.

– Merci pour votre franchise.

– Vous avez encore beaucoup de remerciements à me faire ?

– C’était le dernier… »

Il tourna les talons et disparut de son champ de vision. Elle crut entendre son rire encore quelques secondes. Puis le brouhaha de la brasserie l’atteignit, assourdissant ; elle ne l’avait pas perçu jusqu’à cet instant.

Chapitre 36

Mardi 5 mars 2013

Il ne riait plus lorsqu'il passa devant l'Orme à Manon : il ne pourrait plus jamais s'asseoir sur son banc au risque d'avoir un pendu boursouflé sous les yeux. Il ne riait pas du tout parce que son équipe se délitait lentement mais sûrement : Nahoum pétait les plombs, pétait le propre collectif qu'il avait contribué à construire durant des mois, en sous-marin, avec la complicité de Renaud ; et tout le commissariat, suspicieux des choix de Renaud souscrits par la hiérarchie, commençait à percevoir que l'humeur de cette équipe à part, une sorte d'élite policière de province, virait au noir. Pour l'instant, les ricanements restaient sympathiques : il se murmurait uniquement que c'était à cause de l'impasse dans laquelle le groupe d'investigation était plongé. Cette impression ne durerait pas, malgré tous les efforts que Renaud fournissait pour la faire vivre en attendant d'affirmer une autre solution que la dislocation comme réponse à ce qui n'était encore qu'une supposition à son détriment : si l'enquête n'avançait pas, il en serait dépossédé ; et si son second ne retrouvait pas sa lucidité de bon flic, il serait obligé de le forcer à prendre des congés. Cette dernière impasse-là était beaucoup plus réelle et douloureuse que la première : il lui était impossible de travailler avec un flic hargneux, comme il lui était impossible d'accepter que Nahoum eût basculé dans cette catégorie qu'il haïssait. Il ne parvenait pas à comprendre quel avait été le point de bascule de son adjoint. L'émasculation sidérante de Crépin par son épouse ? Cette révélation choquante avait-elle dévoilé a contrario chez Nahoum une hypertrophie machiste ? Renaud avait du mal à choisir cette option. Il était plus probable et presque plus réconfortant de penser qu'il était lui-même la cause du passage à vide de son adjoint : en remettant en cause les conclusions d'une des enquêtes les plus marquantes de leur carrière, en passant outre le dialogue habituel avant la moindre décision, en ignorant finalement que son adjoint avait lui aussi une psyché, tout aussi tourmentée que la sienne, mais à l'opposé ; en insinuant son doute sur la conclusion de leur enquête sur l'affaire Louis, il avait laminé la confiance de Nahoum en lui-même, l'avait relégué au rayon des flics sans cervelle et sans intuition. Rétablir l'équilibre au plus vite, c'était une urgence tout aussi vitale que résoudre l'enquête en cours, et c'était un minimum qu'il devait à tous.

Chapitre 37

Mardi 5 mars 2013

Pierson avait reçu les deux mères dans son bureau, leur évitant le petit musée des horreurs qu'il avait inauguré la veille dans la salle de réunion. Catherine avait calé sa chaise dans un coin, attentive à rester la plus invisible possible. Le poste d'observation idéal. Ainsi, légèrement de profil, elle captait le moindre frémissement des deux femmes. Pierson leur avait fait un accueil et une entrée en matière remarquables, plus convaincant que jamais, même si personne n'était dupe : les deux mères avaient déjà tranché, leur détermination était sans faille, Catherine pouvait le sentir à la posture qu'elles avaient inconsciemment prise, visages tendus, mains croisées, dos droits. Aucun doute ne les taraudait plus : elles affrontaient déjà la justice ; elles voulaient faire entendre leurs droits, obstinément. La guerre venait d'être déclarée dans ce bureau, à l'instant.

Anne Grollay tout particulièrement était le centre de l'attention de Catherine. Tout aussi déterminée que sa compagne de douleur, elle n'était plus la femme sans mots croisée quelques jours auparavant. Bien que peu bavarde, concentrée sur les conseils de Maître Pierson, ses rares interventions étaient troublées comme une eau agitée par une onde souterraine. Catherine en ressentait un léger malaise, se demandant si elle devait mettre au jour la question essentielle que n'osait pas poser la mère de Juliette.

Alors que l'avocat exposait plus en détail les procédures grâce auxquelles il allait pouvoir faire rouvrir les enquêtes, Anne Grollay fixait sa bouche remuante sans la voir, sans écouter vraiment, se mordillant consciencieusement les lèvres pour s'interdire de rompre le flot de paroles qui lui tombait dessus. Jusque-là, madame Paulin, comme d'habitude disciplinée, avait pris des notes dans un petit carnet dont quelques pages avaient déjà été remplies d'une écriture toute médicale, illisible, et que Catherine n'avait pu déchiffrer.

« Bien. Avez-vous des questions qui vous préoccupent plus particulièrement ?

– Oui. »

Anne Grollay s'adressait directement à Catherine. Pierson ne s'en formalisa pas : sa collaboratrice tenait son rôle à merveille. Quoique... elle ne jouait pas : elle respirait et souffrait avec ces mères, et Pierson comprit à quel point elle subissait cette empathie cruelle et dévorante que lui-même n'aurait pas supportée une seconde.

« Allez-vous vérifier tous les témoignages que la police a récoltés ?

– Bien sûr. Point par point.

– Les nôtres aussi ?

– C'est-à-dire ? Dites-moi ce qui vous tourmente.

– Les témoignages de nos connaissances, de nos amis, de ses amis, de la famille... vous allez tout reprendre ?

– Vous avez le sentiment qu'une de vos connaissances pourrait être impliquée ?

– Je n'en sais rien. C'est effrayant. C'est tout.

– Nous ne sommes plus seules, Anne, on va se serrer les coudes, ne renoncez pas, s'il vous plaît, s'inquiéta soudain madame Paulin.

– Je ne renonce pas. Je veux être certaine d'avoir compris. Je veux savoir dans quoi je mets les pieds, où est-ce que je vais entraîner Denis, nos amis, tous ces gens qui nous ont soutenus. Je ne sais pas si eux pourront supporter tout ça. Moi si. Mais eux...

– Anne, se permit alors Catherine, c'est surtout vous qui allez en pâtir. Parce que c'est à vous que je demanderai d'éclairer vos enfants. J'ai besoin de cette lumière que vous seules pourrez m'apporter : vos sentiments de mère, vos intuitions, le moindre souvenir, la moindre contrariété ou joie que vous auriez pu relever chez vos filles. C'est tous ces instants-là que je vais vous demander de retrouver, de m'expliquer, de me raconter. Grâce à votre mémoire et à votre parole, mon travail consistera à les faire revivre pour comprendre pourquoi on leur a fait du mal, pourquoi elles, et qui. Je vais être votre bourreau, je vais vous faire peur, vous me haïrez. J'espère que vous me pardonnerez. »

Madame Paulin bouscula soudain sa chaise en réclamant les toilettes et sortit de la pièce. Anne Grollay était livide.

« J'ai déjà vécu la plus grande peur de ma vie, alors... murmura-t-elle.

– Nous avons besoin de vous pour faire une première démarche délicate : rencontrer la mère de Vanessa Louis. Vous vous sentez prête ?

– Je n'ai plus peur de rien », conclut Anne.

Chapitre 38

Mercredi 6 mars 2013

« Vous êtes en train de m'expliquer que le petit salopard qui est en prison pour le meurtre de ma fille n'est pas le bon ? »

Ç'avait été lâché sans ironie, sans surprise ni éclat d'indignation non plus. L'instant était une apnée. La femme usée qui fixait le trio tâchait simplement de comprendre l'énoncé d'un exercice évidemment trop complexe.

La pièce donnait sur un petit balcon, encombré par un séchoir à linge, une minuscule table de jardin d'un plastique autrefois blanc et un pot de géraniums crevés depuis des hivers. Malgré la fumée de la cigarette qui se consumait entre les doigts de madame Louis et les mégots dans le cendrier, c'était une odeur d'eau de Javel mêlée à un parfum d'herbe fraîchement coupée et chimique qui imprégnait tout. Il régnait sur l'ensemble une propreté rageuse, que la femme assise à table confirma en réduisant son mégot en miettes dans le cendrier. Elle n'avait rien offert à boire à ses trois visiteuses. Elle avait écouté la « Mère » Paulin sans intervenir, se contentant des longues bouffées tirées sur sa cigarette, avec une volupté rocailleuse non feinte.

« Et qu'est-ce que vous voulez que ça me fasse ? » reprit madame Louis.

Seule Anne Grollay manifesta son trouble en s'agitant sur sa chaise. Catherine ne cilla pas, tandis que madame Paulin, ébahie, sembla soudain manquer d'air.

« J'aurais dû faire la même chose que Vanessa : profiter avant de crever. C'est pas une vie, d'agoniser sans fin. »

Madame Louis alla vider son cendrier plein sous l'évier de la cuisine ouverte attenante, le rinça puis le sécha tout aussi méticuleusement, et revint se caler sur sa chaise, cendrier en forme de chat maintenant rutilant sur la nappe cirée imprimée de chatons bondissants. S'il n'y avait eu que la nappe à arborer des greffiers, Catherine s'en serait amusée. Or, la pièce en regorgeait, en bibelots, reproductions naïves encadrées, et même sous la forme d'un gros dodu de bois roulé en boule qui abritait au creux de ses pattes une horloge. Madame Paulin, qui avait retrouvé son souffle, décidément épatante, semblait aveugle devant ce paradis de faux félins ; Anne Grollay mettait discrètement en charpie sur ses genoux un mouchoir en papier ; Catherine faisait des efforts pour trouver un angle de vision sans chat, s'accrochant au regard de madame Louis. Aucune n'avait fait un geste qui aurait pu troubler la vaisselle minutieuse de la femme. Figées, elles la regardèrent sans un mot allumer une nouvelle cigarette.

« Vous ne m'avez pas bien vue. Je gagne 680,54 euros par mois en torchant de pauvres gosses incontinents et à moitié débiles. Je claque mon allocation de supplément d'activité en clopes et whisky premier prix. Je ne vois pas ce que vous venez faire chez moi.

– Et votre autre fille, elle en penserait quoi ? Elle a peut-être son mot à dire ? » siffla Anne Grollay.

La mère de Vanessa se contenta de désigner les détritus de papier sur ses genoux, et lui tendit le cendrier :

« Vous allez m'en mettre partout. Faut pas vous agacer comme ça. Je ne suis pas comme vous. »

Anne Grollay eut un sursaut.

« Ah oui ? Vous êtes plus forte que nous question malheur ?

– J'ai toujours fait avec ce qui se présentait. J'ai accepté, c'est tout.

– Ça ne vous révolte pas ce qu'on vient de vous raconter ?

– Je n'ai pas les moyens de me révolter, madame. Et pour quelle raison je le ferais ?

– Pour que justice soit faite. Pour qu'on puisse savoir. Pour qu'on puisse lui demander "pourquoi ?" Pour que je puisse dormir la nuit sans somnifères, pour que je puisse marcher dans la rue en sachant qu'il ne pourra plus jamais faire de mal à d'autres enfants. Pour que je puisse le voir pleurer quand il sera condamné. Pour qu'il paye. Pour me venger. J'ai soif. Vous auriez un verre de votre whisky "premier prix" à m'offrir ? »

Madame Paulin en avala de travers, et se mit à tousser, au bord de l'étouffement, obligeant Catherine, sidérée, à se pencher pour lui tapoter le dos.

La mère de Vanessa éclata de rire.

« C'est un vrai tord-boyaux... mais si vous y tenez. Et pour vous, mesdames ?

– Rien. Je vous remercie », lâcha Catherine, tandis que madame Paulin faisait un signe négatif d'une main manucurée tout en épongeant délicatement avec un mouchoir surgi par magie de son autre main les larmes au coin de ses yeux.

Madame Louis glissa jusqu'à un buffet, et en quelques secondes Anne Grollay se retrouva pourvue d'un verre avec un fond de liquide ambré ; la bouteille trônait désormais à disposition au milieu de la table ; madame Louis s'était attribué un verre d'eau.

« En tout cas, vous aimez les chats, reprit Anne Grollay.

– J'aime pas les chats. C'est ma fille qui les aime. Celle qui me reste. Comme j'ai jamais voulu d'animal dans la maison, j'accepte ceux qu'elle m'apporte, en plâtre, en plastique, en terre... du moment qu'ils sont pas en vie et en poils.

– Elle va à l'école ?

– Celle-là, oui ! rigola madame Louis. Il suffit qu'elle me regarde et elle file faire ses devoirs à la bibliothèque : je crois pas qu'elle veuille finir comme sa sœur... ni comme sa mère d'ailleurs. Je me serais contentée de son CAP coiffure, mais non, Mademoiselle veut faire médecine. Je sais même pas comment je peux payer ses études d'aide-soignante, alors...

– Il y a des bourses, vous savez, ne put s'empêcher d'intervenir madame Paulin. Si vous voulez...

– Si vous voulez quoi ? »

La dame patronnesse avait repris le dessus : faute ! D'autant que madame Louis semblait n'attendre que ça : son sourire attendri jusque-là à l'évocation de l'enfant qui lui restait s'élargit jusqu'à trancher entièrement ses joues.

« Ma fille voulait faire Sciences-Po, coupa Anne Grollay. Elle y serait arrivée. Elle aimait les études, comme la vôtre.

– Toutes mes condoléances, madame. Vanessa, elle, n'a jamais su tenir son cul. Je ne la juge pas. À croire que son cancer lui avait donné envie de tout bouffer. Elle avait bien raison... »

Anne Grollay fit une grimace en avalant son fond d'alcool.

« Je vous avais prévenue, rigola doucement la mère de Vanessa.

– En tout cas, ça réchauffe. Alors ? »

C'était gonflé. Mais les deux mères ne jouaient pas, pleines de respect l'une pour l'autre.

« Madame, s'adressa-t-elle à madame Paulin, votre fille a été tuée en 1998. Vous êtes la plus... "ancienne", si je peux dire, et vous n'en avez pas fini avec votre cauchemar. Madame Grollay, vous, ça vous est arrivé en 2007, et moi en 2004. Qu'on trouve ce fichu salopard ou non, on crèvera avec notre histoire. Je crois que c'est suffisant pour vous dire non. »

Chapitre 39

Mercredi 6 mars 2013

Pierson et Catherine avaient eu du mal à le reconnaître. Le garçon en face d'eux, visage plein et corps musclé, avait visiblement mis sa peine à profit pour se refaire une santé physique. Neuf ans. Neuf ans de pompes, de foot à l'ombre des murs et des miradors, de mauvaise nourriture cantinée subventionnée par une mère dévorée par le remords. Sur les photos de son incarcération, il apparaissait hâve, malingre, le regard halluciné, perdu, hébété de la jeunesse qui a pris un violent coup sur ses maigres illusions.

Pierson, durant tout le trajet jusqu'à Moulin-Yzeure, n'avait pas desserré la bouche, d'habitude pourtant prompt à réfléchir tout haut et à distraire sa compagnie sous des flots de souvenirs enjolivés. Ça arrangeait Catherine, que Pierson avait cueillie par surprise en la réquisitionnant pour cette visite à laquelle elle n'avait a priori pas droit ; elle aurait dû s'en douter.

« Je n'avais pas mesuré jusqu'où votre implication vous obligerait à plonger dans cette affaire. Veuillez m'en excuser, finit-il par lâcher alors qu'il venait de couper le moteur de la voiture, devant l'accueil de la centrale.

– Oui, je vous accorde que ça peut être dangereux pour ma santé mentale. Je vous remercie de vous en soucier.

– Je tiens à vous. Pas envie que vous finissiez les veines tranchées toute seule dans votre salon, grommela-t-il en descendant avec peine de la voiture. Allons le gagner, ce pain de la justice ! »

Kevin Hassaoui, donc, avait bien changé. Catherine le constatait également à son calme, son silence concentré sur les paroles de Maître Pierson. Elle songea l'espace d'un instant à ce qu'il adviendrait de lui si l'avocat parvenait à le réhabiliter : pourrait-il affronter la dureté de l'époque après neuf ans de cocon, aussi carcéral, brutal et difficile eût-il été ? Elle avait en tête les derniers chiffres publiés de la récidive délinquante, le désastre des réinsertions. Mais quand on est dedans, on ne pense qu'à être dehors ; elle était dehors, lui dedans ; il sembla soudain affolé par l'espoir qu'on venait de déposer devant lui comme une offrande.

« Comment vous allez faire ? Je ne peux rien vous payer, ma mère n'a pas un rond. Je pensais que vous étiez un petit commis d'office !

– Calmez-vous monsieur Hassaoui. Personne n'a parlé d'argent, et ne vous en parlera jamais. Vous êtes la victime "collatérale" d'une affaire beaucoup plus complexe, et il va bien falloir que la justice reconnaisse que vous n'y êtes pas mêlé.

– Même si je ne suis pas très intelligent, je ne suis pas con. Depuis le temps, j'ai bien compris que j'étais innocent !

– Parfait. Et si ça peut vous rassurer, on ne va pas faire appel à votre intelligence, mais à vos souvenirs. J'espère que votre mémoire est, elle, excellente. Catherine, je vous laisse prendre la barre ! »

Pierson avait retrouvé sa pleine forme, ragaillardi par l'odeur des parloirs, qui lui rappelait qu'il s'était un peu trop égaré ces derniers temps dans le train-train des divorces et du menu fretin. L'appétit lui revenait comme à un convalescent.

« Monsieur Hassaoui, Maître Pierson vous a expliqué mon rôle. J'attends de vous que vous nous racontiez tout, absolument tout, y compris ce qui pourra vous sembler sans importance, sur Vanessa. C'est le seul point que nous aborderons. Le reste, on s'en moque car on l'a déjà. Des questions ?

– Ben, vous ne donnez pas vraiment envie d'en poser !

– Parfait. »

Elle plaça délicatement sur la table le portrait de Vanessa en train de fumer, celui qu'elle avait contemplé durant des heures. Elle caressa subrepticement le cliché avant de le pousser vers le garçon pétrifié.

« Parlez-moi d'elle. »

La main de Kevin Hassaoui tremblait lorsqu'elle saisit la photo, ses yeux s'embuèrent, qu'il essuya d'un geste rageur. En prison, on n'a pas le droit de pleurer.

« Putain. J'avais oublié à quel point elle était belle. J'avais jamais vu cette photo. Vous l'avez trouvée où ?

– Dans le dossier de l'enquête. C'est sa mère qui l'a fournie aux policiers.

– "Anniversaire. 2002", lut-il au dos du tirage. À cette époque, j'étais au trou. Enfin... pour la première fois. C'est ses seize ans, sur la photo. Je suis sorti de zonzon à l'automne, des mois après son anniversaire. Elle était venue me chercher en bus. Ce jour-là, on est tout de suite allés se manger une pizza au centre commercial. Je me sentais groggy, voyez, comme un boxeur qui vient de se retrouver au tapis. Elle, ça l'amusait. Elle était... je peux pas vous expliquer, j'ai pas les mots. Elle avait beaucoup de maquillage, mais dessous c'était elle. Une fille tendre, gentille, fragile. J'aimais bien comment elle se maquillait, ses yeux surtout. C'était noir, mais ça brillait comme un diamant.

– Elle vous a écrit à cette époque. Vous avez gardé ses lettres ?

– ... Non. On se disputait souvent, ça vous le savez. Alors, un soir, je les ai toutes brûlées. Elle m'avait plaqué, une nouvelle fois, ricana-t-il. On s'est réconciliés deux jours après. De toute façon on passait notre temps à ça : se disputer, se quitter, se retrouver. On se prenait de ces fous rires. C'était chaud ! Mais c'était bon, comment vous dire, vivant quoi. Je vous jure qu'on s'aimait, comme sur une île déserte...

– Elle vous racontait quoi, dans ces lettres.

– Qu'elle se faisait chier ! Au lycée, chez elle. Qu'elle supportait plus sa mère, sa vie de merde, qu'elle voulait s'en aller au soleil. Que je lui manquais... aussi.

– Vous lui écriviez ?

– Non. Enfin, si, au début, une ou deux fois. J'avais honte. Je fais plein de fautes, je sais pas écrire. Je voulais pas qu'elle me prenne pour un loser. J'avais pas envie de lui raconter comment c'est dur la taule. Ils le font tous, ici, écrire pour demander pardon, pour du fric, pour dire qu'ils comprennent pas pourquoi ils sont là, que c'est pas leur faute s'ils sont au trou, que c'est la dernière fois qu'ils font des conneries. En fait, ils n'attendent qu'une chose, c'est que leur petite femme les attende dehors bien sagement pour quand ils sortiront. Tous ceux qui purgent ici, ils en ont pour dix ans au minimum. Ils se racontent des rêves, qu'ils sont innocents, mais leurs gonzesses elles ont déjà refait leurs vies !

– Et Vanessa, il lui arrivait de faire sa vie sans vous ?

– Si vous voulez dire qu'elle me trompait, ouais. Ça lui est arrivé, mais seulement à la fin. À cause de la dope. Et puis, elle avait même pas besoin de lever le petit doigt, les mecs lui tournaient autour comme des chiens après une femelle. Alors, bien sûr qu'elle en a profité, quand j'ai plus eu de ronds.

– Vous n'aviez pas l'impression d'être un jouet pour elle ?

– Si ! Mais vous savez quoi ? Au fond, je m'en foutais. On était jeunes. Je me disais que ça lui passerait, avec l'âge. Et, encore plus au fond, je voulais qu'on se sorte tous les deux de cette merde, la coco, l'héro, la seringue... C'est moi, la merde. J'ai tout raté.

– Comment avez-vous appris qu'elle voyait d'autres hommes ?

– Parce qu'elle était franche ! Presque pure ! Même si des fois elle me faisait péter les plombs, elle savait qu'elle pouvait tout me dire. C'était mon bébé.

– Les derniers temps, vous saviez donc qu'elle fréquentait un certain David Martin.

– Oui. Je l'ai dit aux flics, mais c'est comme si j'avais rien dit !

– Vous le connaissiez personnellement ?

– De loin. C'était lui qui nous dépannait en dope. Au début, je voulais pas qu'il croise Vanessa, parce que je me doutais bien qu'il essaierait de me la piquer. Ce type, je lui faisais pas confiance. Et puis un jour, fatalement, il l'a vue, avec moi. Il a commencé à me donner un peu de défonce gratos. On consommait trop avec Vanessa, je sentais qu'on dérapait. Comme elle en voulait toujours plus, j'ai décidé d'essayer d'arrêter. D'en prendre un peu moins. C'est là qu'il a dû commencer à lui offrir sa dope, parce qu'elle en avait toujours un peu sur elle, et c'était pas moi qui pouvais la lui payer ! On s'engueulait plus que d'habitude. Elle s'était mise à me taper, et moi je répondais à ses coups. Ça me rendait dingue de la voir plonger comme ça. J'essayais de la raisonner. Je lui piquais ses doses quand je les trouvais, pour lui en donner petit à petit. J'avais pas de couilles. J'aurais dû l'embarquer loin de ce trou.

– Elle avait donc une relation régulière avec David Martin.

– Il avait un appartement en centre-ville, et moi j'habitais encore chez mes parents ! On pouvait se voir que dans ma voiture. Alors ouais, elle s'est tapé l'incruste chez lui. Et puis il a dû la virer, parce qu'elle est revenue avec moi.

– C'était juste avant cette fameuse soirée de votre anniversaire ?

– Peut-être quelques semaines avant. Elle était rentrée chez sa mère.

– Durant toute cette période-là, est-ce qu'elle a continué à se confier à vous ?

– Un peu moins. Je sentais qu'elle se barrait en petits morceaux. J'arrivais plus à la cadrer. Des fois, j'avais l'impression qu'elle délirait.

– C'est-à-dire ?

– Qu'elle me racontait plus la vérité comme avant. Le David en question, il lui avait niqué la cervelle ! Elle m'a d'abord raconté qu'il l'avait fichue dehors parce qu'il était jaloux de moi. Jusque-là, ça tenait la route. Bon, en tout cas j'y ai cru. Elle m'expliquait qu'il avait raison d'être jaloux, parce qu'elle m'aimait. Mais elle se posait des questions, sur moi, sur elle, sur notre couple. Elle pensait que moi, je ne l'aimais pas suffisamment. Elle avait besoin de plus. Alors, elle se mettait à chialer, et puis à hurler, et puis après elle m'embrassait ou me tapait, ça dépendait. J'avais mal partout. Elle m'a vraiment déglingué à cette époque.

– Elle aurait pu avoir rencontré quelqu'un d'autre ?

– Possible. À un moment, c'est vrai que j'y ai pensé. Elle avait l'air moins malheureux. Moi je le voyais, en tout cas, dans ses yeux. Et puis elle était redevenue un peu plus joyeuse, comme avant. Mais secrète ; on ne rigolait plus ensemble. Quand elle piquait ses colères, elle m'a raconté deux trois fois qu'elle allait partir en vacances avec un type qu'elle avait rencontré puisque moi j'étais trop nul pour l'emmener. J'y croyais pas à ses histoires, vu que tous les soirs ou presque je la ramenais en bas de chez sa mère. Mais quand même, c'est pour ça que je suis allé le voir, l'autre bouffon, le soir où elle est morte. Je voulais qu'il me file du fric, mais pour qu'on se barre elle et moi, en vacances.

– Allez plus loin. Prenez votre temps.

– On était tout le temps ensemble ! Quand est-ce qu'elle aurait pu le voir, son fameux "Nounours" ?

– Elle vous a vraiment dit "Nounours" ?

– Oui. "Nounours", c'est comme ça qu'elle l'appelait son mec imaginaire. Elle devenait barge. Un jour, elle m'a raconté que "Nounours" lui avait offert un téléphone portable rien que pour leurs conversations privées. Je voulais qu'elle me le montre parce que j'y croyais pas. Elle m'a répondu qu'elle le planquait chez elle, pour pas que je le trouve et que je l'emmerde.

– Vous n'en avez jamais parlé à la police...

– Ben non. C'était des histoires. Les flics m'en ont jamais parlé vu qu'ils l'ont jamais trouvé parce qu'il existait pas !

– Quoi d'autre, sur ce "Nounours" ?

– Pas grand-chose. Comme je vous l'ai dit, elle était devenue secrète. Des fois, elle se mettait à rire, et quand je lui demandais pourquoi elle rigolait toute seule, elle me répondait qu'elle ne pouvait pas me le dire, que ça ne regardait qu'elle et son "Nounours", qui l'aimait... mais que je ne devais pas m'inquiéter, parce que c'était moi qu'elle aimait et pas lui. Il lui changeait les idées, mais il était un peu trop vieux pour elle... C'est tout ce qu'elle m'a raconté sur ce "Nounours". J'ai vraiment cru qu'elle délirait sur sa vieille peluche : vieux, avec des poils dans les oreilles, tout doux, tout rond... »

Ils laissèrent quelques secondes au garçon pour souffler, perdu dans la contemplation de la fille sauvage sur la photo. C'est Pierson qui mit fin à cet instant trop nostalgique.

« Jeune homme, je ne comprends pas pour quelles raisons vous n'avez pas raconté aux policiers tout ce que vous venez de nous raconter. »

Kevin Hassaoui était vibrant de chagrin lorsqu'il reprit la parole :

« Y a deux trucs que j'ai jamais dits à personne. Vanessa, elle voulait un gosse avec moi. Elle est tombée enceinte. Elle avait que dix-sept ans, mais elle était heureuse, et moi aussi, pour la première fois de notre vie. On voulait le garder, on faisait plein de projets. Et puis elle l'a perdu. Au bout de deux mois. C'était notre secret à nous. Le docteur lui a dit qu'elle pourrait plus jamais en avoir, rapport à son cancer qui lui avait niqué les ovaires. C'est après qu'on a commencé à déconner... Et puis, deuxième chose : si je suis ici, en vérité, c'est parce que je crois que je l'ai tuée. J'ai tapé, très fort, ce soir-là. Moi, je sais que je suis coupable. Je suis coupable de l'avoir plantée toute seule en pleine nuit au bout des quais. Voilà, monsieur l'avocat. Ça va être difficile de prouver que j'ai rien fait. C'est votre délire, tout ça. Il me reste à peu près cinq ans à purger, si je compte les remises de peine. C'est peut-être beaucoup. Mais sans Vanessa, qu'est-ce que j'en ai à foutre de sortir demain ou dans cinq ans.

– Monsieur Hassaoui, ça ne vous intéresse pas qu'on boucle le vrai coupable ?

– Je vous dis que c'est moi le responsable.

– Eh bien non. Ce sont ces neuf ans de prison qui vous en ont persuadé. Ce n'est pas vous qui l'avez étranglée et violée. Ce n'est pas vous non plus qui avez torturé et tué trois autres jeunes filles comme Vanessa. Alors vous allez retourner dans votre cellule, et réfléchir aux autres victimes, pour lesquelles nous sommes venus aussi, et pour lesquelles on n'a toujours pas trouvé le meurtrier. Vous n'êtes pas le bon coupable, monsieur Hassaoui. »

Le voyage du retour fut aussi silencieux que l'aller. Catherine s'endormit aussitôt assise dans la voiture. Pierson plongea alors par défaut dans l'élaboration stratégique de l'appel qu'il allait devoir présenter au procureur de la République.

Kevin Hassaoui, dans la nuit de sa cellule, se mit à gémir et sangloter. Il réveilla par malheur un de ses codétenus, lequel lui suggéra de se faire une branlette pour se calmer. Kevin Hassaoui le massacra à coups de pied et de poing. Il fut arrêté à temps par les gardiens, qui le placèrent au mitard, sous somnifère augmenté d'anxiolytiques compte tenu de son état.

Chapitre 40

Mercredi 6 mars 2013

Sous la flamme du briquet, le morceau de peau ciblé dans le gras de son avant-bras commença à rosir en un cercle à l'arrondi incertain, puis à rougir. Elle scrutait l'impression en relief qui gonflait sous le feu à cet endroit, malgré l'odeur de chair brûlée qui atteignait maintenant ses narines. Lorsque la cloque fut mûre et explosa, elle balança le briquet rageusement devant elle. Rien. La peau de son pouce portait également la marque de la morsure du feu. Rien. Pas un frémissement d'alerte sur ses nerfs, son corps ; son cerveau lui refusait toujours le bienfait de la douleur. Ce soir, comme d'autres soirs, le test avait été négatif. Elle croyait pourtant fermement à un avenir proche qui lui offrirait un bout de souffrance. Cette quête répétitive comme une invocation païenne, organisée pragmatiquement, lui évitait entre autres d'avoir à recourir aux Autres, ceux devant lesquels elle exhibait une force chimérique, celle du corps, ceux qu'elle narguait sous un masque et une perruque, ceux qu'elle avilissait jusqu'à un degré jamais atteint, et qui l'adulaient pour ce plaisir qu'elle leur procurait alors qu'elle les haïssait, et elle avec. Il valait mieux s'en tenir désormais à rester seule avec elle-même, plutôt que se faire tuer sans le savoir, comme le lui avait répété Dominech. Elle ne voulait finalement perdre ni personne ni rien. Être enchaînée à la souffrance des autres pour les en soulager, se sentir dans le monde, utile à sa manière, ne pourrait jamais être admissible pour la raison des gens normaux. Fini l'Osiris... jusqu'à une prochaine vague de spleen.

Elle avait veillé à tout : à portée de main, les produits et matériel du soin, désinfectant, gaze grasse, sparadrap, paire de ciseaux ; la brûlure n'était pas trop profonde, et elle l'avait soigneusement circonscrite. Une fois pansée, le matériel du soin rangé loin de sa vue, elle relégua l'expérience une nouvelle fois ratée loin de ses pensées. Le coursier promis par Pierson pour lui livrer l'enquête de voisinage dans l'affaire Juliette Grollay tardait alors qu'elle se sentait piétiner au pied d'un mur où il y avait forcément une fissure, un endroit où s'accrocher pour se hisser à son sommet et apercevoir un paysage. Elle ne pouvait concevoir l'impasse, préférant étudier l'obstacle.

Et puis ça la perturbait, ces hommes qui criaient leur culpabilité dans ces affaires et réclamaient que la justice s'abatte sur eux ; Dréon, Hassaoui, des hommes qui avaient frappé des femmes et qu'elle-même aurait volontiers punis ; des hommes qui pour autant n'étaient pas coupables de meurtre. Cette quête d'expiation incantatoire semblait contaminer tous les protagonistes de ses enquêtes comme un virus. Elle aurait presque pu la comparer à sa propre quête, excepté qu'elle n'avait plus rien à expier.

Elle ne parvenait pas à trouver le lien de cette étrange communauté en construction : des hommes perdus, témoins de près ou de loin de l'abomination commise par un des leurs. L'interphone sonna : enfin, des témoignages de papier à se mettre sous la dent, à mâcher, à avaler puis recracher une fois digéré. Elle avait le cerveau presque bovin, ces derniers temps...

Denis Grollay, sans fratrie, était orphelin depuis belle lurette, mais comptait de nombreux amis, fidèles, pour la plupart militants comme lui. Les récits des quelques hommes et femmes interrogés recelaient tous un grand respect pour l'homme et les combats qu'ils avaient menés ensemble au sein de Kodak. L'usine et leur travail avaient été le berceau de leur amitié et de leur engagement. Denis Grollay avait été un compagnon de lutte sans faille. Lorsque Kodak les avait tous laissés sur le pavé, il s'était acharné à continuer leurs réunions syndicales, seule source de survie pour eux tous, martelait-il en douceur. Personne n'était dupe : Denis Grollay serait le dernier à retrouver du travail, marqué par le fer de son mandat de délégué syndical. Un fardeau qu'aucun autre n'avait pu accepter à l'époque. Les grèves menées après que les négociations sur les plans de licenciement annoncés eurent tourné en bras de fer avec la direction n'avaient pas non plus toutes été suivies par l'ensemble de ses compagnons de lutte, pour des raisons évidentes de fins de mois déjà difficiles avec un salaire entier. Grollay n'en voulait à personne, comprenait les défections. Un homme pétri d'humanisme, et têtu comme une mule. Il avait été salué par tous, et ses faits et gestes de cette journée du 9 décembre 2007 et des jours suivants avaient été confirmés : présent sur l'implosion des bâtiments de leur usine, présent à leur déjeuner de funérailles pour Kodak à la Bourse du travail, puis à la réunion qui s'était ensuivie, présent au cinéma avec son épouse Anne, présent dans le chagrin partagé avec elle au cours de cette nuit-là.

Le voisinage immédiat du couple ne déméritait pas non plus en matière de louanges. Une famille exemplaire, une fille magnifique comme un rayon de soleil, toujours joyeuse, bien élevée, prête à rendre service, un père attentif à son enfant, un mari aimant sa femme, aussi serviable que sa fille avec les voisins, une femme et une mère admirable tout autant engagée auprès de ses semblables, toujours à l'écoute et d'une grande douceur. Une famille parfaite, qui partait de surcroît rarement en vacances et veillait donc logiquement sur les plantes et les animaux domestiques du quartier quand d'autres s'absentaient. Après la découverte du corps de la petite, le couple s'était enfermé chez lui durant des mois, et aucun voisin n'avait plus jamais pénétré leur jardin ou leur maison, à la porte jusqu'alors grande ouverte. L'âme bon enfant et paisiblement neutre du quartier s'était envolée avec le meurtre.

Catherine n'avait jamais douté un instant de l'innocence de ces parents modèles. Les flics avaient fait leur boulot consciencieusement en allant fouiller les poubelles de ragots alentour, et en avaient rapidement conclu qu'il n'y avait aucun déchet secret et répugnant à se mettre sous la dent. Une vie lisse, limpide, emplie d'amour et de respect, de convictions et de luttes.

Anne Grollay, malgré toute la détresse inscrite dans ses témoignages, apparaissait comme Catherine l'avait déjà sondée : solide sous une apparente fragilité qui n'était que douceur, déterminée, arc-boutée sur les chances de retrouver sa fille à l'époque du récit qu'elle avait fait aux policiers, aux souvenirs fiables. Ce n'était évidemment plus la même femme aujourd'hui. Catherine avait décelé en elle une force nouvelle, insaisissable, invisible tout autant qu'imprévisible. Quoi qu'Anne Grollay ait pu leur dire, elle était encore vivante par endroits, à l'insu de sa conscience, et son corps et son visage tout entiers en donnaient des signes fugaces, de ces soubresauts discrets que seul un spectateur attentif peut relever. Elle était ainsi restée également une femme à part entière, coupant le champ de la maternité, l'isolant elle et sa tragédie ; deux entités distinctes en une même personne, dont l'une lui permettait sans doute de pouvoir s'émerveiller et sourire encore devant une surabondance de faux chats par exemple, de pouvoir expliquer à une autre mère que « sa fille voulait... » ; l'autre enfouie sur un bord de Saône, exclusivement mère, recueillie sur la mémoire d'un ventre qui avait été rond et plein de vie, les yeux voilés par les rires d'enfant qu'elle seule entendait, attendant que la flamme de la bougie s'éteigne pour redevenir une femme comme les autres.

Catherine fit une pause dans sa lecture, songeant que, aux côtés d'Anne Grollay, madame Paulin faisait figure à la fois de veuve et de martyre, une réplique des statues érigées en hommage de la Nation à ses enfants morts au combat, toutes drapées pour l'éternité dans le chagrin, interdites désormais de vie et d'amour. Madame Paulin était également le nerf d'une guerre dont elle venait de poser les rênes sur le bureau de Maître Pierson. Catherine admirait son obstination douloureuse. Mais elle ne voyait pas comment atteindre en sa compagnie les contrées qu'elle avait besoin d'explorer. La jeune fille perdue de la famille était devenue une icône, intouchable, que la mémoire des parents avait rendue vierge, pure, madone, donc sans aucune vie envisageable en dehors de celle du clan familial, auquel rien ne pouvait échapper. Cette digne mère Courage ignorait probablement qu'elle avait des clés quelque part, qui auraient pu permettre de suivre un bout du sentier emprunté par la belle Anne-Angélique, forcément plus sinueux que celui imaginé par ses parents ; le temps manquait. Catherine se promit d'interroger le frère, grand absent de cette histoire ; ce n'était pas étonnant qu'il eut fui la ville.

Elle revint à Anne Grollay : c'était sur ses fulgurances intuitives, que cette femme avait encore du mal à exprimer et exploiter, que Catherine comptait. Anne Grollay travaillait pour l'instant sans le savoir, laissant échapper par à-coups de son subconscient les questions dont elle avait peut-être les réponses au bord des lèvres. Catherine replongea dans les documents la concernant.

Anne Grollay était née Cottard. Ce patronyme n'était pas étranger à Catherine, qui le nota : il était déjà apparu au cours de l'affaire qui avait fait perdre la raison à Michel Dréon, l'homme qui s'était accusé d'un meurtre imaginaire. Elle continua sa lecture...

Selon son état civil, Anne était la fille unique et tardive d'un ingénieur des Mines et d'une secrétaire de direction ; son géniteur avait vingt ans de plus que sa mère. Anne avait épousé Denis Grollay à peine âgée de dix-huit ans, déjà enceinte de sa fille Juliette. Les quelques comptes rendus de ses témoignages corroboraient ceux de son mari concernant leur emploi du temps et leur vie commune. Elle aussi avait travaillé chez Kodak, elle aussi avait fait partie de la dernière charrette des licenciés avant la fermeture définitive du site. Elle avait donc, comme de nombreux autres employés ce fameux 9 décembre, assisté à la destruction de son emploi, disparu dans les poussières de l'implosion. Elle avait raconté à sa manière la colère presque suave qui lui avait coulé dans la gorge à ce moment-là alors que son homme s'était mis à pleurer, alors qu'aucun autre drame pensait-elle ne pouvait surgir. Elle avait raconté le silence, les hommes et les femmes triés sur le volet par le pédégé qui s'engouffraient dans le périmètre réservé aux invités, pressés par la honte. Elle avait raconté le reflux hébété de la foule lorsque les nuages de l'implosion étaient retombés sur le champ des ruines, cette manière que l'assemblée avait eue de se retirer de la place par petits groupes, voire un à un, comme si à chaque image d'une pellicule un personnage ou deux seulement étaient effacés ; à un moment, ils s'étaient retrouvés elle et Denis comme seuls au monde devant un monstre de gravats encore fumants. Elle connaissait tous les autres, ceux qui étaient réfugiés dans le barnum de la direction, en train de siroter leur coupe de champagne. Le policier avait retranscrit ses termes tels que « nantis », « collabos », « amertume », « révoltée ». Elle avait ainsi qualifié son demi-frère, Yves, de « vendu » et d'« opportuniste sans mémoire ni dignité » : Yves avait répondu présent à l'invitation de la direction, et avait osé les plaindre de ne pas en être. Il n'avait jamais levé le petit doigt pour quelque cause que ce fût dans sa vie de « petit-bourgeois content de lui-même », sauf en ce qui concernait ses propres intérêts. Lorsqu'Anne l'avait appelé le 10 décembre au matin pour lui demander s'il avait des nouvelles de Juliette, elle l'avait manifestement sorti d'une gueule de bois carabinée, car il avait été à peine capable à cet instant de lui parler, encore plus de la rassurer ou de lui proposer son aide. Le policier avait alors demandé à Anne s'il y avait eu des querelles dans la famille. Anne avait tranché : à part sur les questions politiques, aucune. De surcroît, l'histoire de leur enfance les liait singulièrement, marquée par le désintérêt total du père à leur égard.

Ainsi, les Grollay recueillaient plus qu'ils n'invitaient Yves Cottard lors des réunions familiales organisées par le couple, pour des Noëls, des anniversaires ou autres fêtes ; Yves était l'oncle de Juliette, et il l'adorait, la comblait de cadeaux, trop d'ailleurs alors que la famille se serrait la ceinture. Mais d'après Anne Grollay, son demi-frère, de vingt-quatre ans son aîné, sans enfant et perpétuellement en instance de divorce, trouvait un équilibre auprès d'eux, et surtout de leur fille. Il était aussi ravagé qu'eux après sa disparition.

Catherine ne glana aucune autre information notable, à part celle-ci : Yves Cottard faisait partie du premier cercle de Juliette Grollay. Le compte rendu de son audition était désertique : il s'était effectivement saoulé, en compagnie de quelques-uns de ses collègues de la division Recherche ; c'était leur retraite qu'il fêtait ce jour-là, sauvagement commencée sur les décombres de Kodak. C'était également ce jour-là qu'ils avaient décidé de créer leur Club des anciens de la division Recherche, dont faisaient partie Bertrand Maheux et Michel Dréon...

Chapitre 41

Mercredi 6 mars 2013

L'homme sur la photo ne révélait que méchanceté et mépris ; une des rares représentations qu'Anne avait conservées de son père, de son enfance abîmée. Raide, engoncé dans un de ces costumes sur mesure qu'il avait l'habitude de porter, bouche fabriquée au rasoir, le poil militairement rasé, l'annulaire droit orné de sa chevalière de promotion d'ingénieur des Mines soigneusement exposée à la lumière... Anne n'avait jamais aimé ce père, ne lui avait jamais trouvé la moindre circonstance atténuante, ne l'aimerait ni ne lui pardonnerait jamais.

Sa vie s'avérait finalement une prouesse, plus encore aujourd'hui après la perte de son enfant. Bien que peu protégée par sa mère, qui n'avait d'amour et d'yeux que pour son époux qui lui avait fait cadeau de l'enfant qu'elle désirait, ce père ne l'avait pas brisée comme il avait brisé Yves, son premier enfant. Elle devait reconnaître que le rempart, même dérisoire, de la présence maternelle, avait été bénéfique.

Sa mère vivait désormais recluse à tout point de vue, psychique et physique, dans une maison de retraite des environs de Chalon ; elle avait fort opportunément perdu toute mémoire, ce qui épargnait à sa fille l'obligation des visites. Anne se contentait donc d'appeler de temps à autre le personnel médical, et de pourvoir aux besoins de vêtements neufs ou de sucreries dont la vieille dame raffolait. En six ans, elle n'avait même pas jugé bon de lui apprendre le décès de sa petite-fille : cette parole à porter était à la fois trop douloureuse et inutile ; Anne savait qu'il n'y aurait aucun chagrin, aucune question, pas une once d'étonnement au sujet d'une tragédie qui aurait fauché tout être humain encore doué de mémoire, même fragmentée, et de sensibilité. Sa mère avait été tout sauf sensible ; ses seuls souvenirs consistants se concentraient sur son époux défunt, le reste ayant disparu dans le néant de sa sénilité béate.

Restait tenace la cruauté du père. Avec cette énigme qu'Anne pensait aujourd'hui devoir résoudre : pourquoi ?

Elle en avait réchappé, mais son demi-frère avait été en première ligne du carnage affectif. Anne nourrissait une mansuétude reconnaissante pour cet homme qui avait à sa façon fait barrage, en montant au feu pour détourner les foudres paternelles lorsqu'elle était enfant, parfois en provoquant leur géniteur avec aplomb. Yves n'avait eu de cesse de démontrer à cet homme que le déroulement pitoyable de sa vie affective, de sa carrière de « petit cadre sans ambition » chez Kodak n'était pas le fruit d'une éducation aimante, mais bien le produit hideux d'une casse organisée et systématique de son enfance. Yves avait pleuré après l'amour du père, l'avait à sa manière supplié de le laisser exister à ses côtés. En vain. Alors qu'Anne avait eu le sursaut vital d'ériger une distinction décisive entre cet acquis du manque et la nécessité de se construire sans, dans un ailleurs rigoureusement choisi, une forteresse hors d'atteinte, Yves, lui, n'avait cessé de consumer ses forces dans ce combat perdu d'avance ; la responsabilité du père avait tout occulté, en même temps qu'elle avait construit la culpabilité du garçon, sa vulnérabilité, sa déresponsabilisation totale et assumée.

La mère d'Yves, quant à elle, avait disparu avec fracas, survivant uniquement dans les bouillons de haine du père. Non, Yves n'avait eu ni une vie facile ni une enfance dorée. Sur le cliché qu'elle avait exhumé de la chambre noire, elle contempla Yves au cœur d'une scène familiale, tendre et joyeuse, qui la remplit d'effroi.

« Cher Yves,

« J'ai devant les yeux deux photos : la première de notre père, la seconde du dîner d'anniversaire des seize ans de Juliette, et je m'interroge. Tu ressembles tellement à cet homme. Je n'y avais jamais prêté attention auparavant. Tu as son visage, son corps, ses mains, et je suppose son sourire, même si je n'ai jamais vu ce monstre sourire. Une chose te distingue de lui : tu ne dégages pas sa cruauté, sa méchanceté. Je te regarde, et je m'interroge. Juliette est si belle, et alors que je te regarde, c'est toi qui la regardes sur cette photo. Tu viens de lui accrocher autour du cou le pendentif en or que tu lui as offert. Ton geste est encore inscrit sur l'image, et tu t'apprêtes à repousser une mèche de ses cheveux derrière son oreille afin d'admirer la boucle d'oreille qui fait partie de la parure. Tu la dévores presque.

« Je te regarde et je me sens remplie de terreur à l'idée de ce bonheur que tu aurais pu gâcher, pour toi-même et pour les autres. »

Elle avait écrit sans hésitation, sans rature, sur une page vierge à la suite de ses autres textes ; elle referma son petit cahier de mémoire. La page emplie de son écriture ronde et enfantine n'était pas destinée à être une lettre. Elle continuerait ses souvenirs sur une nouvelle page à suivre demain.

Chapitre 42

Mercredi 6 mars 2013

Yves Cottard ne parvenait pas à trouver le sommeil. Il sirotait un somnifère de son cru : un verre de vieux whisky, à 3 heures du matin, pour calmer l'ébullition de son cerveau transpercé par des ribambelles de pensées décousues, l'une chassant l'autre, à n'en plus finir. Cela faisait trois jours qu'il subissait un émoi constant et éparpillé. Sa convocation au commissariat ne l'avait pas inquiété, la vue de Michel Dréon menotté l'avait choqué, l'annonce du suicide de Maheux l'avait achevé.

Il avait sincèrement affectionné Maheux, tous deux liés par une collection de petits ou grands malheurs qu'ils avaient appris à dissimuler grâce au jeu de la bonhomie et de l'humour en toute occasion ; grâce également à l'aide de nombreux verres, au fond desquels l'un comme l'autre avait parfois puisé la force de se confier, avec cette culture de l'oubli immédiat. Son pote Bertrand l'avait lâché.

À sa sortie du commissariat, sonné, il avait trouvé refuge dans le bistrot où il avait l'habitude de son café matinal avec la lecture des journaux locaux. Il avait commandé un triple whisky à la patronne, éberluée de voir son client du matin se jeter sur un verre. Cottard avait eu envie de compassion : il lui avait raconté la triste nouvelle de cette journée, et la patronne avait joué son rôle à la perfection, le veillant dès son deuxième verre comme un oisillon sous son aile.

Lorsqu'il était enfin rentré chez lui ce lundi soir, Yves avait retrouvé des couleurs, des idées, des objectifs. Il avait téléphoné à tous les membres du Cercle des anciens de chez Kodak afin de leur apprendre la terrible nouvelle et l'ouverture d'une caisse de solidarité pour la veuve et les deux orphelins. Ça lui avait pris un temps certain, heureusement avec une bouteille et un verre à portée de main. Mais il en avait terminé avec ce devoir.

Depuis, il s'était naturellement reclus.

L'appartement tout entier était plongé dans la pénombre. Yves n'avait soudain plus rien à faire. Maheux et sa détresse mortelle lui avaient donné l'espace de quelques heures l'occasion d'incarner de nouveau un peu sa présidence du Cercle. Cette bouffée fugitive d'existence s'était évaporée… Il se retrouvait seul dans son bel appartement de la rue du Pont, près du quai de la Poterne, près de la rivière qu'il aimait tant.

Il avait consommé son deuxième divorce depuis dix ans maintenant, trouvant de ce fait une stabilité géographique dans ce quartier de Chalon. Il s'y plaisait, discrètement. Si ses divorces lui avaient coûté des pensions coquettes comme prix de sa tranquillité, il en avait aujourd'hui fini avec ses obligations alimentaires, et sa retraite s'avérait plus que confortable. Il s'était ainsi offert ce toit, grâce à l'argent du décès paternel, qu'il avait meublé avec un luxe de bon goût hérité aussi de son père ; géniteur aurait été le terme plus exact, mais

Yves hésitait toujours à admettre les faits, comme une porte maintenue entrouverte qui pourrait laisser filtrer des bribes d'affection paternelle repliées quelque part, dont il se rappellerait un jour. Il se sentait seul au monde, seul dans sa nuit.

Sa mère l'avait volontiers abandonné entre les mains du père alors qu'il n'avait que dix ans ; dix années passées au cœur d'une tempête permanente de rage et de destruction, sans compter les coups dont le couple s'accablait régulièrement en sa présence. Il avait plaint son père, l'avait secrètement admiré pour sa mâle autorité, avait prié pour lui, pour eux deux père et fils, l'avait défendu auprès de cette femme en représentation perpétuelle, toujours maquillée et bien vêtue avec un verre à la main, belle, très belle, très absente la nuit comme le jour. Lorsqu'elle avait fait chercher ses valises par un larbin, il était seul dans l'appartement parisien, tout juste rentré de l'école. L'air jusque-là confiné, rempli des miasmes de haine, avait recommencé à circuler : il avait pu ouvrir grand les rideaux qu'elle gardait constamment fermés pour un sommeil pâteux de nuits blanches, ouvrir les fenêtres qui donnaient sur le boulevard, et simplement regarder la vie en bas. Il se rappelait ce moment comme d'un bonheur intense et extatique ; le jour où sa mère avait enfin quitté son père, et l'avait heureusement abandonné.

Son histoire aurait pu, à la suite de cet incident, prendre une tout autre dimension. Il n'en fut rien. Antoine Cottard ne voulait pas de cet enfant, de ce garçon toujours pendu à ses basques, aux yeux dégoulinant de compassion et d'amour filial qui le mettait hors de lui. Son épouse partie, il n'y avait plus moyen d'éviter cette progéniture en quête d'affection. Où qu'il soit dans l'appartement, il se cognait à une « vraie fillette », qui pleurnichait dès qu'il haussait le ton ou le repoussait. Au bout de plusieurs jours de recherches vaines, Antoine Cottard avait bien dû admettre que sa garce de femme ne reparaîtrait jamais. Elle l'avait totalement piégé en le laissant sur le carreau avec un morveux. Il se débarrassa rapidement d'Yves en le plaçant en internat. Il ne manqua pas de lui apprendre à cette occasion que sa mère était une vraie salope, qui lui avait imposé le mariage au prétexte qu'elle attendait un enfant de lui. Or, à bien regarder Yves, il n'était pas possible qu'Antoine fût son père. Yves était le bâtard d'un autre, et il se fichait bien de savoir qui. Il continuerait d'assumer la charge de ses études, mais pour l'amour filial, il n'avait qu'à retrouver sa mère et lui extorquer la vérité.

C'est ainsi que, à dix ans et demi, Yves avait été décrété brutalement orphelin, bien que doté de tous les attributs physiques de ce géniteur qui se refusait à lui. Durant des années, il n'avait pu passer devant un miroir sans scruter son image pour y chercher une preuve de génétique paternelle ; il était bien le fils de son père. Et celui-ci, avec l'âge, avait enfin baissé un peu les armes, et consenti à l'accueillir de temps à autre, à Chalon-sur-Saône où il avait refait sa vie et une carrière brillante ; une occasion, surtout, de lui présenter sa très jeune nouvelle fiancée, dont il était fou épris, la future mère d'Anne. Lorsque le couple avait convolé lors d'un mariage luxueux et très catholique, bien qu'en petit comité, Yves avait fêté cette année-là ses vingt ans dans les hardes de l'éternel rejeton des règlements de comptes de l'après-guerre. Un jour viendrait où son père admettrait son existence à part entière. Il le défierait jusqu'au bout, affamé qu'il était. À vingt ans, il n'envisageait pas de perdre son pari ; à soixante-six ans il contemplait sa défaite et sa déroute.

Ne lui restaient que ses nuits occasionnelles à l'Osiris, ses plaisirs de table avec ses anciens collègues, le carnaval, qui touchait bientôt à sa fin, et la confrérie qu'il tentait d'amadouer ; enfin, ses amours passionnelles fugaces, foudroyantes, qui lui infligeaient tant de douleurs. Yves aimait comme personne n'aimerait jamais : jusqu'à la mort.

Chapitre 43

Mercredi 6 mars 2013

Michel Dréon s'était enfermé dans sa chambre bureau, à clef : depuis son séjour au commissariat, Élisabeth s'était muée silencieusement, sereinement, en religieuse à cornette, une de celles qui veillaient les mutilés de guerre, prodiguaient soins et prières, sourires extatiques. Elle le couvait ainsi, appréhendant sans doute la mort subite du nourrisson qu'il était devenu à ses yeux. Elle était devenue mère et chargée de famille pour la première fois de sa vie ; il n'était plus son époux, le pilier de leur couple. Il se laissait ballotter par cet état tout neuf.

Durant des heures, il n'avait pas senti sa présence, constamment sidéré par les écrits qu'il relisait, somnambule sonné par les mots imprimés sur chaque feuillet, tournés un à un sans qu'il ne fasse aucune pause. Son état quasi hypnotique avait ainsi perduré à chaque page relue puis retournée sur cette pile de papier compilant la vie de ses ancêtres. Tout y était relaté, les horreurs, la fortune extorquée, les secrets avoués durant le procès... Michel ne pouvait s'empêcher de relire, encore et encore.

Chapitre 44

L'Enfer
11 juillet 1911

Le gamin avait déjà compris lorsqu'on l'avait jeté dans l'ancienne étable à coups de gros godillots cloutés, ne lui laissant sur le dos que sa loque, sabots et culotte confisqués. Ce n'était pas la première fois qu'il passait à l'étable. Là, il avait une fois de trop uriné sur son matelas crasseux. Désormais, après la grange, dans laquelle il resterait enfermé trois jours au pain et à l'eau, attaché par un collier de cuir autour de son cou relié par une chaîne aux anciens anneaux des bêtes le long de la mangeoire, il n'aurait plus pour se coucher à son retour au dortoir que de la paille, là-haut, dans la soupente où ils étaient quinze à se serrer pour treize lits. C'était le directeur en personne qui avait prononcé sa sentence à l'heure de l'écuelle, à l'heure où ils se jetaient tous dans un silence peureux sur la pitance nauséabonde servie par les gardiens, qui devenaient si hargneux lorsque l'un d'eux osait bousculer un autre misérable pour se nourrir. Ils n'attendaient que ça, les gardiens : que les petits animaux se battent pour une cuillerée de soupe au purin, et alors ils avaient le plaisir de pouvoir jouer sur leurs dos avec leur jonc. Il y avait justement eu droit ce soir-là devant tous, obligés de le regarder au risque, s'ils baissaient les yeux, de rejoindre l'estrade pour la même peine : il avait relevé sa loque sur son dos maigre et déjà marbré de coups anciens, de cicatrices et de plaies encore ouvertes, et le gardien avait fouetté, vingt coups de feu, ça faisait partie de la sentence aussi. Son dos le brûlait, mais moins que la terreur de se retrouver dans l'étable. Il connaissait. Augustin du dortoir numéro 3, un joli angelot blond et décharné d'environ huit ans, aux grands yeux verts délavés par l'effroi, n'en était jamais revenu ; depuis le temps, personne ne l'attendait plus dans les soupentes ; les petits animaux savaient que ça ne servirait à rien d'espérer le revoir un jour. Les nouveaux arrivants comprenaient immédiatement qu'il ne fallait jamais poser de questions en Enfer. De toute façon, ils étaient tous passés d'un autre enfer à celui-ci, même si certains, la nuit, les nouveaux la plupart du temps, osaient étouffer leurs pleurs dans la crasse des paillasses, en hoquetant que, quand même, c'était le pire enfer qu'ils avaient vu, et que l'enfer d'avant était plus doux. C'était ça, l'institut, ils l'appelaient tous l'Enfer, et le directeur en était l'Ogre suprême ; sa femme, la directrice, l'Ogresse, s'occupait des sous et des fillettes, et pour le reste, elle n'était pas regardante sur ce que fabriquaient son mari et certains gardiens avec les enfants placés.

Lui, il s'appelait Armand Petit, il avait eu des parents un jour, au moins une mère, mais il ne se souvenait pas d'elle. Ses premiers souvenirs n'étaient que l'Enfer, et, un peu plus avant, la vague image d'une péniche qui puait l'eau saumâtre et de châlits de bois le long de ses flancs, de dizaines d'enfançons morveux pleurnichant de peur, sermonnés par des sœurs en cornette, puis d'une carriole où ils avaient embarqué à vingt, entassés, pour arriver aux portes de l'institut. Il devait avoir cinq ans. Paris n'aimait pas ses enfants abandonnés. La capitale et ses faubourgs en regorgeaient, insupportables à la vue du bourgeois et de madame, trop nombreux pour que le peuple besogneux puisse les nourrir. Les plus âgés s'en sortaient en se vendant au jour le jour pour tirer des carrioles, vider des latrines, se nourrir des restes sur le carreau des halles, voire en ouvrant leurs fesses ou leur sexe... Les plus jeunes, nourrissons ou malades indigents, mais aussi délinquants malchanceux, étaient raflés par charrettes entières lorsqu'ils devenaient trop visibles et trop nombreux. Triés, lavés, pansés et soignés pour les plus atteints, ils ne restaient pas longtemps dans les foyers de l'Assistance publique de Paris. Le Morvan les attendait, terre d'accueil des enfants abandonnés de Paris ; en l'espace de deux siècles, ils étaient devenus le gagne-pain d'une région tout entière, vomis depuis des péniches sur les quais de Chalon ou d'autres petites cités portuaires de la Saône. Lorsque les nourrices avaient sevré les nourrissons, puis que les sœurs jugeaient qu'ils étaient en âge de quitter l'abri de leurs hospices, ils devenaient alors les lots de chair humaine et de force de travail gratuite d'une enchère où se pressaient fermiers, notables... et l'Ogre. Une loterie, vraiment, où leur vie ne tenait parfois qu'à un fil selon leur bonne ou belle mine, leur corpulence, inspectés jusqu'au fond de la gorge par des regards tout droit sortis du Moyen Âge. Certains avaient de la chance en ne passant pas par la case institut. Ils intégraient alors soit des écuries, soit des chambres de bonnes ou des cuisines. Il valait mieux devenir souillon ou garçon vacher, être apte à l'esclavage dans une bonne maison, qu'être délaissé, rebut bon pour les Vermiraux.

L'institut était bondé, l'argent des pupilles de l'État qui arrivait depuis la capitale remisé dans la bourse personnelle du directeur et de sa femme. On leur apprenait à baisser la tête en même temps que toutes sortes de corvées, sous la surveillance de gardiens à fouets. Et gare à celui qui avait encore l'énergie de se tenir droit et d'oser se rebeller, voire de fuguer. La punition était souvent mortelle, ou les gendarmes le retrouvaient, grâce à l'aimable contribution des habitants des alentours. Tout le monde savait, tout le monde fermait les yeux, car tout le monde y gagnait un plat bien garni. Quant aux rebelles fugueurs et chanceux, ils trouvaient toujours que les geôles valaient mieux que l'institut. Et les gardiens au cœur trop tendre étaient renvoyés avec une bourse pleine de pièces et de menaces. Les révoltés étaient de toute façon si rares…

Aujourd'hui, Armand ne savait plus quel âge il avait. Sans doute quatorze ou quinze ans : à l'école, lorsqu'ils avaient l'autorisation de s'y rendre, le maître n'avait même pas leur date de naissance. Alors… Il devait sa survie à des souvenirs inventés, d'avant la péniche, d'avant la carriole, d'avant l'Enfer, d'un jour où il avait eu au moins une mère, c'est sûr. Il ferma les yeux. Elle était là, grande, belle, brune comme il l'était, souriante, avec ses longs cheveux dénoués et bouclés, comme ceux de la petite Marcelle, mais propres et soyeux, bien peignés, pas comme ceux de la petite Marcelle, pouilleux sur un crâne aux croûtes purulentes. Elle lui faisait un grand sourire, et lui tendait le nid de ses bras pour qu'il vienne s'y lover et mettre sa tête entre ses beaux seins d'ivoire, lourds sous le corsage de coton d'un blanc propre et pur comme une pleine lune. Alors, elle lui chuchoterait de ne pas avoir peur, et caresserait sa tête, emmêlant ses longs doigts fins dans ses boucles brunes, prouverait son amour en un long baiser qui descendrait du sommet de son crâne jusqu'à son oreille gauche. Sa main était fraîche en été, chaude en hiver. Lorsqu'il entendit le bruit du cadenas de la porte de l'étable qu'on secouait, il se pissa dessus.

L'Ogre répandit sa semence avec un grognement d'intense jouissance. Il avait secoué le petit corps pendant quelques secondes, trop courtes, avant d'arriver à se satisfaire. Il resta un instant pantelant, empalé dans les fesses du garçon qu'il avait courbé sans peine sur la terre battue. Le gamin ne s'était pas débattu. Il avait l'habitude. Il avait couiné de douleur au début, laissant sur la terre la marque des lacérations de ses ongles noircis. Leur cul, c'était malgré tout ce qu'ils avaient de plus propre à l'institut. Les bouches puaient, et il avait peur de se faire mordre le pénis par ce qu'il leur restait en dents cariées. Il réalisa qu'il était carrément allongé sur le dos du garçon, maintenant à plat ventre. Il tenait encore à la main la chaîne, qu'il avait tendue pour immobiliser sa proie. Le cou du gosse faisait un angle étrange au-dessus du collier de cuir, un décalage incongru entre la tête aux boucles brunes collées par la saleté et les maigres omoplates. Il faudrait qu'il ordonne de lui faire raser le crâne. Il essuya sa verge sur la loque, flagellant les petites fesses de sa main carrée et soignée. Il nota avec une grimace d'étonnement les perles de sang que son pénis avait laissées sur le tissu. Le garçon ne réagit pas. Les autres fois, il n'avait pas saigné. L'Ogre se mit debout, et se rajusta, songeur. Une fois sa tenue époussetée et en ordre, son gilet reboutonné sur ses bretelles, il donna un léger coup de pied dans les côtes du petit corps immobile. En vain. Il le retourna alors, d'une simple poussée de sa chaussure de cuir bien cirée, à peine ternie par la poussière de l'étable. Le corps du garçonnet roula, et l'Ogre put constater qu'il avait l'air mort : les vertèbres s'étaient sans doute brisées sous le cuir du collier, et, au milieu du visage aux yeux exorbités et aux globes rougis de vilaines veinules éclatées, les lèvres boursouflées n'avaient pas résisté à la poussée de la langue, violette et gonflée. Il n'avait pas senti qu'il était en train de le tuer. Il épongea sur son front une subite sueur, de courte durée. Nom d'un chien, ce bâtard aurait dû crier, lui demander d'arrêter ! Sale petit fils de pute ; par sa faute, il allait encore devoir remplir le puits, et, dans deux ou trois jours, déclarer sa fugue auprès des gendarmes et de la mairie. Sa femme remplirait le dossier pour le directeur d'Auxerre, elle savait y faire avec l'administration. Il saisit du bout des doigts ce qui aurait dû servir de couverture pour la nuit au puni. Il lui aurait volontiers botté le visage, avec ses yeux béants qui le regardaient, pour le réduire en bouillie. Il engloutit le corps maigrichon dans la couverture, qu'il fit rouler du bout de ses chaussures cirées jusqu'à la fosse à purin vide, non loin. Un vague son de sac à patates qui s'écrasait monta du fond de la fosse. Il reviendrait plus tard dans la nuit, équipé et habillé pour faire disparaître ce triste petit étron de sa vie de directeur de l'institut. Il s'essuya les mains avec son grand mouchoir bien plié et repassé, puis sortit de la poche de son gilet un crayon de bois et un carnet, qu'il feuilleta jusqu'à trouver les dernières de ses notes. À la suite d'une instruction à donner aux gardiens au sujet de la répartition de ses pensionnaires pour le travail des futures moissons dans les fermes des environs, il inscrivit d'une belle cursive la date :

« 11 juillet 1911 », *qu'il souligna. Dessous, il consigna tout aussi soigneusement :*

« A. Petit puni à l'étable. Motif : a souillé son matelas pour la troisième fois en trois jours. Noté absent à l'appel du matin du 12 juillet. S'est enfui de l'étable où il était consigné. Déclaration de sa fugue le 13 juillet 1911 s'il n'est pas retrouvé.

Le directeur : Michel-Édouard Dréon. »

Michel-Édouard Dréon soupira en replaçant le carnet et le crayon dans sa poche : Armand avait des fesses de velours. Dommage.

Chapitre 45

Marcelle
17 juillet 1911

Les gamines se tenaient au garde-à-vous, plantées comme des cierges sales dans le couloir sombre et puant, mais têtes baissées, certaines aux chevelures rabattues en heaumes pour masquer l'effroi qui gouttait de leur regard, que d'autres, têtes rasées pour cause de vermine, ne pouvaient invoquer. Les portes des soupentes étaient ouvertes. C'était jour d'inspection. L'Ogresse, en grande tenue de directrice de l'institut, tout de noir vêtue, collet retroussant les plis maigres de son cou de poule jusque sous le menton, lorgnon comme une baïonnette, jouait lentement de sa longue baguette. Les petits corps tout en os tremblaient, les poitrines qui osaient pointer se recroquevillaient, les mains sales et rougies par les travaux de lessive, de cuisine et de tant d'autres labeurs étaient serrées en poings ; l'air et le sang s'étaient rués hors de toute chair.

Le rituel était connu de toutes : l'Ogresse inspectait en premier les paillasses de chaque soupente. Elle soulevait les couvertures de sa baguette, et cherchait le sang. Ensuite, chaque pensionnaire de la soupente recevait un coup de baguette sur les fesses ; elle devait alors soulever sa jupe, baisser sa culotte sale, et écarter les jambes. La baguette s'insinuait comme une lame entre les lèvres de leurs sexes. Le malheur pouvait alors tomber sur n'importe laquelle d'entre elles si la baguette, inspectée d'un regard acéré, portait la trace des premières menstrues : la gamine qui fleurissait en rouge était immédiatement renvoyée dans sa soupente, porte bouclée. Elle serait placée dans une ferme dans les jours qui suivraient, sans baluchon, logée dans le meilleur des cas dans une autre soupente. L'Ogresse choisissait avec soin les accueils des condamnées. Les plus maigres se négociaient contre de la viande, des sacs de farine ou de légumes secs, voire des œufs pour les plus vilaines. Celles heureusement dotées d'un visage et d'une denture sains étaient en revanche immédiatement dispensées de travaux, récurées des pieds à la tête, à l'eau froide, nourries durant plusieurs jours de viande et de légumes, puis emportées. L'Ogresse s'était auparavant chargée des négociations. Les jeunes élues en fleur quittaient alors l'institut pour toujours, tandis que l'Ogresse affichait derrière sa paire de lorgnons une lueur qui en disait long sur le contenu de la bourse, bien remplie ou non, qu'elle venait de remiser dans le coffre de l'institut.

La petite Marcelle comptait dans son poing celles qui restaient entre elle et la baguette. C'était le tour de sa cellule, bientôt celui de sa culotte. Elle priait le Seigneur Dieu : elle avait appris par la rumeur qu'Armand n'était pas revenu de l'étable ; il ne ferait pas les moissons. Le directeur avait déclaré sa fugue aux gendarmes et, devant tous les pensionnaires (les garçons des Vermiraux, les filles des Pierres-qui-Pleurent), avait longuement décrit le futur d'Armand, qui serait forcément rattrapé. Un avenir de geôle, de fers, de pain sec et d'eau, sans lumière, pendant des mois et des mois. Elle avait fermé les yeux et, sous ses paupières froncées, tentait de retrouver l'image du garçon ; seuls des éclats pourpres lancinants venaient lacérer ses yeux. Alors elle s'était mise à prier, lèvres closes, Pater Noster et Notre Vierge Marie, puis de nouveau Pater Noster et Notre Vierge Marie, et ainsi de suite. C'était les deux seules prières qu'elle connaissait par cœur, les seules d'ailleurs que les sœurs leur avaient enseignées. Elle priait pour Armand, et puis pour elle aussi. Depuis qu'elle avait cherché à savoir où était passé le garçon, on l'avait tondue car elle avait attrapé la vermine. Son cuir chevelu était encore marqué de croûtes purulentes aux endroits où ses ongles avaient tenté d'arracher le prurit. Depuis quelque temps, elle était régulièrement prise de nausées. Heureusement, elle avait immédiatement su retenir dans sa bouche le flot de bouillie et de bile qui remontait de son estomac crispé ; elle rendait le tout en cachette dans les latrines, ou dans l'étang de la lessive, ou derrière une haie du potager. Elle avait appris aussi, au pire, à le ravaler. Elle était soulagée : elle n'avait pas maigri ; mais sa poitrine plate commençait à prendre des formes dures.

Rassurée tout autant qu'inquiète : les enfants trop rebelles ou trop faibles pour travailler étaient punis et entassés, filles et garçons, dans la grande étable isolée, sans lumière, au sol de terre battue, enfermés loin du village. Ils oubliaient vite le jour et la nuit. Lorsque la porte s'ouvrait, c'était la ruée. Un gardien déposait sur le sol, deux fois par jour, leur pitance dans de grandes bassines, et de l'eau dans des seaux. Ils étaient obligés de se battre pour être les premiers sur la bassine et racler dans le creux de leur main la nourriture infâme. Ils pissaient et chiaient dans une rigole creusée le long d'un mur. De temps en temps, un pensionnaire alourdi de deux seaux d'eau venait diluer les étrons de la rigole sous la surveillance d'un gardien. Le seul bruit de l'eau suffisait à les ravir : il emportait les miasmes. Le gardien avait également la charge de trier ceux qui avaient suffisamment courbé l'échine pour pouvoir retourner au labeur. Ceux-là devaient se mettre nus, puis avaient droit à des flots d'eau glacée jetés sur leur corps en guise de toilette, renvoyés ensuite qui à l'étang pour la lessive, qui au potager, qui aux champs ou au bois, au nettoyage, aux bêtes... Au sortir de l'Enfer de l'Enfer, ils restaient à moitié aveugles pendant plusieurs heures, les pupilles brûlées par la lumière qui se ruait soudain sur eux.

Marcelle ne voulait pas se retrouver dans l'Enfer de l'Enfer. On pouvait y mourir aussi, de froid. Alors elle ravalait et sa peur et le quignon de pain moisi rendu du matin, et elle travaillait plus dur encore malgré les vertiges qui la surprenaient pendant le labeur. Elle rouvrit les yeux quand elle entendit le jonc claquer sur les fesses de sa voisine de rang, la Rose, dépourvue malgré son prénom de toute couleur et de tout velours. La Rose tentait d'étouffer depuis des jours un vilain soufflet dans sa poitrine. La nuit, sa respiration ronflante emplissait toute la soupente. Lorsqu'elle parvenait à cracher dans le seau, les pensionnaires pouvaient alors espérer dormir un peu... La Rose avait replié ses poumons durant l'inspection des paillasses, mais là, alors qu'elle écartait les jambes, la toux explosa, avec les larmes. L'Ogresse leva le jonc, et frappa les cuisses maigres. « Montre ! » Rose déjà flétrie, même pas en bouton... « Crache, là, dans ta main ! Que je voie un peu ce qui te sort des poumons ! » marmonna l'Ogresse en giflant les menottes de la fillette. Elle ne criait jamais... il lui suffisait d'un regard, d'un ordre murmuré, et toutes comprenaient. Une quinte de toux s'empara de nouveau de la Rose, qui mit ses mains en coupe devant sa bouche pour y cracher l'infection : une vilaine glaire teintée de rouge.

L'Ogresse siffla : « Essuie-moi ça tout de suite sur ta jupe. Et viens avec moi. Les autres, faites vos paillasses, on vous attend aux champs. Tout de suite. Les blés sont mûrs. »

Ce fut tout. Le cœur de la petite Marcelle s'apaisa peu à peu. Rose, en pleurs, l'Ogresse la dominant, disparurent enfin, et Marcelle put rendre son quignon de pain dans sa jupe.

Les blés, le seigle ou l'orge mûrs, c'était l'air libre et des bouts d'horizon au-dessus de la forêt, le soleil, même si la chaleur et la paille vous dévoraient de leurs piqûres. Comme tous les autres, Marcelle espérait ces moments d'été au cours desquels les pensionnaires de l'institut, les colons, filles et garçons, cueillaient, sarclaient, coupaient, arrachaient, triaient, fauchaient, battaient, lavaient, reprisaient... oubliaient. Une période bénie par tous, qui retrouvaient alors un peu de peau rougie puis dorée, et, si la chance vous attrapait, des repas dignes des travailleurs des champs qu'ils devenaient durant la saison ; il suffisait que le patron ou la patronne qui les louait s'émeuve de leur maigreur ou félicite leur courage et leur ardeur pour que le pain et le lard soient épais et abondants, que l'eau soit claire et fraîche, voire agrémentée d'un peu de miel. C'était en général en été aussi que le hasard de la location des pensionnaires aux fermiers pouvait changer le cours de leur vie : les plus hargneux au travail et doux aux ordres pouvaient être réclamés et négociés à l'année par des propriétaires terriens plus argentés que d'autres, ce qui était hélas fort peu souvent le cas des habitants de cette région de vallons, au bout du monde. Surtout, l'Ogre et sa femme appréciaient le profit des sous-locations saisonnières, bien plus rentables que les placements de longue durée en ferme. Mais les enfants avaient compris depuis si longtemps que leur sort était lié à leur capacité à travailler et à produire sans surtout rien revendiquer que les garçons trimaient encore plus fort, plus longtemps, que les filles ignoraient leurs engelures à tordre draps et chemises trempés dans l'eau toujours glacée des lavoirs, se retenaient de s'abreuver au plus fort de la chaleur des moissons pour ne pas être obligées de s'interrompre pour aller pisser… Il en était ainsi pour toutes et tous, unis par cet espoir qu'il ou elle serait l'ange dévoué sorti de l'Enfer grâce à ses efforts, qu'il ou elle trouverait une place sur un banc devant un âtre brûlant et brillant de flammes plus hautes qu'eux, une assiette remplie de soupe chaude à la table d'une maison. Et tant pis pour Armand qu'elle ne croiserait pas cet été pour la moisson, tant pis pour la Rose qui crachait ses poumons, elle devait être la meilleure. Marcelle, en évaluant la durée de la fauche sur l'espace du petit lac de parme et d'or formé par le blé ondoyant sous les premiers rayons du soleil, cacha son rire dans sa main : c'était beau, un jour d'été, et le monde à l'autre bout du champ une fois fauché recélerait sans aucun doute sa nouvelle vie. Elle se plaça dans la ligne des femmes chargées de constituer les javelles, et s'élança pour ramasser sa première brassée fauchée sur la terre par les hommes devant, qui maniaient à juste distance leur outil à gestes amples et sûrs. Sa foi la soutiendrait jusqu'à en lier au moins soixante-dix ; elle n'avait pas osé demander plus au Seigneur que ces soixante-dix javelles pour la journée. Elle avait déjà oublié les images d'Armand et de Rose, elle n'avait plus la nausée ; elle goûtait la chaleur montante d'un matin tout neuf et léger sur son crâne tondu.

Chapitre 46

20 août 1911

Elles avaient été ramenées aux Pierres-qui-Pleurent en charrette. C'était le fermier pour lequel elles avaient travaillé les derniers jours de la moisson qui avait tenu tête à l'Ogresse, et refusé qu'elles reprennent la route à travers champs et sentiers de forêts à pied après leurs journées de travail pour lui. L'homme, du nom de Matthieu Cottard, avait donc attelé son cheval de trait, et, après avoir distribué à ses glaneuses, qu'il avait félicitées pour leur vaillance, un copieux goûter de pain, de beurre et de confiture, ainsi que de lait, les avait fait monter dans la carriole avec ses propres enfants. Elles étaient six à rentrer à l'institut. Six à avoir été louées pour aider Cottard à ramasser son orge et à s'occuper de ses enfants durant la moisson sur plusieurs de ses parcelles. Marcelle, la plus âgée d'entre elles, avait été plus particulièrement sollicitée par le fermier pour veiller sur ses cinq petits, qu'il avait dû emmener aux champs ; sa femme, malade, n'était bonne qu'à garder le lit, et « plus les gosses », avait-il lâché avec une pauvre grimace.

Marcelle avait été l'objet de leur dévotion hagarde durant toute une semaine. Les tout-petits n'avaient pas lâché sa jupe, se réfugiant même dessous lorsqu'ils étaient fatigués, sans cesse à tendre leurs menottes pour qu'elle les prenne dans ses bras. L'aînée, Marguerite, âgée de onze ans, la secondait dans sa tâche ; la plus jeune, Marie, n'avait qu'un an, et au milieu il fallait veiller sur les jumeaux de neuf ans, les bien trop frêles Germain et Germaine, ainsi que sur l'audacieuse Léonie, six ans, sans peur et avide d'aventure et de découverte. Marcelle avait bien essayé de lier quelques javelles lorsque le bébé s'assoupissait, mais dès qu'elle s'éloignait les jumeaux se mettaient à brailler, Léonie à les pincer puis s'enfuir, Marguerite à ses trousses qui lui criait de ne pas bouger. Marcelle s'était vue ordonner par le père Cottard de ne plus s'occuper de ses javelles mais des enfants. L'angoisse de ne pouvoir vendre sa maîtrise et sa rapidité à lier les bottes l'avait submergée, en même temps que s'évanouissait son rêve du début de l'été : si elle avait été complimentée pour son travail et bien nourrie, aucun exploitant agricole n'avait montré d'intérêt à la prendre en pension à l'année ; Cottard avait été son dernier espoir de trouver à se placer dans une ferme.

Le bébé contre sa poitrine, elle se retenait pour ne pas fondre en larmes. Chaque cahot du chemin la jetait contre sa petite voisine, tout aussi terrorisée à l'idée de retourner en Enfer, mais suffisamment meurtrie par les travaux des champs pour la boucler. L'été s'achevait pour elles ; la nuit tombait plus vite. Les enfants Cottard s'étaient endormis sur une botte de paille, mais l'aînée, Marguerite, serrait la main de Marcelle fort dans la sienne, et Marcelle pouvait éprouver la crainte de l'enfant à retrouver une mère mourante, la charge des petits qu'elle savait devoir assumer seule. Marcelle en oubliait presque son propre sort ; elle avait découvert avec stupéfaction qu'elle pouvait être au centre d'un complexe flot d'émotions : affection, tendresse, douceur protectrice... Elle s'était sentie apprivoisée tout autant qu'elle avait apprivoisé, dans un effort d'humanité qu'elle n'avait jamais connu auparavant : donner de l'amour et en recevoir, du moins être l'objet de confiance et de gratitude, enfantine comme paternelle. C'était neuf, bon, à la limite du bonheur, un sentiment inconnu. Alors sa poitrine était comprimée à l'idée de quitter les enfants, et la menotte de Marguerite dans la sienne certifiait le pacte qui venait de se nouer entre la jeune pupille et les petits Cottard.

À la vue des toitures austères de l'institut, Marguerite se mit à sangloter. Alors Marcelle la prit elle aussi contre sa poitrine, essuyant ainsi les larmes de la gamine sur son corsage. Le bébé Marie dormait toujours paisiblement dans sa chaleur ; les jumeaux s'étaient encastrés tête-bêche dans un sommeil de ventre de mère ; Léonie, bouche ouverte, yeux clos, poings fermés, semblait encore défier l'inconnu à toute force. Ils étaient sales et beaux, Marcelle devait les quitter.

Chapitre 47

1er septembre 1911

Cela faisait plusieurs jours que le bruit courait : le nouveau directeur de l'agence d'Avallon allait procéder à une visite surprise des instituts et des foyers qui avaient un pupille à charge, heureusement choisis par l'administration dans de mêmes communes, quoiqu'éparpillées sur le territoire. Les pensionnaires des deux sexes, dans leurs instituts respectifs séparés de quelques kilomètres, en percevaient effectivement tous les signes : la fébrilité régnait sur le personnel de garde, le foin pourri des paillasses avait été changé, le récurage de tous les bâtiments, des cellules aux étables, des poulaillers aux parties communes, commençait dès l'aube pour s'achever tard le soir, ainsi que les lessives et les reprises des vêtements sortis pour l'occasion de l'inspection ; la chasse aux poux et autres parasites était quotidienne, et, surtout, les repas étaient plus copieux ; seule l'eau grâce à laquelle ils pouvaient se décrasser exceptionnellement tous les soirs restait glacée.

Pour l'inspection, le médecin, toujours le même, une vieille connaissance de l'Ogre et de l'Ogresse, avait été requis, et bien payé pour ses services, ses remèdes et sa discrétion en toutes circonstances : baumes et onguents cicatrisants pour les plaies et les bleus de toutes sortes, sirops, conseils de nutrition pour les plus faibles... L'Ogresse scrutait la mine et les mains des filles, ordonnait les sourires, redressait les dos, inspectait les tenues vestimentaires et les chignons serrés.

Tout le monde savait, mais personne ne savait quand exactement. Il suffisait d'un temps capricieux, d'un chemin trop boueux pour le cabriolet du directeur, d'un incident sur le placement d'une pupille, et les visites pouvaient s'en trouver décalées de quelques jours. Les inspections, ce n'était un secret pour personne, étaient signalées par un ou deux fonctionnaires régionaux au zèle rétribué par l'Ogre et son épouse. Le manège durait depuis des années ; lors de ses visites, le directeur en personne pouvait constater que les deux instituts du couple étaient bien tenus, les livres de comptes en ordre, les dotations de l'État utilisées au service des enfants placés ; ces derniers éduqués et soignés comme il était convenu entre les gérants des instituts éducatifs et sanitaires et l'État, en l'occurrence l'agence d'Avallon, qui gérait principalement le placement des enfants assistés du département de la Seine dans le vaste Morvan.

Le nouveau directeur de l'agence était scrupuleux, pas comme celui auquel il avait succédé. Il se sentait débordant de la grandeur de sa mission au service de l'État et des enfants abandonnés : élever sainement ses pupilles de l'Assistance publique pour les inscrire durablement dans cette région trop peu peuplée, afin qu'ils contribuent ainsi à leur tour au développement de l'agriculture et de l'industrie locale en s'établissant, une fois adultes, dans ces déserts de forêts à perte de vue. Il avait ainsi la charge de plusieurs circonscriptions, par conséquent une multitude de placements dans des dizaines de communes. Les deux époux Ogres, quant à eux, pratiquaient à merveille dans leurs instituts respectifs l'illusion de la respectabilité. Le nouveau directeur ne devait rien soupçonner du régime esclavagiste dans lequel les enfants vivaient. Pour ce faire, ils payaient, puisque tout était monnayable aux alentours, les enfants comme le silence.

Marcelle, depuis la fin des moissons, était redevenue terreuse ; son ventre s'arrondissait, mais c'était comme s'il occupait la béance de son estomac rétréci ; elle avait si vite reperdu le poids gagné grâce aux repas servis par les fermiers que l'été n'était déjà plus qu'un très lointain souvenir. Seul le souvenir de la chaleur des corps des enfants Cottard contre elle la ranimait de temps à autre, surtout au moment où on les enfermait dans leur cellule pour la nuit. Rose la fanée, disparue de l'institut, avait été aussitôt remplacée sur la paillasse de la cellule par une autre petite fanée de sept ans. La gamine avait reniflé chez Marcelle les lambeaux d'amour qui lui restaient accrochés dans la paume des mains. À l'aube, Marcelle la retrouvait souvent sur sa paillasse, recroquevillée contre elle ; Marcelle se défendait de l'aimer. Elle avait entendu chuchoter que Rose avait été envoyée à l'hospice pour y être enfin soignée, mais les recoins de la maison étaient agités de tant de terreurs que même le faible écho d'une attention médicale ne pouvait être que faux. Si les poumons de Rose avaient guéri, tant mieux, mais Marcelle n'en croyait pas un mot. Marcelle et ses rêves étaient morts avec l'été, comme Rose probablement, comme Armand aussi. Et la petite, qu'elle chassait à coups de pied tous les matins hors de sa couchette, n'échapperait pas non plus au mauvais sort.

Ce matin, elles étaient les dernières à passer la visite médicale. L'Ogresse avait géré les visites du médecin comme sa bourse, lui présentant en priorité les fillettes les plus mal en point. Les pensionnaires en état étaient soumises à un examen de routine, qui consistait à constater l'absence de tout symptôme, pesées et mesurées pour la forme, questionnées sur leur état de femme, méchamment houspillées par l'Ogresse si elles semblaient ignorer ce que voulait dire le monsieur en redingote qui leur palpait la poitrine et le ventre. « Le sang, idiote ! Tes menstrues, tu les as déjà eues ou non ? » Marcelle avait nié en toute franchise avoir déjà saigné. Le gros docteur lui avait pincé la joue, en déclarant qu'elle avait bonne mine ; celle-là ferait bonne impression sur le directeur de l'agence. Le lorgnon de l'Ogresse s'était tourné vers le pince-nez du médecin, l'un et l'autre laissant percevoir les regards complices et satisfaits de ce constat.

Le cabriolet du directeur avait été annoncé sur le chemin de la propriété, la cloche avait sonné le regroupement, les dernières injonctions et menaces été proférées. Elles étaient toutes en rangs, sages et propres, mains croisées sur leur tablier amidonné. Le directeur de l'agence, à leur vue, soupira de contentement avant même de mettre le pied sur le sol de la grande cour. Elles paraissaient toutes comme il l'avait espéré, bien que maigrichonnes, mais c'était le lot de tous les enfants de cette campagne, pupilles ou non. Celles-ci avaient un toit, des habits propres, une salle de classe et quelques professeurs pour dispenser l'instruction de base, à savoir, outre l'écriture, la lecture et le calcul, des cours de travaux ménagers ; aux Pierres-qui-Pleurent, son inspection ne durerait que le temps de faire l'appel des pensionnaires et de vérifier que les instructions de l'Assistance publique étaient bien appliquées. Il avait tant de foyers à visiter encore…

Le cabriolet reprit le chemin à sens inverse deux heures plus tard, en route vers les Vermiraux, l'institut des garçons, tenu par monsieur Michel-Édouard Dréon ; le directeur de l'agence, repu de satisfaction et de soulagement, tentait entre deux cahots d'écrire une première ébauche de son compte rendu, notes qu'il rédigerait le soir même au propre sur son journal de bord. Il avait bien noté la présence de quelques rats dans les étages des chambres, mais madame Dréon, la directrice et gérante, l'avait rassuré : les pensionnaires avaient beau savoir qu'il était interdit de cacher du pain ou d'autres restes de nourriture dans les couches, elles n'en faisaient qu'à leur tête ; elle dirigerait elle-même une chasse aux gourmandises le soir même. Madame Dréon méritait une bonne appréciation.

Les professeurs redevinrent des gardiens qui ordonnèrent aux fillettes d'ôter robes et tabliers propres afin de les remiser pour la prochaine inspection ; les fillettes, soigneusement bouclées dans leurs cellules, renfilèrent leurs hardes en tremblant et redevinrent des esclaves ; la directrice replia son sourire maternel, remit ses sautoirs et ses bagues, et redevint l'Ogresse ; le Paradis n'existant pas, l'Enfer resta l'Enfer.

Chapitre 48

14 septembre 1911

Les visites des messieurs de la ville, elles, contrairement à celles du directeur de l'agence, n'étaient jamais précédées par la rumeur. Ces visites-là imprégnaient la mémoire et les pires histoires de toutes les pensionnaires ; de la plus jeune à la plus âgée, elles savaient que si, un matin, l'Ogresse et la gardienne en chef, la Brême, leur faisaient prendre un bain chaud, si elles inspectaient leur corps jusque dans l'intimité de leur bouche et de leur sexe, si elles brossaient leurs cheveux pour les natter et les enrubanner, si elles les parfumaient, si elles les habillaient comme de sages petites filles bien élevées de la ville, elles allaient rencontrer des messieurs qui voudraient se faire appeler « mon papa chéri ». Aucune ne savait ce qu'était un père.

Marcelle avait eu un « papa chéri ».

Marcelle avait prié pour qu'il ne revienne jamais. Elle avait eu beau prier, ce matin, elle était assise nue dans l'eau bouillante du tub, tâchant de masquer ses seins gonflés et son petit ventre, responsables de ce charme dodu qui avait attiré l'attention de l'Ogresse sur elle ; avec son visage de fillette, même pas bien joli, elle ferait une parfaite poupée de porcelaine animée.

La dernière fois, la Brême lui avait presque brûlé les cheveux et le crâne pour lui faire des « anglaises » ; tout comme les mots « papa chéri », elle ignorait le sens de celui-ci jusqu'à ce que l'Ogresse lui expliquât avec un coup de baguette sur les fesses pour qu'elle se tînt tranquille qu'il s'agissait de boucles, une coiffure très en vogue à la ville. Puis l'Ogresse lui avait tendu une combinaison de coton blanc et une robe à grand col croisé bleu marine et blanc qui couvrait fort à propos ses genoux cagneux et calleux. Elle avait été réprimandée pour toute son ignorance, qu'elle fût au sujet du sens de la robe à enfiler comme du laçage des petites bottines qui comprimaient atrocement ses pieds. La Brême, après avoir barbouillé son visage de poudre blanche et sèche, lui avait collé un rond de rouge sur chaque joue et sur les lèvres, puis lui avait fixé sur les cheveux un drôle de chapeau rond au moyen de grandes aiguilles qui lui avaient déchiré le cuir chevelu. Il n'y avait pas de miroir pour qu'elle se regarde. Elle se demandait pourquoi on ne lui avait pas donné de culotte.

Lorsqu'elle avait pu entrevoir son reflet dans un miroir, une fois qu'on l'eût poussée dans le grand salon de la maison de l'Ogresse, elle avait alors vu une vraie poupée comme celle aperçue une fois dans les bras d'une enfant du village, mais une poupée de sa taille, aux grands yeux fixes ; elle n'avait pas réalisé que c'était elle. Entre les guéridons supportant des vases de fleurs, des canapés et des fauteuils étaient bondés de messieurs attentifs et bien mis. Les fillettes, du même nombre que les visiteurs, avaient été invitées à se baisser en révérence devant chacun d'entre eux, puis l'Ogresse, d'un claquement de mains, tout sourire, leur avait donné le départ de sa première instruction : danser une ronde en chantant avec un grand sourire « Le Curé Printemps », rengaine apprise le matin même sous la baguette.

Les fillettes terrorisées s'étaient alors mises à balbutier :

« Le curé de notre village
Est indulgent pour les amours
Et les filles du voisinage
À lui se confessent toujours,
Il absout toutes les fredaines
Sitôt qu'avril fleurit les champs
Et les gentilles paroissiennes
L'appellent le curé Printemps »

« Ah le bon curé mes amis
Que celui de notre pays
De chambertin ou de chablis
Remplissez son verre
Car il adresse au paradis
Les péchés de toute la terre
De chambertin ou de chablis
Remplissez remplissez son verre… »

Les mots avaient giclé par à-coups de leurs bouches crispées, hachés par les hoquets de peur, tandis que l'Ogre, assis devant un piano, avait tapé vigoureusement sur les touches de l'instrument pour accompagner en rythme le chant des fillettes, qui se marchaient sur les pieds, maladroites dans leurs bottines à lacets. La ronde terminée, elles avaient dû saluer sous les applaudissements et les rires de ces messieurs. L'Ogresse avait ensuite reversé du vin dans les verres vides, et les invités du couple, manifestement repus d'un souper aux traces invisibles si ce n'étaient les taches sur leur gilet comprimé voire déboutonné, avaient pu désigner leur choix d'un index manucuré. Marcelle s'était ainsi retrouvée sur les genoux du « papa chéri » qui la couvait du regard depuis son entrée dans la pièce. « Papa chéri » était d'une corpulence toute grasse de la tête aux pieds, de ses cheveux gominés à ses souliers huilés en passant par son costume lustré, affalé dans un fauteuil trop petit pour son corps débordant, il paraissait luire de reflets bistre métalliques dans le halo jaunâtre de la lampe à huile qui l'enrobait. Marcelle avait immédiatement senti la main sous sa robe, en train de palper ses maigres fesses, puis des doigts s'insérer dans son sexe. Les odeurs de « papa chéri », bouche mordant son cou, de sueur et de vin aigre, l'avaient cognée au cœur. La suite, elle ne s'en rappelait que comme une immense douleur qui l'avait prise dans le ventre, alors que « papa chéri » lui avait écarté les jambes sur le lit d'une chambre sombre et glacée.

Cette fois-ci, le cérémonial fut identique : révérence, ronde, chant, Ogre au piano, Ogresse au service. Marcelle avait immédiatement reconnu son « papa chéri » parmi les invités du ballet ; il avait esquissé dans sa direction un souffle de baiser postillonnant ; elle avait envie de vomir. Elle dut agripper de force la main d'une des pensionnaires pour l'entraîner dans le simulacre joyeux de la ronde. La fillette, âgée d'environ douze ans, trébuchait sans cesse, bouche grande ouverte mais muette, joues inondées de larmes. Marcelle lui jetait des coups d'œil inquiets : si la petite ne se ressaisissait pas, la troupe des pensionnaires serait tout entière prise par la panique, et ce ne serait pas l'Ogresse qui les fouetterait, mais ces messieurs aux mains déjà frémissantes d'extase devant leur terreur. Elle pouvait sentir l'effroi grandir et se répandre de main en main. L'Ogre plaqua heureusement le dernier accord sur le piano.

En quelques secondes, Marcelle se retrouva écrabouillée contre le torse de son « papa chéri », une main grasse sur la peau propre et douce de son bas-ventre. La main s'attarda sur cette partie de son corps, se fit plus insistante, la palpant soudain avec précision. « Papa chéri », tout en continuant à malaxer douloureusement le ventre de Marcelle, la redressa brutalement et engouffra son autre main dans son corsage, pétrissant sa poitrine. Marcelle se mordit les lèvres pour ne pas crier sous la poigne hargneuse. « Papa chéri » se leva brusquement, et Marcelle se retrouva à terre, tandis qu'un furieux « cette fille est enceinte ! » résonnait dans la pièce, figeant toute l'assemblée.

« Monsieur Girard, je vous en prie, calmez-vous. Vous devez faire erreur, s'empressa l'Ogresse.

– Je vous dis que cette fille est grosse, vociféra de nouveau "papa chéri". Vous n'allez pas m'apprendre mon métier, madame Dréon !

– Toi, debout, siffla l'Ogresse à Marcelle. File dans la cuisine. »

Marcelle fuit en courbant la tête. Sans savoir comment, elle se retrouva devant l'évier d'un office où elle put enfin vomir avec soulagement toute la bile qui l'emplissait depuis le matin. Elle était grosse, c'est ce qu'avait dit « papa chéri ». Du grand salon lui parvenait un brouhaha de cris de dégoût masculins, de tirades d'apaisement de l'Ogre, d'excuses veules de l'Ogresse, et de pleurs des fillettes. Cette grosseur dans son ventre qui se durcissait, Marcelle commença à comprendre ce que c'était : un futur nourrisson braillant promis à l'Enfer.

Chapitre 49

15 septembre 1911

Lorsque la petite se jeta par la fenêtre du couloir du deuxième étage de l'institut, elle avait encore le visage blanchi aux endroits où les larmes n'avaient lavé ni la poudre ni le rouge aux joues. Les anglaises de sa belle et longue chevelure blonde s'étaient répandues autour de sa tête en larges rayons de soleil couchant, teinté du carmin de son sang qui filait en minces rigoles dessous, couronnant son corps disloqué sur les cailloux de la cour, aux bras et jambes formant une fleur aux arêtes étranges. C'est ainsi en tout cas qu'elle apparut à Marcelle, telle une belle marguerite aux pétales dorés, fauchée et languide.

Elle avait sauté à l'aube, au moment où la Brême ouvrait les portes des cellules et rassemblait les pensionnaires dans le couloir. Personne ne l'avait retenue ; elle avait semblé si calme, si paisible. Et sa cellule était située à l'extrémité du couloir, près de la fenêtre... Marcelle avait entendu le souffle dans le lin épais de sa robe, un bruit sourd, le silence, et c'était tout.

Maintenant, elles se tenaient toutes debout dans le réfectoire, tête baissée et mains dans le dos, surveillées par le gardien Blandin, un homme que son grand âge n'empêchait pas de manier le fouet avec précision, les coups avec force. Il avait aboyé l'ordre de ne pas s'asseoir tant que l'Ogresse et la Brême ne seraient pas entrées. Aucune des filles ne pleurait la petite disparue. Le gardien Blandin aimait tant voir les larmes couler…

Le ventre de Marcelle, sous ses paumes, battait comme son cœur, la chamade. Marcelle se sentait maintenant « grosse », ses seins ronds la faisaient souffrir. Elle n'avait rien dit de son état à ses congénères de cellule. L'Ogresse et la Brême décideraient de son futur. Marcelle savait tout juste qu'elle était âgée de dix-sept ans, et qu'elle n'avait jamais eu le sang auparavant. Elle serait pupille de l'Assistance publique jusqu'à ses vingt et un ans, et elle compta sur ses doigts les quatre longues années qui l'attendaient encore à l'institut puisqu'elle n'avait pas été placée dans une ferme. Elle ferma les yeux et vit briller les larmes de la petite Marguerite Cottard, ces larmes de la fin de leur été qu'elle avait enfouies dans son corsage. Un coup de jonc sur ses mollets la fit crier : elle n'avait pas entendu la Brême s'approcher d'elle.

« Petite traînée. Redresse-toi. »

Elle s'aperçut que l'Ogresse était entrée aussi, et surplombait depuis son estrade l'assemblée des fillettes. Le lorgnon légèrement de guingois sur son nez était le seul signe de son trouble ; dehors, dans la cour, il ne restait sur le sol qu'un endroit humide là où le corps de la petite s'était écrasé. Un seau d'eau avait réglé ce menu problème.

« Mesdemoiselles, attaqua l'Ogresse de sa voix douce, nous allons faire dire une messe pour votre camarade, que monsieur le curé donnera ici, à l'institut, cet après-midi. Ensuite, chacune passera en confession. Cet incident est

clos. Vous pouvez vous asseoir. En silence. Vous, là-bas, Marcelle, vous suivez madame Brême. Tout de suite. »

Allongée sur une table de bois dans une petite pièce qui tenait lieu de bureau à la Brême et de salle de consultation quand le médecin était appelé, Marcelle, robe retroussée sur la poitrine, subissait la pression sans douceur des mains sèches de la Brême sur son ventre. La vieille s'y connaissait en grosseurs de toutes sortes ; elle avait fait vêler entre autres des dizaines de vaches.

« Ça fait bien cinq mois que t'es grosse. Idiote ! Tu pouvais pas dire que t'avais déjà eu tes menstrues ?

– Je les ai jamais eues. Je savais pas, madame.

– Tu savais pas ? Je t'en ficherais, espèce de niaise. Et maintenant nous voilà bien. Qu'est-ce qu'on va faire de toi ? Hein ? Va encore falloir que j'appelle l'Augustine. Écarte tes jambes ! »

Sans prévenir, la Brême lui ficha trois doigts rageurs dans le vagin, et les enfonça sans ménagement. La gamine ne put réprimer une plainte.

« C'est pas le moment de pleurnicher ! continua l'autre en forçant. En plus, c'est qu'il est loin, ton paquet ! Et bien accroché ! Je sais même pas si y aura moyen d'y faire quelque chose. »

Alors que la Brême essuyait ses doigts sur un vilain torchon, l'Ogresse pénétra dans la pièce. Marcelle était restée jambes ouvertes, sur la table, pétrifiée par la douleur lancinante qui irradiait son bas-ventre. L'Ogresse assena un coup de jonc sur la peau blanche.

« Veux-tu bien te rhabiller ! »

Marcelle rabattit sa robe sur son ventre, et descendit le plus discrètement possible de la table, tandis que les deux femmes s'abîmaient dans une réflexion de mauvais augure.

« Alors ? interrogea finalement l'Ogresse.

– C'est bien tard.

– J'ai dû envoyer prévenir le directeur de l'agence pour la petite défenestrée de ce matin. Il va forcément passer dans les jours qui viennent.

– On pourrait la placer. Même grosse, elle peut travailler cette bourrique. Ça se négocie. »

Marcelle n'existait plus, son corps n'existait plus, sa douleur n'existait plus ; elle était en train de se dissoudre tout doucement, se fondant petit à petit dans la fissure du mur juste devant elle, qui devenait béante et accueillante pour son ventre douloureux ; elle pouvait s'y coucher et attendre le sommeil jusqu'à sa fin.

« Bouclez-la dans une cellule toute seule. Je vais demander à monsieur Dréon de régler ce problème au plus vite. Nous avons d'autres chats à fouetter ici. Et faites donc sortir de la lingerie les tenues pour l'inspection. »

Ce ne fut qu'une fois dans son cachot loin des regards que Marcelle se remit à penser. Elle pensa : « Merci mon Dieu. Sainte Marie Mère de Dieu, priez pour moi. » Elle pensa : « Pardonnez-moi pour mes péchés. » Elle pensa à mourir, comme la petite du matin. Puis elle ne pensa plus : sa grosseur venait de bouger dans son ventre. La peur la fit trembler de partout.

Chapitre 50

16 septembre 1911

La conscience professionnelle du nouveau directeur perturba les plans des Dréon. Il s'empressa en calèche ce matin-là, non aux Pierres-qui-Pleurent, l'institut des filles, mais aux Vermiraux, la colonie des garçons. Durant des années, le fonctionnaire dévoué garderait la gorge serrée au souvenir de cette visite particulière.

Il pleuvait à gouttes grosses comme des sous sur tout le pays morvandiau. Le cabriolet s'était embourbé sur le chemin à un kilomètre de l'institut, et le directeur n'avait pas voulu attendre que le cocher revienne avec un attelage supplémentaire du village voisin. Il était parti à pied dans la boue, sacoche sous le bras, manteau détrempé en l'espace de quelques minutes. Lorsqu'il aperçut les toits de l'institut, il vit également dans les champs alentour des garçonnets au travail ; ils retournaient la terre, les plus petits harnachés de cuir aux socs pour les tirer comme des bêtes, les plus grands les guidant, tous en haillons et pieds nus sous la pluie, surveillés par un homme protégé sous une grande capote de militaire, fouet à la main. Il était 10 heures à sa montre à gousset ; les garçons auraient dû étudier dans la salle de cours qu'il avait visitée quelques semaines plus tôt, en compagnie du directeur de l'institut. Le gardien des petits esclaves se mit à brailler contre un trio d'enfants « bœufs » qui venait de déraper et s'étaler dans la boue. L'homme s'approcha de l'attelage et se mit à fouetter les enfants à terre en hurlant contre la vermine, tout en promesses de cachot et de pain sec. Le directeur de l'agence reflua sans un mot.

Lorsqu'il fit ouvrir par un autre gardien la grange située à l'écart de la grande bâtisse principale, il eut un haut-le-cœur : ce n'étaient plus des enfants qu'il distinguait dans la pénombre, c'était un enchevêtrement de corps amaigris, de peu de chair noire de crasse, d'immenses yeux clignotant de douleur sous la lumière pourtant grise du jour, de visages émaciés, de plaies infectées… Personne n'avait eu besoin de les attacher ; ils étaient si faibles qu'aucun n'aurait eu la force de s'enfuir. Des seaux vides gardant les traces d'une bouillie à vomir étaient les seuls vestiges de leur repas de la veille. Il ne trouva pas les mots de sa colère ; un poids inconnu lui comprimait la poitrine ; il ne sentait plus le froid, la pluie dégoulinant dans son cou ; il contemplait ces ravages, l'échec de cette mission pour laquelle il avait juré de consacrer sa carrière.

Il inspecta les cellules, découvrant peu à peu l'ampleur de son propre désastre, les paillasses souillées des geôles aux lucarnes étroites garnies de barreaux et interdites pour la vue par des morceaux de verre enchâssés dans des moellons, les rats, l'humidité, les tambouilles de viande pourrie en train de mijoter dans la cuisine… Le directeur, Michel-Édouard Dréon, était heureusement absent, parti en urgence à l'institut des Pierres-qui-Pleurent ; il put tout voir, tout inspecter, sous les regards inquiets et haineux du gardien chef et de deux sbires, piteux, seuls dans la place.

Il fit rassembler les petits de la grange dans le réfectoire, ordonna qu'on les réchauffe avec un vrai bouillon, celui du personnel, ordonna qu'on sorte les couvertures gardées sous clefs, ordonna qu'on aille vite rapatrier au chaud ceux qui trimaient aux champs, ordonna qu'on fasse bouillir de l'eau pour décrasser ses pupilles, ordonna qu'on fasse chercher encore plus de nourriture et des femmes du village et le médecin pour aider à soigner les enfants, ordonna enfin qu'on fasse également venir les gendarmes au plus tôt. Les garçons, tous regroupés dans le réfectoire, le fixaient sans un mot, incrédules, apeurés et méfiants comme des animaux battus. Aucune gratitude dans ces regards. Au bruit des chevaux dans la cour, certains crachèrent même : l'arrivée des gendarmes, puis l'irruption des hommes en vareuse, képi et guêpières de cuir, n'endigua pas la contagion de haine qui gagnait les garçons. Interloqué, le directeur ne voulait pas admettre ce que ce spectacle jetait néanmoins dans la lumière : les enfants semblaient connaître la maréchaussée, la craindre tout autant que la haïr.

« Monsieur le directeur, se présenta le gradé avec un salut militaire. Ces vauriens ont encore besoin d'une bonne leçon ? »

Le directeur de l'agence dut admettre qu'il ne pourrait écarter les pires soupçons qui lui étaient venus à l'esprit.

« Vous êtes donc souvent appelés ?

– On récupère les fuyards pour monsieur Dréon ! Tenez, celui-là, désigna le brigadier, il a tenté de s'enfuir cet été !

Cinquante jours de cachot, il a fait. Hein, Rigardon ? ! Debout quand on te parle ! »

Le nommé Rigardon, voûté sous la couverture, semblait âgé d'une douzaine d'années. Il se leva de mauvaise grâce.

« Quel âge as-tu, jeune homme ? interrogea le directeur doucement.

– Dix-huit ans, monsieur. »

Le directeur dissimula sa surprise, une de plus.

« Tu as donc fugué ?

– Oui monsieur.

– C'est un récidiviste ! coupa le brigadier. Il mériterait de la prison ferme, et les fers, ou les colonies !

– Allez-y ! éructa le garçon. Ça peut pas être pire qu'ici !

– Expliquez-moi, intervint le directeur. Vous avez le droit de parler. Je vous donne même l'ordre de tout me raconter.

– Ils savent, eux ! répliqua le garçon. Quand j'ai fugué, j'ai voulu porter plainte. Ils ont refusé de m'écouter. Ils ont dit que je mentais. Ils m'ont battu avant de me rendre aux Vermiraux. Ici, on crève. Et tout le monde le sait, et personne fait rien !

– Ce garçon ment ! Ils mentent tous, ce ne sont que des arriérés, des sauvageons, s'insurgea le brigadier.

– Laissez-le parler, brigadier. Je suis le responsable de cet institut, et je représente l'État. Continue, Rigardon.

– C'est comme je vous dis. Ils nous font travailler tous les jours, dans les champs, ici ou chez d'autres gens du village. On ne mange que de la pourriture. On est punis, battus. Les gardiens ils nous touchent, ils nous obligent à les toucher aussi. Y a un garçon, Armand, c'était le préféré du directeur. Eh bien, on l'a plus vu ! Ça fait des mois qu'il a disparu ! Et c'était pas le premier.

– C'est vrai, ce qu'il dit ! C'est pas des menteries, s'écria un autre garçonnet tout frêle, plus effronté que les autres, mais sans âge, comme Rigardon.

– Comment t'appelles-tu ?

– Henri Brisselot, monsieur.

– Et quel âge as-tu, Henri ?

– Quinze ans, monsieur.

– Depuis combien de temps es-tu aux Vermiraux ?

– Je sais plus monsieur. Depuis que je suis tout petit.

– Que voulais-tu dire au sujet d'Armand ?

– Heu... ben que c'est vrai. C'était le chouchou du directeur. Moi aussi, je suis allé dans la grange au directeur. Et puis, le gardien chef, il m'oblige aussi à lui embrasser la bite le soir. Pas tous les soirs, mais presque. Surtout quand il est saoul. Un jour, je l'ai dit au directeur, parce qu'il m'avait fait mal en me forçant. Je me suis fait fouetter, et puis le directeur m'a enfermé dans sa grange, avec le collier des vaches.

– Y font pareil avec les filles ! s'écria un autre. Ma sœur, elle est aux Pierres-qui-Pleurent, et elle m'a raconté que des messieurs de la ville viennent les voir pour mettre leur truc dans leur cul ! Et les gardiens, ils leur font pareil qu'avec nous autres ! »

Le gamin avait une bouille d'angelot.

Le directeur, homme de grande foi, dut s'asseoir. Sa sacoche était là, sur le bureau. Il l'ouvrit, en sortit un cahier, le coffret qui recelait ses plumes et son encrier ; pas de crayon de papier pour ces notes-là.

« Monsieur le brigadier, veuillez vous asseoir, je vous prie. Nous avons une tâche immense qui nous attend. Je vais vous demander de prendre la plainte de tous ces garçons. Nous allons les interroger un par un, et noter leur récit. Je relirai moi-même leurs témoignages. Puis nous ferons de même avec les jeunes pensionnaires des

Pierres-qui-Pleurent. Nous leur ferons signer chaque document, que j'attesterai également. »

Commença alors pour le directeur de l'agence d'Avallon une méticuleuse plongée dans l'horreur, qu'il relata durant des mois dans ses carnets en recueillant jusqu'à la lie les témoignages des colons martyrisés ; jusqu'au procès des Ogres, Marthe et Michel-Édouard Dréon.

Chapitre 51

Jeudi 7 mars 2013

Michel Dréon hurlait encore lorsque sa femme le secoua pour le réveiller. Il entendait les cris sans réaliser qu'ils étaient les siens, encore englué dans les odeurs de l'étable, prisonnier dans le petit corps sans vie, dans les costumes des poupées soumises, épouvanté par les bourreaux de son cauchemar. Élisabeth le gifla de toutes ses forces. Il suffoqua sous la violence du coup, arrêtant de crier, en larmes, le nez ruisselant de morve et de sang mêlés. Élisabeth se précipita pour lui coller un mouchoir sous le nez, tout en le suppliant de se calmer, de se taire même.

« Pardonne-moi, chéri, je t'en supplie, pardonne-moi », se mit-elle à sangloter.

Michel Dréon ne comprenait pas ce qu'elle voulait dire, encore habité par l'horreur des images.

Élisabeth épongeait maintenant son front trempé de sueur. Il la serra contre lui.

« Un cauchemar, chérie, rien qu'un affreux cauchemar… »

Il se leva avec les membres endoloris et le dos raide d'un vieillard, le corps pétrifié par les tensions, et se traîna, tout courbé, jusqu'à la salle de bains. Sous le jet bienfaiteur de la douche, il retrouva la raison, et les causes évidentes de son cauchemar : elles étaient inscrites noir sur blanc sur ces centaines de pages, reçues dans un lourd paquet de la Poste la veille du carnaval. Il ne pouvait s'empêcher de les compulser, encore et encore, depuis des jours.

Michel Dréon croyait avoir traversé le pire. Il n'en était rien. Le pire s'était de nouveau étalé hier soir. Un bloc compact et volumineux de vérité ne vomissant que l'enfer. Michel Dréon venait de comprendre la raison pour laquelle il n'était que le fruit unique d'une généalogie qui mourrait avec lui. Il venait de comprendre pourquoi il n'avait jamais eu de famille.

Était-il fou ? Une maladie psychique, tardive ? Oui. Il lui fallait prendre un rendez-vous d'urgence chez un médecin, réclamer des médicaments, de ces pilules magiques pour dormir et d'autres pour vivre normalement. De quoi oublier, refouler. La nécessité de consulter un psychiatre s'imposa pour éviter l'irruption de la démence. Comment avait-il pu ignorer avec un tel soin, une telle pugnacité, une telle tranquillité son histoire familiale ? À soixante-trois ans, Michel Dréon n'avait soudain plus la force de continuer à nourrir le mirage de sa vie parfaite.

Chapitre 52

Jeudi 7 mars 2013

La veille, Renaud était rentré chez lui en charpie : il avait réussi à prendre Nahoum en embuscade à la machine à café, et l'avait entraîné de force pour une pause plus longue au troquet du coin. Là, tout au fond de la salle, ils s'étaient expliqués. Une discussion qui avait tout d'une rupture entre amants lessivés par les années du quotidien ; à l'amiable et à bas bruit cependant, comme il convient à des fonctionnaires formatés par leur ministère de tutelle.

« Thomas, j'exige que tu lâches la piste Crépin, avait donc murmuré Renaud.

– Pour quelle raison ? avait rétorqué tout aussi calmement Nahoum.

– Parce qu'il n'est plus suspect dans cette affaire.

– Je vais trouver les preuves nécessaires.

– Thomas, c'est un ordre. »

Nahoum avait semblé presque amusé par la teneur de leur échange, répliquant en un geste suranné, d'un snobisme condescendant alors qu'il saisissait sa tasse de café : avec le petit doigt en l'air. Renaud avait passé outre la provocation.

« Tu préfères peut-être prendre des congés ? s'était enquis gentiment Renaud.

– Tu te fous de ma gueule ? avait souri férocement son adjoint.

– Pas du tout. Je pense que tu as besoin de prendre du recul.

– Tu sais à qui tu t'adresses ? Tu m'as déjà vu lâcher une enquête qu'on nous avait confiée ?

– Bon. Je vais reprendre là où j'aurais dû commencer : par des excuses. Je te demande d'excuser ma conduite de l'autre jour. Tu as fait un excellent boulot sur l'affaire Vanessa Louis. C'est moi qui me suis comporté comme un bleu. Je te fais une confiance absolue... mais sur ce coup-là, c'est pas Crépin. »

Ç'avait été du quitte ou double : un pari sur la solidité et la cohésion de leur couple professionnel comme sur leur affection réciproque. Nahoum avait reposé sa tasse sur la soucoupe normalement, petit doigt enfin abaissé.

« Ce gars t'a envoûté, Jean-Pierre. Tu le plains de tout ton grand cœur. Tu te mets trop souvent à la place des victimes. Crépin n'est pas une victime, c'est au minimum un tueur en puissance.

– En puissance, peut-être. Et on restera vigilant pour qu'il ne devienne pas ce que tu présages. Lâche-le, Thomas. J'ai besoin de toi, de toute ta tête.

– Putain, Jean-Pierre... »

Nahoum avait enfin craqué, et ç'avait été bon, apaisant de le voir s'affaisser, au bord des larmes, dépouillé de cette cruauté imbécile qui avait détrempé le groupe tout entier. Renaud osa une main sur sa main. Nahoum ne la repoussa pas, au contraire. Il la serra comme un enfant qu'on aurait voulu retirer de force à sa mère. Renaud avait réprimé une grimace : il se sentait plutôt couillon, ne se sentait en rien une mère pour Nahoum, sans compter que ce dernier avait la poigne d'un pousseur de fonte.

« Je vais pas les prendre, ces congés… s'était repris Nahoum.

– À toi de voir. Je sais ce qu'on vit tous. Je ne sais pas comment nos petits tiennent le coup, eux. »

Nahoum avait souri à l'évocation du duo Marini-Bouzit. Renaud en avait profité.

« Le proc' veut nous dessaisir de l'affaire. Tu es le premier que j'en informe. »

Nahoum avait fait bloc : pas question.

Renaud avait alors raconté dans le détail son entrevue avec le procureur. Ce dernier était sur le point de les reléguer au rôle de subalternes pour des cracks de la gendarmerie plus chevronnés que leur pauvre brigade chalonnaise. Il avait donc dû admettre que Chalon ne pratiquait heureusement pas la production de meurtriers à la pelle, donc que leur expérience en la matière n'était bien évidemment pas comparable à celle des fins limiers que ses supérieurs voulaient lui coller sur le dos ; il avait défendu la valeur de ses équipiers, la somme de travail fournie, le taux de résolution de leurs enquêtes… en vain. Ça ne datait pas d'hier cette culture du mépris à peine dissimulé qui vouait à des services plus cotés l'efficacité et le rondement mené, contre la lenteur et la naïveté des ploucs de commissariats de province. Il avait quitté un Nahoum totalement ragaillardi par la perspective d'une bataille à mener contre les cols blancs fraîchement émoulus de la magistrature. Il lui semblait quant à lui avoir subi une transfusion massive de son sang directement dans les veines de Nahoum, son propre corps vidé de son jus jusqu'à la dernière goutte. Ils avaient tous deux convenu de laisser pour l'instant leurs deux jeunes collègues dans l'ignorance de leur sort.

Lorsqu'il rentra chez lui, à 11 heures du soir, l'appartement était silencieux, Marianne endormie. Il s'était réfugié dans la cuisine, avait pioché dans le réfrigérateur une tranche de jambon insipide, qu'il avait collée sur une tranche de pain tout aussi morne, s'était servi un verre de vin et avait mâchouillé son triste dîner debout, adossé à l'évier, encore en manteau.

« Toi, tu t'es fait taper sur les doigts... »

C'était le murmure de Marianne, qu'il avait vue soudain encore ensommeillée sur le seuil de la cuisine, chevelure répandue sur ses épaules, tout en tendresse.

« Tu me sers un verre, tu me racontes... si tu veux. »

Dont acte. Elle l'avait écouté sans l'interrompre, ne le quittant pas des yeux, pas une seconde ; c'était elle qui le faisait tenir encore debout à cet instant. Lorsqu'il s'était tu, il s'était soudain senti agréablement épuisé, de cet épuisement qui permet de s'endormir aussitôt. Elle, elle lui avait simplement dit :

« Et si tu sortais ? Si tu allais te promener, si tu refaisais le voyage de cette pauvre gamine, tout simplement. Rebrousser le chemin de ton enquête, c'est peut-être la possibilité d'une autre perspective ? Demain, emmène ton équipe prendre l'air avec toi. Maintenant je vais me rallonger. »

Sa femme était ainsi, elle n'exigeait rien de plus de lui ; c'était le seul être au monde à pouvoir lire son âme tourmentée, à la laisser tranquille, à l'accepter puisqu'elle l'avait connu, aimé et épousé ainsi. Marianne incarnait par son seul prénom toutes les exigences auxquelles il avait prêté serment, par deux fois : au moment où il avait intégré la police, puis, presque simultanément, au moment où ils s'étaient rencontrés puis vite épousés. La coïncidence de ce prénom mythique qu'elle incarnait avec flamboyance l'avait instantanément foudroyé à l'époque. Cela faisait trente-cinq ans. Il était toujours amoureux de Marianne, et dans ses moments de doute espérait qu'il en était de même pour elle ; elle le sentait immédiatement, et lui rappelait alors en souriant qu'elle s'était également unie à lui pour le pire, et quoi de pire qu'un flic de surcroît obsessionnel depuis l'enfance ? Un baiser, une caresse après ce renouvellement des vœux de mariage suffisait alors à apaiser son angoisse d'être un jour abandonné par sa femme.

À 8 heures ce jeudi matin, avec la complicité retrouvée de Nahoum, il ne laissa aucun membre de son équipe ôter son manteau ni se servir un café. Il avait dormi tout son saoul. Il les invita à le suivre, et les mena en silence jusqu'à un bistrot à l'angle de l'avenue Nicéphore-Niepce et du boulevard de la République. Il commanda pour tous un petit déjeuner complet, et attaqua leur réunion du matin :

« On reprend tout depuis le début. Les petites filles étaient dans le défilé. On va refaire ce parcours, à pied, on va regarder ce qu'on n'a pas vu, ce qu'on a pu rater, ce qui ne nous a pas intrigués en premier lieu. On va faire ce chemin tous ensemble. Et que personne n'hésite à s'arrêter et à dire ce qui lui passe par la tête si c'est nécessaire : on ne le prendra pas pour un con. Maintenant, on réfléchit tout haut, et collectivement. »

Marini avait lancé un sourire moqueur à Bouzit.

« Ça devrait être dans tes cordes...

– Ha, ha... avait feint de s'esclaffer son petit camarade. T'es en forme, toi, ce matin. Tu t'es bouffé combien d'anxiolytiques pour pouvoir dormir ?

– Deux vitamines C au réveil. Tiens... continua-t-elle en lâchant un comprimé effervescent et orange dans son verre, t'en auras besoin. Surtout avec tes santiags toutes neuves. T'as apporté des pansements ? Sinon, on s'arrêtera à la pharmacie. »

Ce n'était plus un secret pour personne : Bouzit et Marini flirtaient en permanence à leur manière, singulière. L'équipe était suffisamment soudée pour que leur boulot n'en soit pas touché. Renaud avait donc laissé passer l'habituelle échauffourée affectueuse avec un soupir de connivence, qui avait également marqué le début de leur promenade alors qu'il enfilait son caban.

Ils s'étaient baladés le nez au vent, froid, répartis sur les deux trottoirs du boulevard de la République, concentrés malgré leur démarche de flâneurs. Rien ne venait solliciter leurs sens. Bouzit avait du mal à garder son sérieux, et Renaud, depuis le trottoir opposé, le voyait chuchoter à l'oreille de Marini quelque rodomontade, ce qui provoquait l'agacement de sa compagne de galère, ou la faisait éclater d'un rire vite réprimé. Ça faisait sourire Renaud, marmonner Nahoum, qui promettait de remonter les bretelles du jeune duo dès qu'ils seraient rentrés au rapport. Renaud se surprit lui aussi à goûter cet arpentage comme une échappée belle. Cette manière de pratiquer l'école buissonnière, ou plutôt le commissariat buissonnier, lui convenait ; il redécouvrait des façades, des humeurs d'humanité pressée ou errante, tout en ouvrant grand les yeux et les oreilles, avec parfois des images claquantes de la furie carnavalesque qui avait déambulé ici même quelques jours auparavant. Cette foule costumée, ces petites filles en paillettes et en confettis... Un homme était-il déjà sur leurs talons ?

Il en avait été ainsi jusqu'au parc Georges-Nouelle, où les manèges des forains et leurs caravanes étaient encore regroupés ; le grand bal des Gôniots devait se tenir samedi soir, et la fête foraine, réduite à quelques manèges, durerait jusqu'au dimanche, clôturant ainsi en éclats de rire d'enfants ces deux semaines de carnaval.

Ils s'étaient éparpillés jusque dans les coulisses des manèges, dans le périmètre de la vie privée des forains, s'attirant leurs coups de gueule, obligés de dégainer leur brême et de mendier des souvenirs, toujours et encore, la photo de

Samantha tendue comme une sébile. Un « T'es encore là, toi ? ! Ouste, dégage de là, sale clodo ! » avait alerté Renaud. La foraine qui avait gueulé était une caricature de mégère, chignon aile de corbeau en bataille, clope au bec, balai à la main, entassée dans des gilets et un peignoir, chaussée de bottes fourrées. Elle fourrageait sous sa caravane à grands coups de son outil, et, en se penchant pour comprendre ce qu'elle fabriquait, Renaud vit un pauvre hère emmitouflé sous un monceau de couvertures et de hardes, protégé par des sacs plastique bondés de ses bribes de survie. La femme n'avait pas vu les visiteurs.

« Bonjour madame. Excusez-moi de vous interrompre dans votre... ménage. Commissaire Renaud. Vous permettez ? »

Stupéfaite, la foraine resta muette. Renaud, tout sourire pour la femme, s'adressa à Nahoum.

« Je suis sûre que Madame va nous raconter avec grand plaisir pourquoi Monsieur dort sous la caravane... »

Chapitre 53

Jeudi 7 mars 2013

Samuel Paulin avait son cabinet dans le centre-ville de Dijon, au rez-de-chaussée d'une belle maison de maître entourée d'un grand jardin clos, suffisamment vaste pour que ses patients ne croisent aucun des membres de sa famille. Il était marié, et père de deux enfants. Catherine l'avait convaincu sans peine de la recevoir, et il avait bloqué dans son agenda une heure entière à lui consacrer. Lorsqu'elle se présenta, il la reçut dans une pièce meublée de confortables fauteuils et canapé de style moderne, d'un luxe sans tapage. Les murs étaient entièrement couverts de rayonnages bourrés de livres, et les ouvrages grand format de reproductions artistiques, d'architecture... s'empilaient sur des consoles, des tables. Un espace entièrement dédié à l'art et à la connaissance, à la lumière savamment répartie en différents points de la pièce afin de ne pas agresser les hôtes de ces lieux. Un fond de Mozart venu de baffles invisibles flottait dans la pièce, que Samuel Paulin arrêta d'une pression sur une télécommande.

Catherine releva soudain l'absence de photos qui auraient d'habitude occupé des places de choix, joliment encadrées, exposant le bonheur familial. Elle avait en revanche aussitôt repéré le carton posé sur une table basse, incongru et grossier dans ce temple du savoir et du raffinement. Elle ne douta pas un instant qu'il lui était destiné. En préambule, Samuel Paulin lui offrit un café, qu'elle accepta volontiers. Le breuvage servi dans un magnifique service au design sans conteste italien apporté sur un plateau était d'un noir du plus bel arabica. L'entretien promettait-il d'être aussi corsé ? Catherine le souhaitait ; le frère d'Anne-Angélique avait le pouvoir de faire renaître sa sœur autrement que sous le suaire d'une sainte alors qu'elle était une jeune fille comme les autres, simplement plus belle et douée, mieux née, attributs qui ne lui conféraient aucunement l'innocence et la virginité.

« Vous avez rencontré ma mère à plusieurs reprises. Elle ne vit plus que pour cette obsession : trouver le meurtrier de sa fille. Le reste n'existe plus ; mon père et moi, on fait partie du reste. »

Samuel Paulin ne semblait pas touché par cette évidence, qui surprit Catherine bien qu'elle l'eût sentie.

« Anne-Angélique et moi avions cinq ans de différence. Cinq ans, ça n'empêche pas d'être très complices durant l'enfance, puis ça devient un gouffre à l'adolescence. Nos parents voulaient le meilleur pour nous. Je suis devenu médecin parce qu'ils le voulaient ; surtout ma mère ; elle me rêvait en chirurgien. Mon père, lui, a toujours souhaité notre bonheur avant tout. J'ai coupé la poire en deux, j'ai fait mes sept ans et mon internat, et j'ai imposé de m'en arrêter là. Ça n'a pas été facile. Médecin généraliste, ce n'était pas une passion, ça l'est devenu. Anne-Angélique aurait dû se destiner elle aussi à ce métier... "noble". Mais voilà... Je pense souvent à elle. Et je ne parviens toujours pas à imaginer ce qu'elle aurait pu choisir pour elle-même. D'une certaine manière, être dotée de tant de qualités, ça a été cruel : elle pouvait tout avoir, et tout faire. »

Samuel Paulin racontait sans aucun sentiment d'amertume non plus, en homme simple qui avait constaté depuis son enfance combien il était difficile d'échapper aux ambitions maternelles. Et qui reconnaissait volontiers n'avoir que peu lutté, y goûtant finalement un certain confort ; tout le prouvait, la maison comme l'homme, belle quarantaine discrète et paisible, installé sans remous dans la vie.

« Pourquoi dites-vous que ça a été cruel pour Anne-Angélique ? insista Catherine.

– Être un objet de satisfaction permanente pour autrui, c'est d'une cruauté inimaginable. On attend toujours plus de vous, être médiocre n'est pas autorisé.

– Anne-Angélique semblait docile.

– Elle l'était. Elle était aussi remarquablement intelligente. Elle avait parfaitement compris comment obtenir la paix. Évidemment, elle avait eu le temps de prendre exemple sur moi : je ne me rebellais jamais, je marchais dans les clous. Quand on se retrouvait, il lui arrivait souvent de me taquiner : j'étais le gentil fils à sa maman. Elle, elle parvenait à se dérober tout en restant une image, une fille sage.

– Que pouvez-vous me raconter alors sur cette... autre vie ? »

Samuel Paulin se mit à rire, d'un éclat joyeux qui illumina son visage jusque-là contraint aux souvenirs d'une enfance pas si parfaite que ça. Catherine vit immédiatement par ce sourire la ressemblance entre le frère et la sœur ; la possibilité de petites incartades, probablement devenues de grandes désobéissances pour celles qui concernaient Anne-Angélique.

« Par exemple, c'est elle qui a très vite décidé de faire médecine avant qu'on ne le lui suggère ! Elle devançait, tout et tout le monde. Quand elle a annoncé qu'elle deviendrait chirurgien comme papa, elle avait sept ans ! Je vois encore la tête de ma mère : c'est comme si on avait posé une superbe pâtisserie devant elle puis qu'on la lui avait confisquée ; elle ne pouvait rêver mieux, et pourtant c'était comme une frustration. Bref... Ma sœur a fait prépa médecine à Dijon, comme annoncé, et ma mère n'avait aucune raison cette fois-ci d'y mettre son grain de sel. En plus, j'étais moi-même installé à Dijon. J'ai promis de veiller sur elle, et ses études. Comme je vivais déjà en couple avec ma future épouse, mes parents lui ont acheté un appartement, bien situé, entre la fac et le centre-ville. Elle avait sa propre voiture, et rentrait tous les week-ends à Chalon. Ma mère faisait un peu la grimace, mon père était heureux de la voir heureuse. Au début, je veillais sur elle comme je l'avais promis. Je jouais au grand frère, on s'entendait très bien, elle me faisait des confidences. J'étais au courant de pratiquement tout, et je la couvrais. Elle a passé deux ans à Dijon à faire la fête. Mes parents n'y ont vu que du feu. Elle sortait en boîte, mais elle était capable d'enchaîner avec la fac, fraîche comme une rose. Résultats brillants, irréprochable en week-end, et à Dijon, entourée d'amis, de petits copains, de toute une faune que je n'ai jamais connue. Voilà, Anne-Angélique, c'était ça aussi, une jeune fille remuante, vivante, capable de se faire vomir pour évacuer le trop-plein d'alcool cinq minutes avant d'entrer en cours. Elle avait trouvé une façon d'être libre tout en respectant les apparences ; mes parents lui fichaient la paix. Je l'admirais, je l'aimais... je peux même avouer que j'étais jaloux.

– Vous ne fréquentiez pas son cercle d'amis ?

– Au début, si. Mais j'étais toujours le grand frère, chargé de veiller sur la petite. Et puis je n'avais pas la même énergie qu'elle. Ni l'intelligence. Moi, pour réussir mes études, il fallait que je sue, que je bosse dur. Pas de temps pour sortir, rencontrer du monde. Et à Dijon, on peut se promener incognito, c'est une grande ville à côté de Chalon-sur-Saône ! À la fac, elle fréquentait des étudiants comme elle, mais elle a probablement connu beaucoup d'autres personnes. Je vous rappelle qu'elle était plus gâtée que la moyenne, elle avait son propre appartement. Elle y organisait pas mal de fêtes.

– Vous m'avez dit qu'elle sortait aussi en boîte de nuit. Vous vous rappelez lesquelles ?

– Non. C'était pas mon truc, les boîtes, et ça ne l'est toujours pas. Quand elle me racontait ses sorties, elle ne donnait pas de précisions sur les lieux mêmes. Elle me citait des prénoms, des circonstances, des alibis qui permettaient de justifier qu'ils fassent des conneries de jeunes entre jeunes.

– Par exemple ?

– Tout était bon ! Des anniversaires, des examens réussis, des matchs de foot, des ruptures amoureuses, des rencontres amoureuses... que sais-je. Et en termes de conneries, ils avaient du génie. Comme organiser des concours débiles à thèmes du genre “la nuit des Sans-culotte”, si vous voyez ce que ça peut donner. J'étais perdu, je n'arrivais pas à suivre. Du moment qu'elle affichait des résultats brillants, pourquoi aurais-je dû la chaperonner ? Pour faire plaisir à ma mère ? Pour lui obéir encore ? Merde... »

Il était redevenu terne d'un seul coup ; puis son regard s'embua.

« Veuillez me pardonner. Je m'en veux. Je n'ai jamais cessé de m'en vouloir. Je me raconte parfois des histoires construites uniquement sur des “si”. Aujourd'hui, elle aurait trente-cinq ans. Mariée ? Des enfants ? Médecin ? Journaliste ? Écrivaine ? Danseuse chorégraphe ? Un jour, elle m'a avoué ce que je savais déjà : qu'elle ne savait pas si elle avait vraiment eu un jour envie de faire médecine.

– À part vous, à qui aurait-elle pu se confier ?

– Je n'en sais rien. J'ai cherché de mon côté. Et je n'ai trouvé personne. J'en ai conclu qu'elle menait une réelle double vie, une vie privée futile, fêtarde, de son âge, et une vie publique familiale sans aspérité. Le seul maillon entre les deux, c'était malheureusement moi.

– Avait-elle un petit ami ?

– Elle avait des petits amis ! Mais personne de régulier. Et jamais en même temps, ni très longtemps d'ailleurs. Elle ne m'a rien raconté d'une véritable histoire d'amour. Je crois qu'au fond, elle était assez pudique. Belle comme elle était, elle avait probablement compris qu'elle devait se protéger. Et elle voulait surtout rester libre. Ça, elle me le répétait souvent : de tous les garçons qui lui faisaient la cour, elle repérait immédiatement lequel voulait la mettre dans son lit, lequel était prêt à faire n'importe quoi par amour pour elle, lequel la respectait, lequel l'admirait, lequel la connaissait vraiment, lequel pouvait être tendre et complice. Mais même avec cette dernière catégorie d'amoureux, elle ne souhaitait rien. C'était trop tôt, trop parfait, trop... ennuyeux. Elle avait beaucoup de "trop" à la bouche. Je la comprenais.

– Donc, pas un seul petit ami que vous auriez pu rencontrer ? "Nounours", par exemple, ça ne vous rappelle personne ?

– Non. Elle prétendait n'avoir que des "trop". Et pour elle, ça signifiait "pas assez" : pas assez de temps, pas assez profité de la vie, pas assez capable, pas assez mûre, pas assez envie...

– C'est le commissaire Renaud qui était chargé de l'affaire de votre sœur. Vous lui avez donné toutes ces informations à l'époque ?

– Oui... et non. Je ne voulais surtout pas que ma sœur passe pour une... pute. Elle n'était pas une pute. Et puis je voulais protéger ma mère.

– Vous voulez dire que vous avez dissimulé des informations à la police ?

– Non. J'ai raconté tout ce que je savais, sans insister sur les états dans lesquels je l'avais déjà vue. Ils ont pris dans son appartement tout ce qu'ils ont trouvé, ont fouillé sa chambre à Chalon, ont saisi tous ses carnets d'adresses. Elle n'était pas du genre à tenir un journal. Ici, à Dijon, elle avait beaucoup de photos, de ses amis, de ses fêtes, des cartes postales, des petits mots... Ma mère était prostrée, incapable de regarder un portrait sans se mettre à délirer de chagrin. De toute façon, ils tombaient des nues, ils ne reconnaissaient personne sur les photos, ils ignoraient tout de sa vie d'étudiante. La police s'est tournée vers moi pour la partie dijonnaise de sa vie. Mais elle avait disparu à Chalon, à une période où elle était restée là-bas pour réviser ses examens. Elle préparait aussi son gala de danse... La police a bien fait son travail. Et ma mère ne m'a plus jamais regardé comme avant. »

Le constat lucide d'un fils qui avait été pendant des années « trop ». Et, comme au début de cette longue confidence, aucune amertume ne ternissait ses mots.

« Ce carton sur la table, je suppose qu'il m'est destiné ?

– Oui. Ce sont des photos, les photos qu'elle avait punaisées partout dans son appartement. Quelques livres également, des notes, des listes de courses, des numéros de téléphone qui n'existent plus. Les policiers ont préféré me le rendre plutôt qu'à mes parents, après avoir tout épluché. Je sais qu'à l'époque ils ont identifié un nombre important de toutes ces personnes photographiées. Elles ont été interrogées, mises hors de cause. Pour d'autres, ils n'ont pas réussi à retrouver leurs traces. Les fêtes costumées, c'est leur truc, aux carabins. Vous pourrez le constater vous-même. Vous pourrez constater aussi à quel point elle pouvait être une autre. Les photos que ma mère a fournies aux policiers et à la presse donnent une version uniforme, très... édulcorée de ma sœur. Cette partie d'elle, ma mère la refuse toujours aujourd'hui. Vous, vous saurez quoi en faire. »

Catherine n'avait pas besoin que Samuel Paulin lui signifie la fin de l'entretien. Elle se leva, embrassant de nouveau cette pièce sans trace d'intime.

« Monsieur Paulin, encore quelques précisions, nécessaires pour la suite de mon... exploration.

– Exploration, lâcha-t-il, intrigué. Pas enquête ?

– C'est sous cet angle que j'essaie de retracer ces événements. Comme on explore un territoire vierge, inconnu. On découvre des reliefs dissimulés par la nature, des plantes et des animaux inconnus, on relève, on compile, on dessine... Dans ce travail au service des familles, il s'agit d'explorer pour mieux la capter la dimension humaine de ces jeunes filles. Vous l'avez bien saisi : vos parents ont dressé un monument indestructible à la mémoire de votre sœur. Votre mère le défendra envers et contre tous. Parce qu'à l'insupportable elle ne pourra jamais rajouter de l'insupportable. Pour une mère, apprendre que son enfant s'émancipait vite, fort, passionnément, dans le secret et l'urgence, c'est aussi de l'ordre de l'insupportable.

– Je n'en veux pas à ma mère. Je l'aime, et je n'ai aucun doute sur l'amour qu'elle me porte. Mais elle a, comme de nombreuses mères je pense, une manière d'aimer incompatible avec l'âge adulte. C'est peut-être elle qui est restée une enfant, dans le fond, avec ses rêves.

– Possible. Une dernière chose m'intrigue : vous n'avez aucune photo de famille dans cette pièce...

– Vous avez l'œil. Non. Par choix. La mort d'Anne-Angélique a brutalisé en moi toute intimité. C'est devenu irrémédiable. Tout ou rien. Toutes les images, ou aucune. Ici, c'est mon espace, et je tiens à ce qu'il reste épargné d'émotions autres que celles que j'y autorise.

– Et vous y parvenez ? ne put-elle s'empêcher de demander.

– Oui. Bientôt quinze ans de psychothérapie. À la naissance de notre première fille, j'ai fait une dépression...

impressionnante. Je pensais que je ne voulais pas être père, et j'aurais pu me tuer pour éviter à la fois de l'être et de vivre avec ce sentiment horrible. Ma première fille est née sept ans après la disparition d'Anne-Angélique. Je n'avais pas fait le rapprochement avec ce traumatisme, je pensais l'avoir surmonté. Je me trompais. J'ai failli en mourir. Mourir d'un chagrin inconnu. J'ai refusé à ma mère le droit de choisir le deuxième prénom de ma fille aînée : Anne. Pour ma seconde fille, elle aurait souhaité Angélique. Aujourd'hui, je n'aspire qu'à la paix, ma paix, à moi. »

Lorsqu'elle fit démarrer la voiture, cela faisait une bonne demi-heure qu'elle était figée, les mains sur le volant, le carton posé sur le siège passager comme si Anne-Angélique était assise là, à ses côtés. Samuel Paulin revenait de l'enfer. Il existait donc des individus capables de vivre paisiblement en compagnie de la souffrance.

Chapitre 54

Jeudi 7 mars 2013

Vautré sur un banc de béton, l'homme dans la cellule ronflait, couvert des pieds à la tête par une couverture qu'un policier de garde avait dû lui jeter au moment où Renaud avait décidé de le garder pour la nuit. Des détritus jonchaient le sol, de papier et de tissu, oripeaux qu'on lui avait laissés, tels des mouchoirs en papier usagés, une boule de paires de chaussettes enfilées les unes sur les autres, trouées, sales, des tennis relativement neuves desquelles on avait ôté les lacets, des restes de sandwich dans leur emballage… Renaud l'observait à travers le plexiglas épais en train de dormir. Ce paquet de chair et de crasse, cet homme incrusté dans le bocal, le foie et les synapses probablement rongés par des cuves de mauvais vin, cet homme-là était peut-être la fragile lueur qui pourrait les guider jusqu'à une éclatante vérité. Un être qui n'avait probablement jamais été aimé, incontestablement abandonné, aujourd'hui au centre du cercle. Jean-Pierre Renaud en frissonna. Il déverrouilla la cellule : les litres d'eau fournis, la nourriture et les cachets auraient-ils un effet bénéfique sur la mémoire de l'épave ? Ils attendaient tous ce dernier espoir.

Le pauvre gars maintenant dessaoulé s'appelait Stanislas Robert, Stan pour les intimes, s'était-il présenté avec un sourire craintif et carié. Madame n'était pas sa femme, hélas parce qu'elle était bien roulée, il avait simplement élu domicile sous la carriole, plus exactement près du ballon d'eau chaude sous le plancher, pour passer une nuit pépère. Il ne voulait embêter personne. La fête foraine, ça faisait quinze jours qu'il traînait discrètement dans ses allées le soir ; il y récoltait des clopes, des pièces, des fins de barquettes de frites... Il était discret, il ne faisait de mal à personne, il n'avait rien vu, rien entendu, excusez-moi pour le dérangement, c'est promis je ne dormirai plus sous la caravane de la dame, juré monsieur le commissaire. D'ailleurs, il faut que j'y aille, je dois récupérer mon chien.

« Stan, doucement. Personne ne porte plainte pour avoir dormi au chaud sous la caravane d'une dame, coupa Renaud, qui voyait son audition lui filer entre les doigts comme une eau vive. On va reprendre tranquillement. Depuis combien de temps vous dormez à la fête foraine, sous les caravanes ?

– Oh... Ben depuis qu'ils sont en ville, cette bonne blague ! Je suis parti du foyer à cause qu'ils voulaient pas de mon chien, ces emmerdeurs. Il faut que j'aille le chercher, mon chien, monsieur le commissaire ! Il va crever la dalle, ou bien vos collègues ils vont me l'embarquer à la fourrière, et ils vont me le piquer !

– On va aller le chercher. On vous y emmènera, et on prendra des croquettes pour lui, ne vous inquiétez pas. Tenez, je vais même tout de suite demander à mon adjoint qu'il aille les acheter, ces croquettes. Capitaine Bouzit, vous ferez bien un saut au supermarché pour les croquettes du chien de monsieur Stan ? Merci, Bouzit, faites vite. Allez, Stan, on continue. »

Bouzit ouvrit la bouche pour protester, puis se rappela probablement qu'il était en service, et tourna les talons, vexé, avec un encouragement de Marini, qui lui susurra en faisant mine de lui gratter le dos :

« Allez, Bouzit, bon chien, ça... bon toutou à son maître.

– Capitaine Marini, épargnez-nous vos échanges affectueux et privés avec le capitaine Bouzit », souffla Nahoum, toujours remonté contre le duo.

Ça lui aurait passé avant le soir, espéra Renaud, qui voyait le grand cœur de son adjoint palpiter de nouveau.

« Stan, regardez-moi. Vous voyez, on tient notre parole. Alors, vous dormez sur la fête foraine depuis son arrivée. C'est-à-dire le... voyons... hésita-t-il, en cherchant un calendrier.

– Les premiers forains sont arrivés pour le montage des gros manèges le lundi 18 février, intervint Nahoum.

– Bien. Stan, vous vous rappelez si vous étiez dans les environs, le 18 février ?

– Heu... c'est sûr, j'étais dans le coin, à Chalon.

– Plus précisément, où, à Chalon ?

– Ben, au foyer d'urgence. Mais comme je vous l'ai dit, ils voulaient pas de mon chien, alors, je me suis barré. J'y retournais quand j'avais pas de quoi crécher au chaud. Mon chien, ces soirs-là, je l'enroule dans son duvet et je l'attache dans mon Caddie pour pas qu'il se taille la nuit. Et puis, il monte la garde, il protège notre barda.

– Bien. À partir de quand vous vous êtes installé à la fête pour dormir ?

– Quand la fête a ouvert, le samedi soir du carnaval. Y avait du monde, de quoi grailler, on me voyait pas. Impeccable. Le jour j'étais avec mon chien, et la nuit je le collais dans le Caddie, et moi, hop, sous les caravanes, au chaud pépère !

– Vous dormiez toujours sous la même caravane ?

– Hé, je suis pas con ! Si on veut pas d'emmerdements, faut essayer de changer de taule tous les soirs ! Bon, je suis un peu fainéant, alors ouais, j'ai fait plusieurs nuits la même caravane. Celle de la dame où vous m'avez trouvé. J'y étais dès le début, et puis j'ai dû bouger parce qu'un gosse m'avait repéré. J'y suis revenu depuis deux trois jours, parce que son chauffe-eau il est gros, et il carbure à fond. J'ai pas eu froid.

– Vous y étiez dans la nuit du dimanche 24 février ?

– Peut-être que oui. C'était au début de la fête...

– Quand les forains ferment la fête pour la nuit, vous êtes déjà sur place, caché sous les caravanes ?

– Oui. Ils ferment tôt. Vers les 8 heures. Je ramène mon chien au Caddie vers 6 heures, 6 heures et demie, et je reviens en douce vers les 7 heures. Si c'est le dimanche du carnaval que vous parlez, il caillait dur. C'est pour ça que je m'en rappelle. Il neigeait, même. Et je peux même vous dire que j'ai soupé avec les raclures de chouchou que le forain avait pas vendues. Je suis retourné exprès au Caddie pour en filer à mon chien. J'ai failli me faire choper en revenant sous une caravane.

– Et vous n'avez rien remarqué de spécial, s'agaça Nahoum, décidément très fatigué.

– Qu'est-ce que vous voulez dire par spécial ?

– Une petite fille toute seule dans une fête, alors que les manèges sont en train de fermer, ça se remarque, bon sang ? explosa Nahoum en brandissant le portrait de Samantha sous le nez de Stan.

– Commandant, Stan va nous raconter tout ce qu'il a vu. N'est-ce pas Stan ?

– Les gars... Faut arrêter de jouer avec moi. Je sais lire. J'ai lu les journaux. J'ai des oreilles. J'ai entendu les gens causer. Si vous voulez me coller le meurtre de cette gosse sur le dos, pas question. J'ai rien fait ! Je pionçais sous la caravane de Michelle, la dame bien gironde qui m'a délogé ce matin. Michelle, c'est comme ça qu'elle s'appelle. J'ai pas touché à un cheveu de cette petite. Je suis un clodo, j'ai pas de piaule, tout juste de quoi bouffer pour moi et mon chien, mais je vis tranquille, loin des hommes. C'est pas pour dire, mais on vit dans un monde de brutes. Et la brute qui a tortionné cette gosse, c'est pas moi. C'est sûr que c'est l'autre ! »

Un silence épais comme une porte de chambre forte s'abattit sur la troupe. Stan reprenait son souffle après sa logorrhée postillonnante et désespérée, Marini fixait son boss d'une mine ahurie, Nahoum, au clavier, tentait manifestement d'extraire le jus de vérité de cette déclaration confuse et tonitruante. « C'est sûr que c'est l'autre ! » Renaud lévitait : une ébauche de piste ? Ne pas laisser Stan l'effacer.

« Ça y est commissaire ! J'ai les croquettes du chien ! J'en fais quoi ? »

Bouzit, encore rouge de sa course au trésor, en l'occurrence un paquet de trois kilos de croquettes qu'il tendait à bout de bras, ne comprit pas pourquoi Marini siffla un menaçant « Ferme-la... »

Chapitre 55

Jeudi 7 mars 2013

Ils n'osaient pas y toucher, pas même s'en approcher. Ils avaient dégagé la grande table centrale de ses piles de photos et documents, et posé le carton au milieu. Pierson semblait renifler l'objet comme un animal, à l'arrêt, et sa corpulence l'apparentait davantage à un ours dressé, nez au vent, qu'à un chien de chasse. Catherine sonna le départ.

« Paul, on l'ouvre cette boîte ?

– Ah ! À vous aussi, elle fait de l'effet, cette "boîte" ! Pandore rigolerait bien si elle nous voyait en train de tirer à la courte paille pour savoir qui va prendre le risque de l'ouvrir.

– Paul, dans le fond, vous êtes un indécrottable misogyne, le tança-t-elle. Comme si les femmes étaient définitivement responsables de la misère du monde !

– Honneur aux dames », rigola l'avocat.

Catherine attaqua le large ruban adhésif d'un coup de cutter rapide, précis, et ouvrit le carton. Elle y puisa avec toutes les précautions d'une sage-femme les enveloppes et les chemises débordant de clichés, de notes… Samuel Paulin avait jeté le malheur familial en vrac dedans, le scellant puis le remisant dans son grenier. Il n'avait heureusement pas eu la folie de le brûler.

« On va faire un premier tri : les photos d'un côté, les notes, les petits mots d'un autre, les bouquins… Il y a des cartes postales aussi, à mettre à part. »

Ce qui paraissait pouvoir être classé en une demi-heure leur demanda finalement un temps fou. Ils avaient dressé des piles fragiles qui, au moindre courant d'air, pourraient s'effondrer et délivrer partout dans la pièce feuillets de carnet déchirés, facturettes, feuilles de papier à cigarette griffonnées, entre autres.

« Bon. Elle fumait. Et pas que des cigarettes, décréta Pierson, évitant de souffler trop fort sur son tas de petits bouts de papier.

– Probablement. Vous éviterez de mentionner ce détail à sa mère.

– J'ai besoin d'une mère en acier, pas d'une mère qui tombe des nues en découvrant que sa fille fumait des pétards !

– Vous vous en sortez avec la chronologie ?

– Non, qu'est-ce que vous croyez. Elle ne datait pas ses listes de courses ! Tenez ! Si vous arrivez à me dire quand elle a noté sur cette feuille à rouler "rappeler Isa pour ciné", je vous offre le gastos !

– Pas de ticket de cinéma dans votre pile ?

– Vous m'enquiquinez… susurra-t-il. Et je reste poli.

– C'était juste une question.

– Non. Vous gardez vos tickets de cinéma, vous ?

– Je ne vais pas au cinéma.

– Ah, c'est vrai, j'avais oublié votre côté antisocial.

– Laissez tomber votre pile pour l'instant, et vos réflexions par la même occasion. Ce sera plus facile de remettre toutes les photos en ordre, comme un puzzle. Certaines sont datées.

– Renaud a déjà épluché tout ce fatras. J'ai relu ses notes. Il a retrouvé la plupart des personnes qui la fréquentaient et les a interrogées à plusieurs reprises. Cette fameuse "Isa" du cinéma, je suis certain d'avoir vu ce prénom dans sa liste de témoins. Une copine de fac, si je me rappelle bien.

– Paul, vous ressemblez à un type qui fait une crise d'hypoglycémie. Il ne resterait pas un bout de pizza de ce midi ?

– Officiellement, je suis au régime.

– Alors allez vous acheter une barre protéinée à la pharmacie. Ça vous fera prendre l'air, et ça m'en donnera. »

Pierson avait effectivement l'air épuisé, donc contrarié. Catherine connaissait ses humeurs, tout autant que son intarissable force de travail. S'il acceptait de s'accorder une pause, il referait rapidement surface, frais, l'œil et l'esprit vifs ; il faisait parfois preuve aussi d'un stupide entêtement...

« Merde, lâcha-t-il. J'ai horreur de me sentir vieillir. Ça me colle le bourdon, et ça me rend con. Je vous lâche un quart d'heure. »

Il quitta la pièce d'un pas lourd qui tâchait de se faire léger, discret, comme un garnement fautif qui raserait les murs pour se faire oublier.

« Merci Paul... », lui lança-t-elle alors qu'il refermait la porte avec mille précautions, lui qui les claquait plus qu'à son tour.

Elle étala devant elle une pile de clichés avec la dextérité d'un croupier de casino qui déploie un jeu de cartes : y trouverait-elle une suite gagnante ?

Anne-Angélique était incontestablement la reine de toutes les fêtes. Fini la jeune fille sage avec son trousseau de première communiante ; jupes courtes ou jeans en lambeaux, débardeurs et chemises de bûcheron, éclats de rire et non sourires figés à destination de la satisfaction maternelle, bouteilles de bière brandies ou aux lèvres, maquillée ou non... un amoncellement de preuves de son éclatante autre vie. Elle s'amusait beaucoup avec ses cheveux, qu'elle teintait de rose, de vert, de bleu ou de rouge selon les occasions festives, qu'elle coiffait ramassés en multiples couettes blondes hirsutes ou en chignon pétard, attachés avec tout ce qui lui était tombé sous la main, ficelle, chouchou, rubalise de chantier, sangle de dossier de cours et même guirlande lumineuse et clignotante de Noël. Elle posait parfois seule, soit dans des accoutrements de son quotidien d'étudiante, soit déguisée et maquillée, prenant la pose qui convenait au personnage qu'elle habitait alors. Catherine la vit en clown classique, en Marilyn platine et saoule, en clocharde hilare, en Charlot, en bergère landaise, en toréador, en Japonaise à la coiffure truffée de baguettes... Elle avait une imagination et un culot incroyables, offrant de temps à autre à l'objectif son derrière moulé dans de la dentelle pour l'occasion d'une Alice résolument osée, aux joues barbouillées de deux ronds rouges, chaussée de ce qui semblait une paire de bottes de chantier en plastique, et aux jambes gainées d'un collant de laine à grosses rayures déchiré en haut des cuisses, retenu à un improbable porte-jarretelles par d'énormes pinces à linge. Oui, Anne-Angélique avait fait la fête, des fêtes innombrables et pour la plupart mémorables d'après les clichés, tandis que ses parents dormaient paisiblement dans leur belle demeure de Chalon-sur-Saône. Oui, Anne-Angélique se révélait de l'autre côté du miroir, et cette image d'Alice stupéfiante de bien-fondé et d'humour, des années après sa disparition, lançait aux yeux de tous la légitimité de son jeune âge, de ses désirs de rire, de tout tant qu'il était encore possible.

La bande qui l'avait accompagnée dans son voyage durant ces deux années à Dijon était multiple, changeante, tout aussi jeune, joyeuse et fêtarde, finalement tout aussi clairvoyante et grinçante dans ses représentations du monde qui attendrait la plupart d'entre eux après. Ils célébraient tous l'éphémère, vite, à fond, sans entraves. Sur aucun des clichés Catherine ne trouva une Anne-Angélique surprise dans le sérieux ou la gravité d'un instant d'étude par exemple, ni même de rêverie ou de fatigue. Son visage, son corps tout entier délivraient un unique message, qui prenait une place démesurée sur les photos : laissez-moi vivre et rire et boire et chanter et aimer. Tout comme Vanessa et Juliette, Anne-Angélique faisait sans le savoir se consumer les images d'elle, avec toute son incandescence. Catherine n'avait plus qu'à les déposer côte à côte sur la table, ces trois sublimes effrontées, liées par le malheur de cette beauté qui avait rendu un homme fou d'un amour assassin. Ce qu'elle fit.

« Nom de Dieu... »

Catherine sursauta. C'était Pierson, regard figé par-dessus son épaule sur les trois jeunes filles en feu qui narguaient tout entendement. Elle ne l'avait pas entendu entrer.

« Je commence à penser que vous avez peut-être raison... Au sujet de l'amour. Elles sont déraisonnablement belles et désirables. »

Catherine se sentit à son tour épuisée, toute verve pour répliquer à l'homme de loi évaporée. Elle éparpilla de ses mains lasses l'abondante vie secrète d'Anne-Angélique répandue sur les autres photos, les brouillant, en redressant ou en déplaçant certaines, comme elle le faisait d'habitude pour esquisser ses paysages d'intime. Pierson la regardait faire, fasciné par le mouvement lascif de ses mains de diseuse de bonne aventure. Catherine arrêta brutalement le jeu : sur le coin d'une photo, une silhouette massive venait de l'alerter. Elle la sortit du puzzle et la porta près de son regard, le cœur battant.

« Paul, vous voyez ce que je vois ? !

– Je ne vois rien. Donnez-moi ça ! » craqua-t-il en lui ôtant la photo de la main pour se la coller sous le nez.

Catherine fouillait fébrilement les autres photos sur la table, réprimant son envie de hurler. Elle savait maintenant ce qu'elle devait chercher, et trouva : trois clichés pris au même endroit, qu'elle pensait avoir reconnu, l'Osiris et ses caves voûtées, sur un pilier desquelles s'accrochait un homme déguisé des pieds à la tête en ours. Il tendait pathétiquement ses pattes vers Anne-Angélique, reconnaissable sous son déguisement fort approprié de Petit Chaperon rouge. Sur le troisième cliché, le gros ours pataud dans son costume embrassait ce fantasme masculin universel du conte de fées sur la joue, et le serrait dans ses bras, tandis que l'adorable Petit Chaperon rouge laissait apercevoir dans l'éclat coutumier de son rire une rangée de dents étincelantes sous le flash.

« Paul, dites-moi ce que vous voyez..., gronda-t-elle.

– Nom de Dieu. Nounours. C'est pas possible. C'est une coïncidence.

– Eh bien, c'est la seule qu'on a ! Et on ne va pas s'en priver. Pour ce que j'en vois, c'est bien “Nounours” qui est en train de baver d'amour sur le Petit Chaperon rouge. »

Elle ne lui dit évidemment rien de l'Osiris. Elle devait d'abord peser toutes les conséquences d'un tel aveu sur sa collaboration avec Pierson, puis avec Renaud. Ses épisodes peu glorieux de dépression matée dans le sous-sol de la seule boîte BDSM de la région ne trouveraient aucun confident compréhensif.

« Renaud n'a jamais pu suivre cette piste, murmura Pierson.

– Comment aurait-il pu ? L'ours n'apparaissait dans aucun témoignage autour de Vanessa. Nous l'avons sorti de son antre en harcelant le fils Martin et Hassaoui. Et en voilà un autre ici, un brave nounours, rond, doux et confortable... Paul, on a ouvert une porte, et elle ne donne pas sur un mur.

– Je vous laisse le soin de tenir Renaud informé...

– Je l'appelle immédiatement. »

Pierson lui tendit un carré de papier sur lequel était inscrit un numéro de téléphone.

« J'allais oublier de vous donner ça. Karine, la secrétaire, a pris l'appel pour vous. Michel Dréon, notre client faux meurtrier : il demande si vous pouvez passer le voir. Vous et personne d'autre ! Vous avez dû lui faire de l'effet. Qui l'eût cru ? » rigola-t-il.

Catherine mit quelques secondes avant de réaliser.

« Bien. Mais on a plus urgent, vous ne croyez pas ? Je suis sûre que Renaud ne retiendra rien contre lui.

– Nous avons été payés. La moindre des choses, c'est de lui rendre cette visite qu'il réclame. »

Chapitre 56

Jeudi 7 mars 2013

Le Caddie était bien là où Stan l'avait dit, amarré par une chaîne cadenassée à un lampadaire hors d'usage, dissimulé derrière un conteneur rouillé et tagué au fond d'un espace gravillonné à l'abandon. Ils s'étaient rendus sur les lieux avec deux voitures, Stan avachi sur la banquette arrière de la première, conduite par Nahoum à qui Renaud traduisait les indications routières confuses fournies par Stan. Le second véhicule suivait leur errance, avec Marini au volant et Bouzit, qui avait emporté les croquettes du chien. Stan se trompait dans ses explications, floues, de plus en plus énervé à l'idée que s'il ne retrouvait pas son Caddie et son chien, les flics allaient le coller au trou avec un meurtre sur le dos.

« Non, à gauche ! braillait-il. Merde alors, j'ai pas de bagnole, moi. Si on y avait été à pied on serait déjà arrivés ! Moi, je coupe par les terrains vagues, et je connais pas les sens interdits !

– Calmez-vous, on va y arriver. Si c'est un parking, il y a une rue pour que les voitures et les camions puissent s'y garer.

– Ça y est, je sais où on est ! Tout droit au bout de la route, et à gauche, avant les tours rondes ! Faut suivre la direction du port ! hurla-t-il, faisant faire une embardée dangereuse à Nahoum.

– Je vais en faire de la pâtée pour son chien s'il continue à me déchirer les tympans... » siffla Nahoum.

Deux minutes après, ils étaient tous rassemblés autour du Caddie de Stan. Le clodo pleurait en serrant son chien gémissant, attaché dans le chariot, frétillant de bonheur.

« Je suis là, ça y est, du calme, Hund, du calme. Je t'ai apporté à manger. Ah, mon pauvre Hund, t'as chié dans ta couverture. Je vais te sortir de là. »

Les policiers respectaient la consigne du chef : Renaud ne voulait pas qu'on perturbe davantage l'unique témoin qu'ils avaient déniché en onze journées et nuits d'investigations vaines. La troupe la bouclait donc, laissant le couple à ses retrouvailles émues.

« Il a faim. Il a soif. Est-ce que je peux vous demander les croquettes, monsieur ?

– Bien sûr. Capitaine Bouzit, vous voulez bien servir ses croquettes à... Hund ? C'est bien Hund, qu'il s'appelle ?

– Oui. Hund. Ça veut dire "chien" en allemand. C'est beau. Ça me rappelle le coin où j'ai grandi, en Alsace. On parlait schleu », expliqua Stan tout en libérant avec tendresse Hund de son Caddie.

Hund était un bâtard vigoureux, de belle taille. Il se rua sur le paquet de croquettes ouvert et ils n'entendirent plus que le craquement de la nourriture broyée par les mâchoires puissantes de l'animal ; il était probable que personne ne cherchait d'ennuis à Stan.

« Bien. Maintenant que Hund déjeune, racontez-nous, et montrez-nous, Stan », lança Renaud.

Le « parking » de Stan était situé à plus de deux kilomètres de la fête foraine, dans une zone industrielle du port fluvial Nord de Chalon. Une zone que les équipes de police avaient pourtant quadrillée et fouillée. Une zone portuaire, édifiée à la va-vite entre terrains vagues, petites usines, hangars de stockage divers, percée par quelques routes défoncées par les poids lourds qui la sillonnaient. Une zone en activité réduite le jour, qui offrait de nombreux bâtiments abandonnés aux quais de déchargement de béton fissuré, avec des parkings pour les camions de marchandises. Au loin, les grues du port surplombaient des silos, et au bout du vilain ruban de goudron, la Saône coulait. Une zone désertique dès la nuit tombée.

L'accès du parking n'était plus protégé ; la chaîne rouillée qui avait dû l'interdire gisait en tas dans un coin. Deux remorques de camion abandonnées ou en attente l'occupaient. Il était probable que les routiers de passage y faisaient une pause, car il était jonché de détritus, sacs en papier débordant d'emballages gras, aux enseignes de restauration rapide, canettes de bière, de vin, de bouteilles en plastique... Renaud se tourna vers Stan.

« Donc, il y avait un camion garé. Où ?

– Là, désigna Stan, en se dirigeant vers un recoin du parking. Près du bâtiment. C'était le seul camion.

– Et qu'est-ce que vous avez vu ?

– Je vous ai déjà dit. Vous avez vu où est mon Caddie ? Le gars y pouvait pas me voir. J'avais rapporté fissa les restes de chouchou tout chaud pour Hund. Il était en train de se régaler quand le type est arrivé avec la petite. Je lui ai demandé de la boucler, parce qu'on s'est déjà fait virer de plein d'endroits. Et ici, on est tranquille, personne pour nous demander de nous barrer. Bref... Je l'ai entendu baragouiner en français avec la petite. Il voulait lui donner du chocolat d'après ce que j'ai compris. C'était un Schleu.

– Comment vous le savez ?

– Il parlait en allemand aussi. Mais j'étais trop loin pour tout comprendre. Et pis son camion, il m'a fait rigoler. Dessus, c'était écrit "Wurst-Francfort" ! Vous voyez le truc ? !

– Non. Expliquez-moi.

– Wurst, ça veut dire "saucisse" en allemand ! J'avais un pote en Alsace qui s'appelait comme ça : Wurst. Boris Wurst ! En français, ça donnait Boris Saucisse ! Boris la Saucisse ! »

Du coin de l'œil, Renaud vit Bouzit pouffer comme un gosse de maternelle. Marini notait tout, Nahoum avait déjà commencé à inspecter le parking.

« Alors là, Stan, reprit Renaud, merci. C'est une information de premier ordre. Et après ?

– Ben... C'est à peu près tout. Son bahut, il venait de Francfort, c'était marqué sur la bâche et sur la plaque d'immatriculation, et son patron il doit s'appeler Wurst... peut-être qu'il transportait des saucisses ? » ajouta Stan, hilare.

Stupide inconscient, l'invectiva secrètement Renaud.

« Vous pourriez le décrire, cet homme ?

– Ben... Pas trop. Il faisait froid, c'est pas éclairé ici. Il était assez grand, de votre taille à peu près, il portait un gros blouson bleu marine ou noir, ça le faisait paraître un peu gros, si vous voyez ce que je veux dire, il avait du bide, quoi, il était bien gras. Et pis il portait un bonnet.

– Vous lui donneriez quel âge ?

– Ben... Je sais pas trop. Vous me donnez quel âge ? rigola Stan.

– Soixante ans, mais vous n'en avez que trente-cinq à tout casser, rétorqua Renaud.

– Touché, coulé. Merde, quand je pense que j'ai été beau gosse...

– Quel âge, le chauffeur ?

– La bonne quarantaine, peut-être plus. Il avait l'air d'avoir le dos bien pété. Ouais. Plutôt la bonne cinquantaine.

– Bien. Et qu'est-ce qu'il s'est passé, avec la petite ?

– Ben, la petite elle avait pas l'air d'avoir peur, hein. Il l'a fait monter dans son camion pour lui donner son chocolat. Et après, j'ai couché Stan dans le Caddie, et je suis retourné sous la caravane de Michelle, que j'avais repérée à cause de son chauffe-eau. J'ai rien vu d'autre. Il y avait pas de lumière dans le camion. Le gars, il avait dû tirer les rideaux. Et j'ai rien entendu non plus. La gosse, elle a même pas crié. »

Samantha, une fois engagée sur cette route, n'avait plus eu aucune chance. Et tout ça pour une plaquette de chocolat ? Renaud en avait les tripes nouées par la consternation et la colère.

« Vous revenez avec moi au commissariat. On va tout reprendre par écrit. Vous allez travailler avec ma collaboratrice, le capitaine Marini, sur un portrait-robot.

– Et mon chien ? s'insurgea Stan.

– Il va garder la maison. On y va », maugréa Nahoum.

Ue tonne de paperasse à rédiger et à faire signer les attendait au commissariat, des entretiens téléphoniques urgents auprès des procureurs, juges d'instruction, autorisation d'entrer en liaison avec les autorités allemandes et celles de Francfort… Renaud devait sonner le tocsin au plus fort et au plus haut, et ce n'était pas une mince affaire de faire admettre que son enquête dépassait la frontière. Le procureur, qui avait souhaité l'oublier dans un cagibi sans même un ordinateur, s'était fait longuement prier avant de céder. La peur de passer à côté d'un coup d'éclat prestigieux l'emporta, et il signa tout ce que Renaud lui présenta.

À minuit, Renaud prit la décision de débrancher la cafetière et congédia son équipe. Ils auraient besoin de toute leur vitalité pour les jours à venir. Seul Nahoum pouvait déchiffrer et comprendre un peu de cette langue allemande que Renaud avait toujours refusé d'apprendre, bien que son cursus scolaire eût été en grande partie construit sur cette obligation. Il avait préféré les langues du Sud, sans déclinaisons, plus souples et rondes, le chuintement presque enfantin de l'espagnol, ses poètes surtout, qui savaient écrire l'amour et la mort comme personne ; à l'aube de cette nouvelle journée, il se serait presque giflé pour avoir été aussi romantique dans sa jeunesse. Heureusement lui revint aussitôt à la mémoire que c'était grâce à ces poèmes qu'il avait séduit Marianne, la femme de sa vie. Il savait néanmoins ce qui lui restait à faire pour les heures à venir : retrouver le dictionnaire français-allemand oublié quelque part chez eux, et fouiller dans les chambres des enfants devenus grands et envolés en priant pour qu'ils aient gardé leurs manuels de grammaire allemande ! Et dire que c'était lui qui les avait poussés à faire ce choix ; ils l'avaient accepté tandis que lui s'en était défait, défiant l'ordre paternel. Un comble.

Un coup d'œil sur son portable confirma qu'il était trop tard pour rappeler Catherine Gauthier, qui avait tenté de le joindre à deux reprises. Elle n'avait pas laissé de message précis, outre ce laconique : « Bonjour commissaire. Ici Catherine Gauthier. Rappelez-moi dès que vous en aurez l'occasion. J'ai peut-être du neuf. »

Lui aussi en avait, du neuf, du bien solide, du concret, et la tonne d'emmerdements qui allait avec. Demain sera un autre jour, se dit-il bêtement.

Chapitre 57

Vendredi 8 mars 2013

Lorsque Michel Dréon avait entendu la jeune femme accepter le rendez-vous qu'il lui proposait, il avait su que la vérité allait être enfin écoutée. Tout au moins celle qu'il dépouillait par lambeaux sanglants dans le secret de son bureau.

Michel Dréon était soulagé de l'absence de sa femme, retournée à son poste en mairie après plusieurs jours d'absence. Il était prêt, soulagé également par la possibilité de trouver une oreille prête à recueillir son histoire sans manifester d'indignation. L'assistante de Maître Pierson, qui avait été témoin de sa déconfiture sur le terrain vague, lui avait en effet semblé suffisamment détachée de tout pour qu'il puisse se confier à elle. Elle ne jugerait pas, ne pleurerait pas, ne serait pas choquée ; un bloc de granite millénaire à peine poli par des mers démontées. Quasi une brute insensible dans un corps de femme.

Cette appréciation de Catherine Gauthier, assise toute droite dans un fauteuil du salon alors qu'il lui montrait les preuves de sa culpabilité secrète, se révélait la bonne : non seulement elle l'écoutait attentivement débiter son histoire, mais elle ne manifestait aucun signe alarmant du genre grimace de dégoût, bouche pincée, regard consterné. Rien. Et c'était facile ; Michel Dréon ne pouvait plus s'arrêter.

Il avait immédiatement commencé son exposé par les raisons qui lui avaient fait perdre la tête ces derniers jours, raisons confirmées dans la liasse de documents qu'il avait étalés sur la table du salon. En préambule, il devait plonger dans l'histoire. Il avait déplié son arbre généalogique sur la table, fruit de ses récentes recherches.

« Du côté paternel, je me trouve ici, dit-il en désignant sur le graphique une branche basse qui ployait sur le vide. Ma sœur ayant épousé un Bernier, et moi-même n'ayant jamais eu d'enfant, je suis le dernier Dréon de cette famille. Je n'ai évidemment pas connu mon arrière-grand-père, mais j'ai gardé de vagues souvenirs de sa femme, mon arrière-grand-mère, continua-t-il en pointant un nom en haut de l'arbre. J'ai en revanche très bien connu leur unique fils, Étienne, mon grand-père. Quand j'étais gosse, il y avait des tas de choses que je ne comprenais pas : pourquoi, puisque mon arrière-grand-mère était toujours vivante, est-ce qu'on ne m'emmenait jamais la voir ? Pourquoi mon grand-père Étienne, son propre fils, me disait parfois qu'elle était trop méchante pour qu'on me présente à elle ? Il la surnommait l'Ogresse, et son mari, l'Ogre. Pour l'état civil, ils s'appelaient Marthe et Michel-Édouard Dréon. C'est en retrouvant ce prénom masculin, oublié, que je me suis rappelé qu'Étienne, mon grand-père, ne m'appelait jamais Michel. Il me surnommait Michou. C'était un homme avisé, un poilu rentré estropié de la Grande Guerre. »

Michel Dréon repoussa son arbre. Catherine, stupéfaite, laissait le passé retrouvé de Dréon s'écouler sans qu'elle trouve la force de l'interrompre.

« La loi de 1905 venait d'être votée. La République ne financerait plus le culte, ne laisserait plus l'Église seule garante de l'éducation et de la santé de ses enfants, malades et orphelins. Dans le Morvan, il y avait déjà de nombreux hospices tenus par les sœurs qui recevaient des enfants venus de Seine et alentour. Les sœurs soignaient, mais avaient aussi la charge de l'instruction, exclusivement religieuse. Leurs pratiques étaient très critiquées et dénoncées. Lorsqu'il a fallu briser cette chaîne qui envoyait directement les enfants les plus fragiles dans les hospices où ils étaient maltraités, l'État n'avait pas encore les structures adéquates pour cet accueil. Il faut savoir également que le Morvan était à l'époque au regard de certains un territoire dépeuplé, inexploité, sans revenus. Donc tout indiqué pour recevoir des enfants sans famille, qui, une fois soignés, éduqués, fonderaient leur propre famille sur les lieux, et participeraient à l'essor économique de la région. Ce n'est pas pour rien qu'on a appelé un temps ces instituts des "colonies", et les enfants des "colons". Bref, la République n'avait pas les moyens de sa volonté. Il a donc été décidé de faire appel dans certaines régions à des instituts privés, rémunérés pour ce faire. Ça reviendrait moins cher. L'État se contenterait de sélectionner les instituts sur certains critères, et de faire vérifier par un réseau de directeurs régionaux et d'inspecteurs de l'Assistance publique que toutes les obligations envers ses pupilles étaient remplies. Vous voyez l'erreur, mademoiselle Gauthier ? »

Elle se contenta de hocher la tête.

« Un institut privé, ça relève avant tout de la gestion comptable : il faut payer le loyer des bâtiments s'ils ne vous appartiennent pas, verser les salaires des gardiens, nourrir les enfants, les vêtir, les soigner, donner à tous une instruction qui leur permettra une fois majeurs de trouver un emploi, de s'établir. Sans compter les "débiles" ou les "délinquants", qu'il faut "rééduquer" plus encore. Mais il faut surtout que ça rapporte. Pour certains directeurs de ces instituts privés, la solution était toute trouvée : ils avaient de la main-d'œuvre gratuite à disposition, qui pouvait rapporter gros, et il suffisait aussi d'économiser sur les subsides versés par l'État. Une fois ce préalable posé, un institut privé, ça peut faire des profits comme n'importe quelle entreprise. Il suffit de ne pas se faire prendre la main dans le sac. Mes arrière-grands-parents ont bâti une fortune sur ce calcul... »

Catherine retenait son souffle, Michel Dréon reprenait le sien.

« Leur petite affaire marchait très bien : les enfants étaient loués dans des fermes pour les travaux, ils étaient à peine nourris et vêtus, enfermés, battus... ils n'avaient droit à rien, pas de soins, pas d'enseignants. Ils étaient gardés comme des criminels, emprisonnés, aux fers. Ça semblait arranger tout le monde, vous comprenez : les paysans du coin qui louaient les petits esclaves pour trois sous, les gardiens, qui pour toucher un petit salaire fermaient leurs yeux et leurs bouches... Jusque dans l'administration, où certains inspecteurs recevaient leur part. Leur entreprise marchait si bien qu'ils ont ouvert très rapidement un deuxième institut non loin du premier, pour filles cette fois-ci. Les garçons souffraient déjà de sévices de toutes sortes, y compris sexuels. Alors les filles... je vous épargne les détails. Il suffit de savoir que de nombreux enfants ont disparu, déclarés fugueurs, et des suicides aussi, plus fréquents chez les filles. C'est d'ailleurs grâce au suicide d'une petite que leur commerce a été découvert. Je dis bien "grâce", parce que sans la mort de cette pauvre enfant, leur entreprise aurait pu continuer longtemps. Le nouveau directeur de l'Assistance publique avait été alerté, et s'est pointé un jour trop tôt. Il a tout découvert. Les enfants ont témoigné. Et pour une fois ils ont été écoutés. Des adultes ont entendu l'horreur. Mes arrière-grands-parents ont été jugés. Un procès à sensation, couvert par la presse jusqu'à Paris. J'ignorais tout de cette histoire. Ce n'est que lorsque j'ai commencé à m'intéresser à ma généalogie que j'ai tout découvert. Tout est relaté dans ces documents que j'ai retrouvés au fil de mes recherches. Les articles de journaux, le procès... J'ai bouclé la boucle il y a deux semaines. Je suis heureusement le dernier descendant de ce couple de monstres. »

Il regardait Catherine avec le poids d'un chagrin tel que cette dernière craignît qu'il s'affaisse sans vie sur son canapé.

« Monsieur Dréon, vous êtes en grande détresse. À part vous écouter, je ne vois pas bien ce que je peux faire pour vous... D'autant que...

– Je n'ai pas fini, la coupa-t-il. Ce ne sera plus très long. Le comble de cet épilogue étant que c'est la guerre de 14 qui les a épargnés ; la France avait d'autres chats à fouetter que juger quelques crimes commis en province sur des enfants abandonnés. Marthe et Michel-Édouard Dréon ont été inculpés d'une peine si légère que mon arrière-grand-mère est tranquillement retournée vivre dans les environs de l'institut, rejointe un an après par mon arrière-grand-père qui, lui, avait écopé d'un peu de prison pour l'exemple. Ils avaient accumulé de quoi vivre sans travailler. Mon arrière-grand-mère portait des tenues et des bijoux de grande bourgeoise, son mari des redingotes et un monocle. Ils ont dépensé toute leur fortune puante jusqu'au moindre sou, et jusqu'à la fin de leur vie ils ont été servis par des domestiques, cela va de soi. Mon grand-père Étienne savait tout ça. Mon père non. Et c'est à moi de vivre maintenant avec cette hérédité. »

Catherine ne put empêcher un léger sursaut. L'autre continua avec un sourire tout tordu.

« Si je n'ai pas tué cette jeune fille, je l'ai frappée. Suffisamment pour qu'elle reste à terre. J'ai perdu le contrôle. Je viens de découvrir que je suis potentiellement violent. J'ai peur d'y avoir presque trouvé du plaisir. Maintenant, j'ai même peur de toucher ma femme.

– Vous suggérez, monsieur Dréon, que votre généalogie vous classe automatiquement dans la catégorie des… "tarés" ?

– Comment expliquer autrement cet acte ?

– La boisson, le contexte, comme la démesure autorisée d'un carnaval, la situation désespérée de votre collègue Maheux… Tous ces éléments ne vous exonèrent évidemment pas d'une grande responsabilité. Pas plus la "tare", comme vous semblez le penser, que l'occasion de vous mettre tellement le cerveau en vrac que vous avez tabassé une femme. Monsieur Dréon, je ne vous plaindrai pas.

– Ce n'est pas ce que j'attendais.

– Vous espérez quoi ?

– Être jugé.

– Vous êtes probablement croyant ? Catholique pratiquant ?

– Simplement catholique.

– Vous me prenez pour un prêtre capable d'écouter et d'absoudre vos péchés contre trois prières ? Ou bien psychologue ? Je suis une simple enquêtrice, monsieur Dréon. Je vous conseille de prendre rendez-vous soit avec l'un, soit avec l'autre.

– Vous pouvez retrouver cette jeune fille.

– Ce n'est pas ma mission du moment.

– Et si je vous paie pour le faire ?

– Vous voulez dire si vous payez Maître Pierson ? Vous iriez jusqu'à vous offrir les services d'un avocat qui, lorsqu'il aura retrouvé votre victime, vous attaquera probablement en justice ? Votre besoin de culpabilité n'a pas de limite, monsieur Dréon.

– Et si, dans un moment d'inconscience, j'avais tué cette jeune fille aussi ?

– Vous accuser d'un meurtre odieux que vous n'avez probablement pas commis ? Pourquoi tant de haine contre vous-même, monsieur Dréon ? Le secret vous a protégé jusqu'à maintenant. Votre grand-père a fait en sorte que cette tragédie ne vous touche pas. Le silence est le plus beau cadeau qu'il vous a fait.

– Le silence. C'est tonitruant le silence. La plupart des habitants de cette région sont les descendants de ce silence. Progéniture des profiteurs ou des esclaves, ils ignorent tout de leur histoire. Nous sommes si nombreux à être issus de cette économie du secret, comme l'a écrit un historien. J'ai reconnu certains patronymes parmi les enfants interrogés pour cette parodie de procès : j'ai fréquenté professionnellement leurs descendants. Yves Cottard, par exemple. »

Dréon marqua une pause, bienvenue pour que Catherine encaisse cette information, et se ravise sur son envie de ficher le camp.

« Yves Cottard ? reprit-elle. Vous n'êtes pas obligé de lui raconter vos horreurs. Vous gâcheriez sa retraite, et probablement votre amitié. D'après ce que je sais, il a déjà eu son lot de drames. Juliette Grollay, la jeune fille qu'on a retrouvée assassinée début 2008 dans la Saône, c'était bien sa nièce ?

– Oui. C'est une histoire affreuse... une de plus décidément, ricana-t-il. Le pauvre. À croire qu'il est aussi marqué que moi par sa généalogie.

– C'est-à-dire ?

– J'ai découvert que sa grand-mère paternelle faisait partie des enfants violentées de l'institut pour filles. Je ne lui ai encore rien dit... »

Catherine eut l'envie fugace et brutale de gifler Dréon. Ce n'était pas le moment.

« Yves Cottard m'a l'air d'être un bon vivant. Il a réussi à faire le deuil de sa nièce. Ça n'a pas dû être facile. Il vous en a parlé ?

– Pas besoin. On a tous vu qu'il était brisé. Il adorait cette jeune fille. Il avait des photos d'elle sur son bureau. Lorsqu'on a retrouvé son corps, il a pris des congés. Et il a enchaîné sur un arrêt maladie. Quand il est revenu, il a enlevé toutes les photos de la petite de son bureau. Pour ma part, je n'ai jamais su quoi faire pour l'aider. Les autres non plus. Il ne nous en a plus jamais reparlé...

– L'assassin de Juliette n'a toujours pas été identifié. Il n'est pas en colère contre la police ?

– Je ne l'ai jamais vu en colère. Il aime s'amuser, les femmes, la bonne chère et l'alcool. Je suppose qu'il y trouve de quoi oublier.

– Il sort tant que ça ?

– D'après ce qu'il peut raconter quand il est en verve, oui. Au restaurant avec ses conquêtes, en boîte... Je ne le connais pas aussi bien que ça. Enfin, maintenant, un peu plus. J'ai l'impression de le connaître mieux que lui-même. J'ai une dette envers lui. »

Elle n'en apprendrait pas plus ; il était sur le point de revenir à sa litote : son besoin de payer.

« Vous connaissez une boîte de nuit qu'on appelle l'Osiris ?

– Non.

– Je vous la conseille. On y fouette gratos un lundi soir par mois. »

Chapitre 58

Antoine
12 janvier 1912

Marcelle s'était trouvée prise par un sommeil impérieux. Assise dans un fauteuil près de la cheminée, elle entendait les jumeaux gazouiller sous la grande table, Marguerite en train d'ânonner seule la page de lecture sur laquelle elles s'étaient penchées toutes les deux avant que la fatigue la gagne ; Léonie était silencieuse, ou bien s'était-elle sauvée pour aller discuter avec les lapins, dehors en blouse malgré le gel, ou encore avait-elle rejoint son père à la traite, pour boire à même le pis des bêtes le lait chaud ? La petite Marie dormait avec elle dans le fauteuil, contre son ventre gonflé de mois qu'elle avait arrêté de compter. Depuis quelques jours, Matthieu Cottard et Marguerite la surveillaient comme du lait sur le feu. Marguerite s'interposait dès qu'elle voulait participer aux travaux de la ferme, Matthieu Cottard lui ayant même interdit la traite, une tâche qui la plongeait pourtant dans la béatitude grâce à la chaleur des bêtes.

Marcelle n'osait donc pas troubler la torpeur douce qui s'était abattue sur elle et la maisonnée, d'habitude bruyante du babil des enfants. Marcelle ne rêvait pas, ne rêvait plus ; son rêve était réel, palpable, doux et soyeux comme les cheveux de la petite Marie sous sa main. Et cela faisait des mois qu'il durait ; des mois que l'enfant dans son ventre quand il bougeait lui rappelait la peur.

Elle se remémorait Noël, qui avait été une révélation. Le chef de famille avait annoncé qu'ils iraient à la messe de minuit, et Marcelle en avait pleuré de bonheur, de confiance, de gratitude pour cet homme silencieux qui les avait recueillis elle et sa grosseur. Il l'avait même épousée, avec les papiers de son émancipation en règle, et monsieur le directeur de l'Agence avait assisté au mariage, l'avait serrée contre sa poitrine en lui murmurant qu'elle pouvait désormais tourner la page de son ancienne vie. Elle s'appelait maintenant madame Marcelle Cottard, et ce nom et ce statut qui semblaient interdits aux filles de l'institut lui causaient encore des troubles nerveux et des réveils en nage ; elle ne les méritait pas.

Tout était allé si vite. Des gendarmes étaient venus d'Avallon avec des véhicules à moteur, avaient emmené l'Ogre et l'Ogresse ; la Brême et tous les gardiens étaient partis aussi avec la maréchaussée, mais dans des carrioles. À leur tour, sans aucune explication, les filles avaient été embarquées en grappes serrées dans des charrettes, puis réparties dans des asiles catholiques ou dans des familles qui avaient promis de leur réserver un sort meilleur sous la surveillance du directeur de l'Agence, lequel ne les avait définitivement placées qu'après de minutieuses enquêtes de moralité. Puis le directeur, en compagnie d'autres personnes sévères venues de Paris, avait longuement questionné toutes ses pupilles ;

Marcelle avait été obligée de raconter, d'arracher les mots de ses entrailles ; pour autant la grosseur ne s'en allait pas avec son récit, elle devenait même le centre de toutes les interrogations. Ainsi avait-elle fini par cracher ce que ces hommes tout de noir vêtus attendaient d'elle, les messieurs et la fleur violentée éclatée sur les pavés de la cour. Et tout le reste, tout son quotidien.

Matthieu Cottard, qui avait perdu sa femme juste après les moissons, avait comme tout le monde entendu parler du scandale des enfants des Vermiraux et des Pierres-qui-Pleurent. Il s'était rendu à Avallon, où le directeur et lui s'étaient longuement entretenus au sujet de Marcelle. Cottard, dans son langage de paysan taiseux, n'avait pas caché sa situation de veuf avec cinq enfants à sa charge ; il avait loué la grande dévotion de Marcelle envers eux, et avoué qu'il se présentait devant le directeur de l'Agence poussé par sa fille aînée, Marguerite, laquelle avait tant pleuré sur sa pauvre mère, puis sur la gentillesse perdue de Marcelle. Matthieu Cottard avait besoin d'une femme à ses côtés, une femme comme Marcelle, même grosse, qu'il était prêt à épouser et protéger du moment qu'elle s'occuperait de ses enfants et l'aiderait à la ferme. L'affaire avait été conclue comme ça. Avec des paraphes au bas des documents de l'Assistance publique et la bénédiction soulagée du directeur de l'Agence, Marcelle avait été présentée et mariée en l'espace de deux semaines.

À son arrivée chez Matthieu Cottard, fraîche épousée à Avallon, les enfants avaient accueilli le couple dans un silence boudeur, excepté Marguerite, qui avait alors sermonné tous les petits afin qu'ils soient bienveillants avec leur nouvelle maman ; l'autre les surveillait depuis le ciel, et les punirait s'ils n'étaient pas gentils.

Marguerite agissait avec elle plutôt comme une grande sœur dévouée et attentive que comme une fille adoptive.

Elle lui avait appris à confectionner les repas, à traire, à baigner les enfants et leur brosser les cheveux... Matthieu Cottard les laissait tranquilles, rapportant parfois de ses déplacements au bourg un ruban ou un peigne pour sa jeune épouse ; les enfants avaient droit à un morceau de chocolat ou à une image. Le couple couchait dans le même lit étroit, mais il ne l'avait jamais touchée ; lui s'abattait comme un morceau de bois mort et sombrait aussitôt dans le sommeil, elle se pelotonnait craintivement tout au bord de la couche pour ne pas sentir la peau de l'homme sous la chemise, ni ses pieds contre les siens, pourtant souvent gelés. Lorsqu'il se levait, elle était déjà debout à fourailler les braises dans la cuisinière, vêtue et peignée, le pain tranché sur la table avec le broc de lait et les bols placés pour la nichée. Ils se parlaient peu, et c'était bien comme ça. Elle ne savait pas ce que c'était qu'aimer un homme, mais sa présence était douce, confortable, pas tout à fait rassurante encore. En revanche, elle était certaine d'aimer Marguerite plus que tout.

Lorsque la morsure d'un fer rouge la plaqua haletante contre le dossier du fauteuil, Marguerite comprit immédiatement. Elle laissa sa lecture et accourut prélever la petite Marie de ses genoux pour la poser dans son berceau. Puis elle mit une bassine d'eau sur le feu, et s'empressa à l'étable. Marguerite revint aussitôt annoncer que son père était parti chercher l'accoucheuse. Marcelle devait aller s'allonger en attendant.

Léonie, morve au nez, postée sur le seuil de la chambre, observait attentivement Marcelle crispée dans le travail. Marguerite avait beau tenter de la chasser à grands gestes, la gamine restait là, à regarder. Ce fut l'accoucheuse qui lui ferma la porte au nez. Les douleurs arrêtèrent le temps ; Marcelle se refusait à crier pour se soulager. Elle savait ce que les cris pouvaient transporter de frayeur. Les petits devaient être protégés. Matthieu Cottard se contenta de frapper pour prévenir que l'eau était chaude, la bassine d'eau fumante et les linges posés sur une chaise dans le couloir.

Le caillou de lave dans son ventre ne fit pas souffrir la mère très longtemps : en l'espace d'une heure, il présenta sagement sa tête, puis son petit corps potelé et blanc de liquide amniotique se trouva vite entre les mains de l'accoucheuse, qui montra avec un grand rire à Marcelle ses belles breloques : un beau couillu qu'elle avait pondu là ! Marcelle se retrouva avec le bébé sur le ventre, ne sachant quoi en faire, au bord des larmes. Marguerite lui assura qu'il était splendide, mais rien n'y fit. Elle n'osait pas le toucher, il la répugnait. De sa petite voix assurée, Marguerite, qui ne l'appelait pas maman mais Marcelle, lui demanda :

« Comment on l'appelle ? Marcel, comme toi ?

– Non ! cria la jeune mère. Ça porte malheur.

– Antoine, alors ! C'est joli. »

Et ce court échange suffit à la venue au monde d'un petit Antoine qui ne savait pas encore qu'il était un fruit sinistre, mais en revanche doté d'un patronyme, celui de Cottard, homme simple.

Marcelle en pleura de honte durant une longue semaine, alors que le nourrisson tétait ses seins à lui en faire mal. Elle ne parvint à le regarder qu'après que ses larmes se furent taries. Son lait, lui, était toujours aussi abondant, tachait sa chemise et sentait rance. Le nourrisson la fixait indéfiniment de ses yeux noirs et vides. Marguerite s'inquiétait en silence de la mine affligée de Marcelle, prévenante, éloignant les enfants de la trop jeune maman.

Marcelle ne voulut pas garder le lit. Et même si les travaux d'hiver étaient moins nombreux à la ferme, elle s'acharna sur les draps et les vêtements à repriser, le petit bois à couper... tout ce qui était bon pour l'éloigner du nouveau-né. Ce dernier grossissait à vue d'œil, avide du lait de sa mère, puis de lait de vache, puis de lait et de farine. Le printemps occupa bientôt l'esprit et les mains de sa mère. Elle l'emmenait au potager, aux champs, au lavoir, à l'étable, au poulailler, le déposant au sol dans le grand panier qui lui servait de berceau. Elle ne lui parlait pas, se contentant de le nourrir lorsqu'il réclamait. Il ne pleurait que pour ces instants de becquée.

Matthieu Cottard, lorsqu'il retrouvait sa famille aux repas du soir, assistait songeur et silencieux aux rituels que sa jeune épouse et ses enfants avaient adoptés : le bébé Antoine dans son panier près de la cheminée, les jumeaux souvent penchés dessus pour lui chuchoter des histoires incompréhensibles, Léonie les chassant pour prendre leur place et pincer ses joues rebondies pour le réveiller, Marguerite penchée sur ses cahiers d'école à la table, la petite Marie sur les genoux, et Marcelle devant le fourneau, ou un tas de pommes de terre ou une chemise entre les mains, insatiable de gestes et de travaux. La maison était bien tenue, les enfants levés et lavés tous les matins pour aller à l'école, la petite Marie souvent dans les bras de Marcelle, Antoine posé dans un coin. La nuit, Matthieu Cottard laissait toujours à Marcelle l'autre bout de leur couche commune.

Vers la mi-avril, Marcelle cessa totalement de faire téter le petit Antoine à son sein. Ce fut également à cette période-là qu'elle toucha une nuit pour la première fois la poitrine de Matthieu Cottard sous les draps. Son geste sur la chemise était timide et maladroit, rugueux, et Cottard, souffle coupé, resta pétrifié. Il ne fit pas un geste non plus lorsque la main s'insinua sous le tissu, s'attardant sur les poils de sa poitrine, s'enhardissant à glisser jusque sur son ventre dur. Il entendait la jeune fille respirer dans son cou, à un rythme rapide ; il savait que c'était celui de la peur. Il ne comprenait pas. La main s'apaisa sur son ventre, et il s'endormit ainsi, en plein doute.

À l'aube, il la retrouva comme d'habitude, penchée sur les braises, table dressée, déjà affairée et lointaine.

La nuit suivante, elle reprit l'exploration de son corps de paysan aux muscles noués par les travaux. Elle lui caressa même les cheveux sans qu'il osât bouger. Puis elle s'endormit contre son dos, l'enlaçant, sa main crispée en un petit poing. Il dormit à peine, retenant le moindre de ses gestes afin qu'elle ne se réfugie pas de nouveau dans le coin du lit. Il ne parvenait pas à l'envisager comme une femme désirable. Elle était une bonne œuvre, la preuve de sa charité chrétienne, et si elle dormait à ses côtés, c'était parce que la coutume du mariage le voulait. Il pouvait trousser Amélie, la femme du bourrelier-cordonnier du bourg, quand il en avait envie.

Une semaine passa ainsi. Le toucher de Marcelle se faisait plus précis, plus confiant ; il devint aussi plus audacieux. Jusqu'à ce qu'une nuit, elle franchisse son corps pour l'affronter de sa bouche sur la sienne. Elle avait encore sa chemise de nuit en rempart, et il lui laissa cette seconde peau lorsqu'elle l'attira entre ses jambes. Il la sentit se cabrer de douleur et, alors qu'il se figeait en elle tout aussi craintif, elle le retint fermement ; il n'avait pas besoin de regarder son visage pour savoir combien il était crispé. Un accouplement nécessaire pour elle, comme une conjuration aux viols subis, une supplication à l'homme qui l'avait accueillie sous son toit pour qu'il ne la chasse pas ; pour lui, un consentement tacite, une aide à la mesure de ses moyens et de ses sentiments ; aucun amour ne vint sceller cet acte sacrificiel, aucun dégoût non plus.

Désormais, Marcelle prêtait son corps et son sexe à Cottard une fois par semaine, le même jour, le samedi. Le dimanche, elle allait à l'église avec les enfants, puis à confesse. Cottard continua de trousser Amélie ; avec elle, la chair était joyeuse, explosive comme un feu d'artifice. Si Marcelle l'apprit, elle n'en dit jamais rien. Trois mois après ces étreintes hebdomadaires, elle était grosse de nouveau. Elle perdit l'enfant juste après les moissons, à la mi-septembre, comme un mauvais souvenir qu'elle devait expulser. Les petits ne s'aperçurent de rien, sauf Marguerite, qui l'aida à reblanchir les draps et la chemise tachés. La nichée grandissait, paisible, Marguerite et Marcelle œuvrant dans un concert d'affection, de recommandations, de surveillance... Antoine était devenu un gros bébé joufflu, au silence constant comme au jour de sa naissance, aux yeux noirs et fixes sur son petit monde ; il ne souriait ni ne babillait, même lorsque les jumeaux le taquinaient ; il se contenait d'ouvrir grand les yeux, et sa mère, lorsqu'elle interceptait cette immensité de vide par mégarde, détournait immédiatement le regard.

Matthieu Cottard n'approchait pas non plus le garçon, instinctivement convaincu que sa jeune épouse le lui reprocherait à sa manière, en lui tournant le dos le matin dans la cuisine ou en omettant de répondre à ses questions ; le couple se parlait déjà si peu, la plupart du temps sur des questions de travaux fermiers, qu'un silence total entre eux uniquement entrecoupé par la conversation des enfants terrifiait Matthieu. Son mariage de raison le satisfaisait comme il était, fait de peu d'attentions mais d'équilibre et de respect mutuel, les enfants étant au centre de leur contrat.

Les saisons passaient sur la ferme, dans une atmosphère d'ordre immuable pour Cottard comme pour Marcelle. En 1913, elle se trouva de nouveau enceinte, et de nouveau perdit le fœtus au bout de quelques mois sans qu'elle en parût contrariée. Au début de 1914, pourtant, son ventre commença à s'arrondir dans son silence buté, jusqu'à ce que Marguerite mît fin à ce secret qui n'en était plus un. L'enfant à naître devait voir le jour après les moissons. Cette grossesse conforta Matthieu Cottard dans l'idée que son mariage était finalement satisfaisant et sans histoire. L'enfant n'était pas encore né que les cloches sonnèrent le tocsin pour la mobilisation de la Grande Guerre. Les hommes se pétrifièrent dans les champs en pleine moisson. Marguerite et Marcelle savaient que le tocsin était signe de malheur. Lorsque Matthieu Cottard partit le soir même pour se présenter sous les drapeaux comme tous les hommes, Marcelle ordonna aux enfants réunis à la table du souper de prier Dieu pour qu'il épargne leur père. Une fois les enfants au lit sous la garde de Marguerite, elle se mit à la corvée d'eau, tirant du puits et portant jusqu'au potager des seaux d'eau par dizaines, destinés à arroser les légumes, et à fatiguer son ventre. À l'aube, elle perdit enfin ses propres eaux, et organisa avec Marguerite son accouchement. L'enfant, un garçon, vit le jour à midi, et Marguerite put courir jusqu'au casernement prévenir son père de la naissance d'un fils. Matthieu Cottard, âgé de trente-neuf ans et à la tête d'une famille de sept enfants, fut renvoyé dans son foyer l'après-midi même. De ce jour-là, le respect de Cottard pour sa jeune épouse se fortifia, mais elle refusa qu'il appelle le nourrisson Marcel. Il le prénomma donc Frédéric, et elle lui concéda Marcel comme second prénom.

Durant les quatre années de la Grande Guerre, Matthieu Cottard, épargné grâce au nombre de ses enfants, se trouva l'objet de ressentiments de certains paroissiens alentour : d'homme veuf courageux il devint un planqué. Marcelle défendit son homme bec et ongles, traînant et exhibant la marmaille tous les dimanches à la messe, comme pour justifier à la face des envieux la décision de l'exemption de son époux par les autorités militaires. Sept enfants, il fallait les nourrir, les habiller ! Et ils n'étaient pas riches non plus. Sa pugnacité empreinte d'une hargne toute neuve vint à bout des maldisants. De Matthieu Cottard, on loua désormais le dévouement de sa femme, dure au mal, bonne mère, bonne chrétienne et bonne épouse. Cottard travailla encore plus pendant la guerre. En sus de l'exploitation de la ferme, il louait ses services de saisonnier dans les villages vidés de leur main-d'œuvre partie au front. Marcelle trimait pour deux, aidée par Marguerite. Sa maternité semblait l'avoir endurcie. Au foyer, c'était à Marguerite que revenaient les chagrins à consoler, les sourires et les marques d'affection des plus petits ; à Marcelle, qui s'en contentait, la réserve et la déférence. Le panier berceau d'Antoine était désormais occupé par Frédéric, à la même place, près de l'âtre, dans un coin, loin du regard de Marcelle. Antoine grandissait dans les bras de Marguerite et sous la férule taquine de Léonie, qui en avait fait à la fois son souffre-douleur et son protégé. Le petit garçon était béat d'admiration et de dévotion devant sa tortionnaire, qui parvenait à lui arracher des rires incongrus à sa guise. Ainsi allait le quotidien chez les Cottard, Marcelle prenant soin désormais de ne plus se donner à son mari les samedis où elle se savait féconde. La guerre, bien que sans pitié et ravageuse, faisait partie des maux que la famille ne subissait que peu par comparaison à d'autres.

En novembre 1918, en même temps que l'armistice, les soldats survivants commencèrent à rentrer. Au bourg, la moitié des hommes manquait à l'appel. Les veuves se drapaient dans le souvenir des disparus. Un soir, Matthieu Cottard rentra plus fourbu que d'habitude, annonçant à Marcelle qu'un démobilisé du bourg venait de succomber d'une vilaine fièvre, et que sa femme et ses parents s'étaient alités aussi. Le lendemain, Matthieu Cottard ne se leva pas. La grippe le foudroya en quarante-huit heures, entraînant avec lui dans la mort le petit Frédéric, âgé de quatre ans, Marie, la dernière des fillettes de Matthieu, huit ans, et Germain, le frère jumeau de Germaine, fragile adolescent de seize ans.

Le cimetière du bourg recueillit de nombreux autres habitants des alentours. Chez les Cottard, Marcelle n'avait ni la place ni le temps pour le chagrin. Elle le laissa tout entier à Marguerite. Il fallait secouer Germaine, prostrée dans le vide laissé par son frère jumeau, surveiller Léonie, qui n'avait obéi jusque-là qu'à son père, tancer Antoine, qui errait dans les jupes des femmes en quémandant les disparus, ses grands yeux noirs pleins d'une terreur lisible. La fin de cette guerre marqua chez les survivants Cottard la fin de la paix.

Dès qu'Antoine fut en âge d'être placé en pension le plus loin possible, Marcelle se hâta de l'oublier.

Et dès qu'Antoine fut père contre son gré, il se mit à haïr en un bel ensemble la mère et l'enfant ; la mère disparue, il ne lui resta plus qu'à se débarrasser de l'enfant.

Un garçonnet encombrant, prénommé Yves.

Chapitre 59

Vendredi 8 mars 2013

La vieille dame avait été pomponnée pour l'occasion, coiffée et vêtue avec toute l'élégance qu'Anne lui avait toujours connue. À part ses rides et sa posture recroquevillée dans le fauteuil où une aide-soignante l'avait déposée, frêle fantôme, elle avait encore ce regard étonné de petite fille sage, aux grands yeux d'un vert limpide qui était la marque de fabrique de son unique progéniture, laquelle avait engendré à son tour une enfant à dominante blond et émeraude. Anne resta saisie par la ressemblance intacte ; elle deviendrait un jour ce double tout juste fripé.

« Bonjour maman. »

Adeline Cottard attarda un regard flottant sur la femme qui l'interpellait ; moue enfantine, sourire poli, silence...

« Maman, je suis Anne. Ta fille. Tu te souviens de moi ?

– Vous dites ? s'inquiéta tranquillement la vieille dame.

– Je suis ta fille. Anne.

– Anne… C'est un très joli prénom. Cependant, je trouve qu'il ne vous va pas bien.

– C'est toi et mon père qui me l'avez donné.

– Vous avez encore vos parents ?

– Mon père est mort il y a plus de quinze ans.

– Pauvre petite ! Et votre maman ?

– C'est toi.

– Ah ? J'ai une fille ? Je ne vous crois pas. Aucune fille n'oublierait sa mère ici, dans cette chambre, avec tous ces vieux misérables qui sentent mauvais. La nourriture est infecte. Vous vous trompez, je n'ai pas de fille. Vous pensez qu'Antoine va venir aujourd'hui ?

– Je ne crois pas.

– Il vient tous les jours ! Je me fais belle pour lui. Il apprécie les belles choses, vous savez. Comme moi ! »

Adeline ouvrit un sourire de poupée sur une rangée de dents parfaites. Anne sentit son sang se glacer : ce sourire, c'était celui des soirées mondaines en petits comités données dans leur belle maison, le sourire de l'hôtesse qui présente sa fillette en costume d'enfant sage à la chevelure soigneusement enrubannée, juste comme il faut, puis qui murmure, toujours avec ce sourire, qu'elle abandonne ses invités aux bons soins de son époux quelques instants, pour aller coucher l'enfant ; puis le sourire disparaît une fois dans l'escalier, une fois la porte de la chambre refermée ; il ne reste qu'un visage, de la blondeur, du vert et des parfums qui se penchent sur l'enfant pour un baiser plein d'habitude. Des fois un conseil, « dors bien ma chérie », le plus souvent un chuchotement, « tu as encore taché ta nouvelle robe ».

Elle n'enfouirait pas sa tête sous l'oreiller cette fois-ci.

« Vous êtes très belle, madame. Votre mari a de la chance.

– N'est-ce pas ? coqueta Adeline. Il est plein d'attentions pour sa femme adorée. Il faut que je sois toujours parfaite, je lui dois tout.

– Il s'appelle Antoine ?

– Oui ! Vous le connaissez ?

– Je l'ai croisé, il y a longtemps. C'est un bel homme.

– Remarquable. Cette prestance, cette élégance... De nos jours, ça n'existe plus les hommes comme lui.

– Vous l'avez rencontré comment ?

– Petite coquine ! Vous aimez les histoires d'amour ?

– Je raffole des histoires d'amour.

– Nous sommes tombés amoureux au premier regard ! Il était habillé d'un très beau costume trois-pièces, et quand il est entré dans le bureau où je triais des factures, il s'est immobilisé juste devant moi. Pour le regarder, j'ai été obligée de lever la tête. Le coup de foudre ! On ne s'est plus quittés.

– Vous avez eu des enfants ?

– Des enfants ? Ça non ! Antoine n'en voulait pas ! Un enfant gâcherait notre amour. Nous devons nous consacrer l'un à l'autre, vous comprenez. C'est important pour une femme de protéger son mariage. C'est ce que je fais ! J'ai même quitté mon emploi pour m'occuper de la maison. Antoine travaille tellement ! Si vous saviez. Rappelez-moi votre prénom ? »

Être une étrangère, à toute force.

« Anne... Anne Grollay. Mon nom de jeune fille, c'est Anne Cottard. »

Faillible.

« Cottard ? ! Figurez-vous que je m'appelle madame Cottard ! De quelle branche Cottard venez-vous ? Ils étaient nombreux, d'après ce que m'a raconté mon mari.

– Je ne sais pas. Vous pouvez peut-être m'aider ?

– Pffft... Quelle famille ! Mon pauvre Antoine. Il a beaucoup souffert. Heureusement, je n'ai connu aucun membre de sa famille. Je crois que j'aurais été capable de leur crever les yeux ! éclata-t-elle d'un rire espiègle.

– Ils sont si… infréquentables que ça ?

– D'après ce que dit mon mari, absolument ! Sa mère, surtout. Il m'a avoué qu'elle le traitait comme un bâtard ! C'est inimaginable qu'une mère puisse traiter son enfant ainsi.

– Un bâtard ? Sa mère n'était pas sa vraie mère ?

– Si. C'est justement pour ça qu'Antoine ne veut plus la voir. Figurez-vous qu'elle a eu Antoine hors mariage, comme on dit. Monsieur Cottard, paix à son âme, a donné une chance à cette méchante femme en l'épousant, et en adoptant son fils ! Aucune gratitude. Antoine avait beaucoup de respect pour ce monsieur.

– Il est mort ?

– Ma chère petite, tout ce que je vous raconte, c'est ce que mon mari m'a dit. Le père adoptif d'Antoine est mort il y a très longtemps. Il était tout petit. Pauvre petit Antoine. Et je vous confie tout ça parce que maintenant, sa mère est morte. Et que vous êtes probablement de la famille. Je vous plains. De tout mon cœur.

– Vous avez raison. J'imagine que votre mari refusera de me renseigner à ce sujet.

– Antoine a horreur qu'on lui parle de sa famille ! Le seul qu'il accepte de voir encore, c'est son fils ! Mais c'est rare, très rare… Ils ne s'apprécient pas du tout !

– Votre mari a un fils ?

– D'un premier mariage ! Un mariage malheureux, évidemment. Je ne me rappelle pas quel âge a Yves, d'ailleurs. À côté de son père, c'est un malotru. Il a des excuses, mais tout de même. Il pourrait retenir sa langue ! Quand je les entends se disputer… j'en ai les larmes aux yeux. »

Elle tamponna fort à propos et délicatement ses yeux verts, qui brillaient d'une émotion non feinte, Anne s'en était fait une raison.

« Mais Yves sait être charmant aussi, vous savez. C'est juste que parfois il pique d'énormes colères. Je vais vous dire un secret, mais vous ne le répéterez pas à Antoine, n'est-ce pas ?

– Non. Je vous le promets.

– Eh bien, chuchota-t-elle de cette voix de mère-enfant porcelaine penchée sur un visage de petite fille, eh bien, je le surnomme "Nounours" ! Quand il est gentil, c'est un vrai "Nounours", adorable. Et quand il se met en colère, c'est un ours effrayant. Oui. Les deux lui vont bien ! Il est un peu gras, vous comprenez... Il se laisse aller depuis tellement longtemps. Je l'ai toujours connu bien enrobé. Comment avez-vous dit que vous vous appeliez ?

– Anne... Grollay.

– C'est curieux. Vous me rappelez une jeune fille, une enfant encore. Juliette. Une jeune fille magnifique. Ça fait très longtemps que je ne l'ai pas vue. Il faudrait que je m'inquiète de ce qu'elle devient. Juliette... Elle doit avoir dans les quatorze ans. Elle a des yeux magnifiques. Vert émeraude. Et elle est toujours joyeuse. Pas comme sa mère. »

Elle avait encore chuchoté, rêveuse amoureuse, alanguie.

Anne se leva, se pensa vivante envers et contre cette femme qui n'avait pour souvenirs que l'amour narcissique qu'elle avait partagé avec un homme. Elle avait donné naissance aussi, une maternité transformée en accessoire. Anne posa une main sur la main de sa mère.

« Au revoir, madame. Je vous souhaite tout le bonheur du monde », murmura-t-elle à la vieille dame envolée.

Puis elle sortit comme elle était entrée. Sans faire de bruit. Sans déranger. Comme si elle n'avait jamais existé.

Chapitre 60

Vendredi 8 mars 2013

Renaud avait enfin donné suite à ses nombreux messages. Ils avaient rendez-vous après le coup de feu du déjeuner au bar-brasserie où ils s'étaient vus deux jours auparavant. Au téléphone, il avait une voix tendue, peu amène, et avait abrégé sa requête en lui annonçant qu'il n'avait que quelques minutes de son temps à lui consacrer. Elle guettait son arrivée depuis l'arrière-salle, le vit s'engouffrer dans le bistrot en faisant un vague salut de la main au barman, et foncer sur elle.

« Bonjour mademoiselle Gauthier. Je suis très pressé. Je suppose que vous avez demandé à me rencontrer pour une information qui vaut mon déplacement ? »

Ça commençait mal. Où était passé le professionnel courtois qu'elle connaissait ?

« Maître Pierson et moi avons trouvé un élément que nous avons jugé très important pour les affaires Louis et Paulin. Je voulais vous en faire part, comme convenu.

– Je vous écoute.

– Voici », continua Catherine en posant devant lui les trois clichés d'Anne-Angélique dans les bras de son ours.

Renaud se pencha dessus.

« Bien. Et alors ?

– Vous reconnaissez Anne-Angélique Paulin ?

– Oui. Je peux même vous dire que ces photos ont été saisies par nos services chez elle, à Dijon. Je les ai rendues en personne à son frère, à sa demande, avec tout un fatras d'autres pièces. On n'en a rien tiré... à l'époque. »

Elle glissa devant lui les comptes rendus des témoignages de David Martin et de Kevin Hassaoui. Elle avait surligné les passages qui faisaient mention de « Nounours ». Elle lui laissa cependant le temps de les parcourir, ce qu'il fit très rapidement. À la fin de sa lecture, elle le sentit désarçonné, le temps qu'il reprenne les photos pour les examiner plus attentivement. Il leva un regard sincèrement étonné, voire confus.

« Je n'ai jamais entendu parler d'un quelconque "Nounours" durant ces deux enquêtes. Pour Vanessa, vous connaissez les circonstances de la mise en accusation de Kevin Hassaoui. Pourquoi ne m'en a-t-il pas parlé à l'époque ? Et les informations données par ce David Martin, qui revient maintenant sur son témoignage ! Vous ne m'avez pas fourni ces pièces lors de notre première rencontre ! Vous vous foutez de moi ? »

Il venait soudain de réaliser les implications des éléments découverts par sa partenaire de l'ombre ; il avait toutes les raisons d'être furieux. Elle se sentit prise en étau entre un vague reste de conscience professionnelle et ce qui, elle devait bien l'admettre, ressemblait fort à un excès d'orgueil. Ses joues et son front prirent feu.

« Pardonnez-moi. J'ai probablement perdu l'habitude de jouer en équipe. Je désirais être certaine d'avoir des éléments concrets à vous présenter. Maître Pierson et moi avons décidé de vous informer après l'entretien avec Kevin Hassaoui, qui confirmait la présence d'un... ours dans la vie de Vanessa. Les photographies de la jeune Paulin ont recoupé ce qui aurait pu être une fausse piste...

– Parce que vous pensez que ce n'en est pas une ? » rétorqua Renaud.

Il y avait du tranchant dans sa voix, mais l'accès de colère était retombé. Il la fixait froidement, attendant la suite de son exposé.

« Dire que je ne crois pas aux coïncidences, c'est d'une banalité affligeante. Mais c'est la vérité. Je pense que vous en seriez arrivé à la même conclusion. »

Il la fit mijoter plusieurs secondes avant de répondre.

« Vous pensez ? Eh bien, pour ma part je n'en suis pas si sûr. »

Elle reçut sa réponse comme une gifle imprévisible ; il s'en rendit compte et s'adoucit.

« Excusez-moi. Je n'ai pas voulu mettre en doute votre capacité d'analyse. Ce dont je ne suis pas sûr, c'est de ma conclusion : est-ce que je crois aux coïncidences ? Non. Mais en admettant que vous venez d'apporter une pièce essentielle à ce puzzle, reste un fait que vous ignorez encore, et que je venais vous apprendre : nous avons un suspect pour le meurtre de Samantha, sur la foi d'un témoignage qu'on a décortiqué jusqu'à l'os. Mes collaborateurs sont tous sur le pont. Il s'agirait d'un chauffeur routier allemand. On attend d'une minute à l'autre des nouvelles de son interpellation en Allemagne. On va savoir rapidement, je l'espère, s'il peut s'agir de votre "Nounours". »

Le temps que Catherine perçoive toutes les implications des confidences de Renaud, ce dernier était déjà sur le point de retourner à son chauffeur routier.

« Mon après-midi et ma nuit vont être longs, mademoiselle Gauthier, voulut-il abréger.

– Attendez une minute, commissaire ! s'entendit-elle mugir. Vous pensez vraiment que cet homme pourrait avoir commis tous les meurtres qui nous intéressent ?

– Je ne peux pas me permettre de vagabonder. J'ai besoin d'avoir cet homme en face de moi, de l'interroger, de retracer tous ses trajets, de recouper ses histoires... D'après ce qu'on a appris pour l'instant, cet individu a cinquante-cinq ans, il conduit depuis 1988 des camions de marchandises à travers toute l'Europe. Il travaille pour la même entreprise de transports de Francfort depuis 1993. Ses feuilles de route sont quasiment toujours les mêmes : il charge des produits venus de Pologne, de Roumanie et j'en passe, qu'il livre en Espagne, Espagne depuis laquelle il recharge son poids lourd de tomates, de fraises, de melons... Et je vous le donne en mille : non seulement il passe par Chalon-sur-Saône, mais en plus il s'y arrête parfois pour y compléter son fret. Vous en savez maintenant autant que moi. Vous en tireriez quelle conclusion, mademoiselle Gauthier ? »

Il n'avait fait qu'énoncer des évidences, calmement, sans aucune pointe d'ironie à son égard. Elle pensa qu'il était sincère dans sa démarche de partage.

« La même que vous, commissaire.

– Pas de flatterie. Donnez-moi le fond de votre pensée.

– C'est ce que je pense. Pour autant, je reste sur ma faim. Vous n'avez pas l'impression qu'on rejoue la même version que pour Hassaoui ? Un coupable probable pour le massacre de Samantha, d'accord. Ce chauffeur a peut-être l'apparence physique de mon "Nounours", mais les autres victimes ont trop d'étoffe pour lui. Vous me suivez ?

– Nous n'avons jamais été d'accord sur la répétition systématique du mode opératoire...

– Elles le connaissaient. Peut-être, comme vous le suggérez, s'agit-il de lui. Je peux vous poser une dernière question ?

– Une dernière.

– Yves Cottard, ce nom vous dit forcément quelque chose.

– Oui. C'était votre question ?

– Si vous m'aviez dit non, ç'aurait été la dernière. Mais là, je suis obligée de vous en poser quelques autres. Qu'est-ce que vous pourriez m'apprendre sur lui ?

– Je vous ai dit que j'étais pressé. Je l'ai fait venir au commissariat dans l'affaire Dréon. Cottard est un drôle de loustic.

– Il est aussi l'oncle de Juliette Grollay.

– Ah... Eh bien il m'a paru franc du collier lors de mon entretien avec lui sur les faits et gestes de votre client, Dréon : il m'a avoué avec beaucoup d'humour qu'il fréquentait l'Osiris. Vous avez dû en entendre parler. C'est le club sado-maso de la région.

– BDSM », ne put-elle s'empêcher de rectifier.

Elle était devenue blême. Ça ne pouvait échapper au vieux briscard en face d'elle.

« Bondage, discipline, domination, soumission, sadisme, masochisme. Je connais. À la fois les pratiques et l'endroit. »

Renaud était perdu ; oubliés l'urgence, l'agacement, la fatigue... Quoique : c'était comme s'il venait de découvrir qu'il était d'une naïveté abyssale, ce qui, pour un flic de son envergure, lui donnait l'impression d'avoir été essoré par les années. C'est tout juste s'il osait regarder la jeune femme bravache en face de lui. Il devait néanmoins lui reconnaître un sacré culot, du courage même. Elle lui était finalement plus sympathique qu'il n'aurait voulu l'admettre, alors qu'elle semblait attendre un verdict sec, du genre « Non ? ! Vous fréquentez ces fous furieux ? ! Ça ne m'étonne pas de vous ! »

« Personne n'est parfait... », s'entendit-il ânonner bêtement.

C'est là que le fou rire le prit. Énorme, incontrôlable ; il ne parvenait plus à reprendre son souffle, il en pleurait... Catherine Gauthier, pétrifiée, éclata à son tour de rire.

« Je me sens d'un conformisme affligeant, reprit-il. Veuillez me pardonner.

– Je vous en prie. Comme je vous le disais, je connais l'Osiris. Là où ce n'est plus drôle du tout, c'est que ces trois clichés avec Anne-Angélique ont été pris là-bas… Derrière l'homme déguisé en ours, ce sont les caves du club.

– Admettons. Cottard fréquente ce club, d'accord. Mais est-ce que ça signifie pour autant que ses petites manies font de lui le suspect principal d'une affaire dont je ne me suis pas occupé. L'enquête sur la famille Grollay, dirigée par mon collègue de l'époque, a écarté Cottard. Par conséquent, est-ce que je dois rappeler mes confrères allemands pour leur dire qu'on s'est trompés ? Impossible. Mon plus que suspect à moi est aux portes de l'enfer, et il ne le sait pas encore, parce que nous, nous savons désormais avec certitude qu'il ne s'est pas contenté d'offrir un carré de chocolat à Samantha ! Et s'il s'avère que ce boucher était dans les environs aux moments des autres meurtres qui nous préoccupent tous les deux, je me fendrai d'un coup de téléphone à votre intention depuis Francfort, eu égard à notre collaboration. Sur ce, mademoiselle Gauthier…

– Merci, mais que croyez-vous que je vais faire ? Attendre sagement la confirmation de vos soupçons ?

– Primo, ça nous éviterait bien des désagréments, surtout à votre patron. Secundo, ce ne sont pas des soupçons, mais, je vous le répète, une certitude.

– Maître Pierson est aussi convaincu que je le suis : Yves Cottard mérite toute votre attention, votre persévérance. C'est notre conclusion, plus forte que votre certitude. Vous ne pouvez pas le laisser de côté comme ça. Vous me comprenez, n'est-ce pas ?

– Malheureusement. Je veux dire par là que je commence à comprendre pourquoi Pierson vous a embauchée. Vous ne lâchez jamais, hein ?

– Non. Jamais.

– J'ai l'impression que vous vous apprêtez à faire une belle connerie.

– Je vais continuer à enquêter sur Cottard.

– C'est bien ce que je disais : une belle connerie. »

Chapitre 61

Vendredi 8 mars 2013

La période de carnaval offrait de nombreux filons festifs à exploiter dans la région, pour tout type de commerce : restauration et hôtellerie, boutiques de souvenirs, merceries... Les bonnes tables faisaient le plein en soirée, tandis que la fête foraine déversait sucreries et fritures...

L'Osiris profitait aussi de ce déluge d'envies canailles de toutes sortes : les soirées à thèmes, costumées, remplissaient ses caves d'une foule cosmopolite pour l'occasion, chassant en général les habitués du lundi soir, au fait des mœurs de la maison, au profit des simples curieux attirés par la réputation du club, ou des nombreux égarés de hasard durant les deux semaines entières dévolues au carnaval ; ce vendredi soir, la clientèle avait été invitée à fêter la décadence de l'Empire romain, des réjouissances qui pouvaient promettre de multiples possibilités, conciliant ainsi les pratiquants du BDSM du lundi avec les noceurs occasionnels. La « romanité » ne consisterait pas simplement à arborer une frange pour les hommes et un fourreau égyptien pour les femmes : si les félins étaient interdits, les colliers, les laisses, les fouets et les fourrures, synthétiques ou vraies, restaient de mise pour quiconque souhaitait exhiber un ersatz de panthère, de lion ou autre animal en vogue à l'époque, consentant cela allait de soi.

Le moindre recoin du club bruissait et reluisait ; musique techno, perles et cliquetis. Et il y avait les odeurs : sueur mêlée aux parfums, cuir et vinyle, salpêtre humide des angles les plus reculés... Brassage de cuve, décoction de vinaigre et de miel. Plutôt écœurant pour qui n'avait pas l'habitude des caves dans l'ombre desquelles les corps s'écrasent les uns contre les autres. Les Cléopâtre et les César étaient... légion. Yves Cottard rigola intérieurement à son mauvais jeu de mots : il était lui-même costumé en centurion de Skaï et de plastique, et avait croisé au moins une trentaine de ses doubles, de toute corpulence. Casque crêté enrobant presque totalement son visage, torse couvert d'une armure alourdie du décorum d'usage et les jambes gainées de protections, il était en nage. À l'affût aussi de potentiels compagnons de jeu, il tâchait de repérer parmi la clientèle innocente en goguette un congénère tout aussi égaré que lui. Il ne lui fallut pas longtemps pour apprécier sa déception : aucun, ni surtout aucune, ne sortait de ce lot de débauchés d'occasion carnavalesque. Cette soirée manquait singulièrement de piquant, sous quelque forme que ce fût : talons aiguilles, lanières de feu, chaînes frissonnantes et menottes mordantes. Ne lui étaient offerts que des écrasements de pieds, de ventres et de nichons, même pas extatiques, alors qu'il ne cherchait qu'une émotion : la déflagration dans les yeux d'une belle inconnue. Un regard lui aurait suffi ce soir. Or il ne croisait que des traits grossiers sous le maquillage tout aussi grossier, des visages sans aucune tenue, avachis, détricotés par l'alcool.

Il ne rencontrerait pas la nouvelle complice de sa vie à l'Osiris en une veille de week-end, a fortiori de carnaval. L'Osiris n'était décidément fréquentable qu'un lundi par mois, car même le bar, d'habitude à l'ambiance feutrée et pépère, était pris d'assaut par la horde de soiffards. La barmaid auprès de laquelle il avait ses habitudes de pochetron petit-bourgeois cultivé, drôle et sans histoires, était invisible. Las, vaincu, il parvint néanmoins à force coups de coude à s'incruster tout au bout du comptoir, et put enfin s'abreuver d'un scotch trop ordinaire pour ses papilles éduquées. Il voyait déjà cette nuit s'étioler sans aucune perspective d'émoi lorsqu'il la vit.

Catherine s'était confectionné un costume passe-partout : Cléopâtre serait forcément honorée par de nombreux participant(e)s sans imagination ; se dissoudre dans un bain de pacotilles égyptiennes, c'était la meilleure manière de se cacher pour observer, renifler, trouver. Elle avait misé sur l'occasion offerte de la fête sans retenue sur la ville ; son gibier avait fait de l'Osiris sa tanière, c'était désormais un fait avéré. Il était peut-être là, forcément déguisé lui aussi. Elle avait longuement étudié ses traits sur une page Internet à son nom. Plutôt bel homme, au visage empâté avec les années et la bonne chère mais à la mâchoire volontaire, à la bouche harmonieuse dans un visage bien proportionné mis en valeur par des yeux clairs, une chevelure encore abondante et bouclée aux pattes soigneusement taillées sur les joues, d'un blond foncé qui pouvait encore noyer le gris. De taille moyenne, aux épaules raisonnablement carrées ; elle lui avait trouvé une ressemblance avec Redford, très lointaine certes, et surtout sans la lumière ni le charisme de l'acteur américain. Le type de mâle au fond, qui, malgré son physique, n'attirait pas les regards ; il se fondait aisément dans un portrait de groupe, flou et sans relief, oublié aussitôt vu. Cependant, alors qu'elle le cherchait dans la foule et l'obscurité traversée de flashs de l'Osiris, elle lui avait accordé un peu plus d'imagination que les multiples clones de César ; elle cherchait le soupçon de folie dans la tenue ou le maintien, une couleur détonante, un écart quel qu'il fût... elle ne comprenait pas pourquoi. Sans doute le besoin qu'il soit différent des autres, parce qu'elle ne pouvait pas concevoir d'autre explication à ses actes que la folie ; elle avait parfaitement conscience qu'elle se trompait. Et là, dans les caves de la boîte de nuit, au milieu du tumulte et de la fureur grandissante de la fête, elle ne se heurtait qu'à des César et des centurions identiques, tous saouls de surcroît, accompagnés de Cléopâtre ou d'esclaves nubiennes dans le même état. Elle était obligée de pousser sans ménagement les uns et les autres pour pouvoir respirer un peu de l'air suffocant ; elle finit par se faufiler jusqu'à l'extrémité du comptoir, où un centurion venait de s'écraser contre le mur comme pour lui laisser un espace où se reposer. Tous les tabourets de bar avaient été retirés afin que la foule puisse commander et consommer sans entrave ni modération cocktails et autres alcools forts. Le boucan était infernal ; elle s'accrocha au comptoir, et leva les yeux vers le grand centurion qui la dévisageait sans vergogne sous son casque. C'était lui. Elle se sentit presque soulagée de constater qu'il était finalement aussi banal que les autres... Il était très légèrement plus grand que ce qu'elle en avait déduit d'après les images.

« Elle n'est pas belle, elle n'a pas de seins, elle porte des marques sur ses bras qu'elle n'a pas réussi à effacer totalement sous le maquillage et les ribambelles de bracelets, elle est sèche, elle n'est pas désirable, elle ne dégage aucun parfum de femme sous la sueur ; elle n'a que des yeux déments, débordants de rage et de danger ; une bête, tapie parmi la foule. Comme moi. C'est elle. Elle est pour moi. »

« Où est l'animal rendu fou par le miel de l'amour qu'on lui refuse ? Où se cache la violence sous la banalité apparente ? Où se trouve la colère ? Où est l'assassin que je cherche ? Il a beau être là, palpitant contre mon corps, il a beau me regarder dans les yeux, me transpercer, je ne ressens aucun danger ; mon cerveau ne reçoit aucune alerte. Pourquoi ? La banalité du mal a pourtant été établie par d'autres que moi. Ai-je perdu tout instinct ? Suis-je si défaillante ? Ou, pire encore, suis-je si proche de lui, façonnée comme lui ? Entre moi, monstre uniquement tendu vers la seule quête qui vaille, ma souffrance, et lui, homme apparemment vulgaire parmi les vulgaires, qu'existe-t-il ? Je suis tout autant capable de faire souffrir un autre que moi... De tuer ? Qu'est-ce qui m'empêche de le tuer, là, maintenant, invisible dans la foule, ou sur le parking lorsqu'il sortira ? Qu'est-ce qui m'empêche de le faire ? Puisque je sais. »

« Soirée pathétique, n'est-ce pas ? Je vous offre un verre pour oublier ? »

Il avait une voix... soyeuse. Étonnant. Un atout inattendu pour cet assassin quelconque.

« À une condition : ne comptez pas sur moi pour vous consoler... » fut-elle seulement capable de répondre, en se haussant sur les pieds pour crier à son oreille parce que la musique et les hurlements empêchaient toute conversation. Beurk, elle avait touché la toison douce et humide sur sa joue, car il avait ôté son casque avant de lui parler.

« Un scotch ?

– Un... gin tonic, merci. »

Elle put se repaître de lui à loisir le temps qu'il parvienne en s'agitant et criant à lui faire apporter sa boisson.

« Tchin ? proposa-t-elle en levant son verre, sans un sourire.

– Tchin ! Tous ces paillards sont d'une banalité... triste à en mourir ! »

Elle retint un hoquet : il lisait dans ses pensées ?

« Le carnaval n'est plus ce qu'il était ? C'est ce que vous insinuez ?

– Absolument ! Tout ça reflète un manque d'imagination total, vous ne trouvez pas ?

– On fait partie du lot !

– Hélas... Oui... et non. J'ai l'impression de vous avoir déjà croisée quelque part ? Vous êtes de Chalon ? »

Elle prit tout son temps pour réfléchir au piège, le temps d'une lente immersion dans son gin tonic. Elle se décida.

« Je vis à Chalon depuis deux ans seulement. Le carnaval, c'est nouveau pour moi.

– Ah... Le seul intérêt de cette bourgade. Période attendue, bénie soit-elle ! Liberté pour tous ! Tout est permis ! »

Elle faillit répliquer : sauf les meurtres de petites filles.

« Tout ? Vraiment ? ne put-elle s'empêcher avec un geste de recul.

– Je ne vous drague pas, si c'est ce que vous pensez ! J'ai simplement l'impression de vous avoir déjà vue. Ça m'intrigue, c'est tout. »

Le jeu devenait trop rapide et retors. Elle attaqua.

« Je ne sors jamais... sauf de temps en temps, le lundi soir, ici, à l'Osiris. »

Le revers n'eut pas l'effet escompté. Il ne manifesta aucun signe de surprise ou de gêne. Il se contenta d'élargir son sourire, et leva de nouveau son verre.

« Je le savais. Votre compagnie ne m'était pas étrangère. Je suis également un adepte des lundis soir à l'Osiris.

– Je ne viens jamais seule... J'accompagne mon mari ! »

Dupe ou pas ?

« Épouse soumise... ou complice ?

– Amoureuse. Très. Totalement consentante.

– Il a de la chance, cet homme.

– C'est ce que je lui répète tous les jours. Et vous ? Avez-vous cette chance ?

– J'ai de la chance... par intermittence.

– Ah... Ce n'est pas si mal. Nos... coutumes peuvent paraître barbares. Même pour un être amoureux.

– L'amour n'a pas sa place le lundi soir. Le désir et ses pulsions, oui.

– Nous, nous arrivons à conjuguer les deux : amour et sexe déviant.

– Esclave ou dominatrice ?

– Esclave !

– J'aurais pensé le contraire.

– Et vous, dominateur ?

– Esclave... comme vous. Je me roule dans la soumission avec extase. Bien que j'aie fait mes débuts en tant que dominateur. J'étais trop jeune. J'ai vite compris que la restriction était davantage dans mes cordes. J'adore me laisser guider, me sentir totalement impuissant face à l'autre. Ce que je préfère, c'est la croix de Saint-André. Et vous ?

– C'est... une affaire technique. Il n'y a que mon mari qui puisse comprendre ce que j'aime. Moi-même, je m'y perds... Être attachée, ça ne me déplaît pas. On va dire que j'aime tout, et que ce tout varie en fonction de mon humeur, et des humeurs de mon homme évidemment ! »

Elle avait beau s'inventer en couple, se rattraper à des images bricolées de toutes pièces, invraisemblables, de Dominech levant le martinet sur elle (s'il savait), elle se sentait à la fois atterrée par la pauvreté de son mensonge, forcément mise à nu et à découvert ; piégée et ridicule. Oui, la situation était d'un ridicule risible... s'il n'avait été surtout obscène : bousculée par une horde de pitres ignorants et hors de contrôle, elle était en train d'échanger aimablement sur ses pratiques BDSM avec un individu capable de massacrer le corps de belles jeunes filles jusqu'à ce qu'elles en meurent.

« Vous devez être un martyr délicieux… unique. »

Il lui attrapa le bras avec douceur, et son pouce suivit la marque d'une profonde estafilade sur son avant-bras. Elle se dégagea de son emprise sans hâte, tout en continuant à sourire.

« Je suis toute à lui, uniquement et exclusivement à lui…

– Vous allez devenir mon supplice…

– Pire encore, ricana-t-elle sans aucun contrôle alors qu'elle avait envie de lacérer son visage.

– Quelle belle promesse. Tenez-la, je vous en conjure.

– Je vais y penser.

– Je vous remercie. J'espère en être le premier informé… dès notre prochain lundi ?

– Ce sera une surprise. »

Il lui fit un baisemain dans les règles de l'art, qu'il prolongea le long de son bras jusqu'à la cicatrice, du bout des lèvres ; un vrai gentleman. Puis il s'effaça. Le temps qu'elle retrouve ses esprits, la foule l'avait avalé.

Yves Cottard avait quitté l'Osiris en rasant les murs pour ne pas se faire écrabouiller par tous ces Romains et Égyptiennes défaits depuis le début de la soirée, et se retrouva enfin à l'air libre. Congestionné, sain et sauf… Il ne savait pas de quoi, mais son instinct lui hurlait que son anodine Cléopâtre méritait toute sa méfiance, malgré l'attirance viscérale qui l'avait harponné dès l'instant où elle s'était arrimée au bar, à ses côtés. Elle ne pouvait être que la Star, cet être d'exception qu'il avait vue en quelques rares occasions, enchaînée à la croix le lundi soir, méchamment boudeuse, moqueuse, ironique, extatiquement frigide alors que les coups mordaient son corps. La Madone de Saint-André. L'Immaculée du chat à neuf queues. Il était de ceux qui n'avaient pas eu la prétention de tenir le manche… et s'en félicitait. Mais depuis quelques minutes, à l'air libre, seul sur ce parking dans la pampa bourguignonne gelée, sa bonne résolution s'effritait sous l'assaut de cette promesse qu'elle lui avait jetée : le pire... Il en avait rêvé, avait maté ce rêve ; il pouvait le faire renaître jusqu'à ce qu'elle l'accomplisse. Impérieux et vertigineux inconnu. Il n'était pas question d'amour.

Elle avait peur. C'était nouveau. Elle frissonnait dans la moiteur torride de l'Osiris. Il ne s'agissait plus de l'agacement provoqué par la flamme d'un briquet ou d'une bougie sans effet sur sa peau, de la hantise des nuits blanches, des cauchemars sans fin... C'était un étouffement progressif et douloureux, un lent garrottage qu'elle parvint à maîtriser seulement au bout de la nuit. Alors que les derniers bambochards se faisaient traîner jusqu'à leurs voitures, un serveur la dénicha recroquevillée au bout du comptoir. Il voulut l'aider.

« Ne me touchez pas ! Ne m'approchez pas ! siffla-t-elle.

– Du calme. J'espère que quelqu'un vous raccompagne...

– Surtout pas... Est-ce que vous pouvez me confirmer que tous vos clients sont partis ?

– À part vous... Vous vous êtes fait agresser ? s'alarma le garçon.

– Non, non. Tout va bien, je vous remercie.

– Vous êtes en voiture ?

– Oui.

– En état de conduire ?

– Oui.

– Je vous accompagne jusqu'au parking ?

– Avec plaisir. »

Juste avant que le jeune homme attentionné ne referme la portière de sa voiture, elle souffla :

« Vous ne rentreriez pas à Chalon par hasard ?

– Si... mais le temps de nettoyer, de ranger et de boucler, j'en ai pour deux heures ! Et j'ai ma moto... et ma copine.

– Je m’en moque, de votre moto et de votre copine. Quand vous partez, réveillez-moi. Tout ce que je vous demande, c’est de pouvoir vous suivre en voiture sur la route. »

Elle verrouilla les portières, se cala sur son siège, entendit le serveur aimable marmonner « Putain, elle en tient une bonne, la Cléopâtre… », puis s’endormit. Il était 5 heures du matin.

Elle fit un rêve : Dominech pleurait dans le silence, son grand corps secoué par les sanglots, à genoux au bord de la Saône, les bras tendus vers le flot paisible de la rivière, tandis qu’elle dérivait dans le courant, son cadavre porté par l’onde… Dominech ne tentait pas de la tirer de l’eau, il la regardait passer, chahutée par les remous de la Saône, et elle réalisait qu’elle était muette et figée par la douleur, incapable de l’appeler à l’aide alors qu’il la croyait morte et qu’elle était en vie.

Elle se réveilla baignant dans une sueur aigre et froide, les vitres de la voiture dégoulinaient de gouttelettes de condensation. Une laitance poisseuse dans le ciel lui apprit qu’elle était parvenue à dormir un peu : il était 7 heures ; la peur lui rongeait les tripes ; l’Osiris n’était qu’un vilain bâtiment noirâtre dans la lumière de l’aube ; le parking était désert ; aucune moto à l’horizon. La peur la faisait frissonner bien plus que les couleurs de l’hiver : allait-elle continuer de cultiver avec condescendance son anomalie ? Maîtrisait-elle si bien sa solitude ? Jusqu’où pouvait la mener cette vie à courir après une hypothétique souffrance ? Sur la voie tout écrite d’un Cottard ? Ce dernier lui avait balancé son devenir en pleine figure. Et pourtant, quelque part, Dominech n’attendait qu’elle. Lui souffrait vraiment. Elle n’avait jamais été capable encore de lui dire son amour. Était-il encore temps ?

Chapitre 62

Samedi 9 mars 2013

Aux environs de minuit, Renaud s'était résigné à s'allonger aux côtés de Marianne, le cerveau en ébullition, émetteur de tellement de signaux de tension que sa femme n'en dormait pas. Quelques heures après, ils veillaient encore l'un sur l'autre.

« *Ich liebe dich...* », lui glissa Marianne dans le creux de l'oreille.

Puis elle se retourna dans le lit.

« *Und ich liebe dich*, Marianne-Bär... », murmura-t-il en se levant.

– Tu as fait des progrès, depuis le collège... Mais je ne suis pas certaine que ça te suffise à Francfort », gloussa-t-elle de son petit rire de gorge qui le ravissait.

Il traversa l'appartement obscur jusqu'à la cuisine, se fit un expresso machinalement sans même penser à allumer la lumière. Il était 3 heures du matin ; à 6 heures, il serait sur le trottoir en bas de chez lui, avec son petit sac de voyage et son énorme besace de cuir pleine à craquer de documents, et Nahoum l'attendrait dans sa voiture, comme d'habitude légèrement en avance... Tout et tout le monde était prêt pour le dernier assaut : l'avion de la gendarmerie sur le tarmac de l'aéroport de Dijon, les collègues allemands de Francfort comme le suspect, en train de mariner depuis quelques heures dans sa geôle... Tout le monde sauf lui. Voilà ce qui le tracassait depuis la veille : le doute. Encore cette impression trop nuisible en cet instant crucial où il fallait foncer avec certitude. Le doute et l'angoisse. Si Gauthier était évidemment responsable de ces deux affections, il n'en restait pas moins que le raisonnement de cette dernière pouvait tenir la route. À ceci, Renaud devait également ajouter l'entêtement de la jeune femme, qui risquait d'ébranler tout l'édifice des présomptions, puis preuves, accumulées par son équipe et celle de Francfort. Il se sentait impuissant quoique garant et solidaire des actes de tous, y compris de ceux de Gauthier, qui était forcément restée sourde à ses recommandations de prudence. À sa montre, il était maintenant 4 heures. Dans quelques heures, il aurait passé la frontière, et serait tout entier concentré sur les faits, les gestes et la psychologie d'un homme inconnu, dans une langue inconnue, assailli par une culture inconnue. Hors d'état d'intervenir si l'histoire dérapait ici, à Chalon. Prévenir vaut mieux que guérir ?

À 5 heures du matin, Yves Cottard lui ouvrait sa porte.

Renaud observait Cottard, de dos, en train de s'activer sur une machine à café. Il l'avait évidemment sorti du sommeil, et manifestement d'un retour de bringue. Cottard avait été tout aussi normalement éberlué de trouver un commissaire de police sur son paillasson à l'aube... autant dire en pleine nuit. Et maintenant, tous deux attablés devant un expresso dans la cuisine, ils tâchaient l'un comme l'autre de comprendre la raison de cette entrevue incongrue. Cottard avait les yeux rougis par la fatigue du fêtard alors qu'il lapait son café brûlant, Renaud, toujours en manteau, la mine grave du type affecté qui vient annoncer une mauvaise nouvelle.

« De qui s'agit-il cette fois-ci ? questionna Cottard.

– Rassurez-vous, il s'agit toujours de votre ami, monsieur Maheux.

– Il s'est suicidé. Vous me l'avez annoncé vous-même. Et j'ai fait ce qu'il fallait : aider sa veuve le mieux possible. Alors, un nouveau problème ?

– Un doute... Qui nécessite votre aide.

– Et ça ne pouvait pas attendre ?

– Non. Je m'envole pour l'Allemagne dans deux heures. Une grosse affaire.

– Ah...

– Votre ami, Bertrand, vous le connaissiez depuis longtemps ?

– Oui. Depuis son embauche chez Kodak. Mais il est plus jeune que moi... enfin, était.

– Vous le connaissiez intimement ?

– Suffisamment pour qu'il me parle de ses problèmes, si c'est ce que vous insinuez.

– Des problèmes de quel ordre ?

– Privé ! De couple, de boulot, de famille... Je ne sais pas quoi vous dire, moi. C'était un type normal, avec des problèmes normaux !

– Il avait des aventures hors mariage ?

– Il s'est pendu. En quoi ça vous intéresse maintenant ?

– Ça fait plus que m'intéresser, monsieur Cottard, sinon je ne prendrais pas le café chez vous à l'aube. Votre ami aurait pu avoir fréquenté certaines jeunes femmes sur lesquelles j'enquête.

– Je ne comprends pas où vous voulez en venir. Si Bertrand voyait d'autres femmes que la sienne, c'est possible.

Mais seulement après son licenciement. C'est à ce moment-là qu'il a commencé à déconner. À trop picoler. Ça n'allait plus chez lui. Mais tout ça vous le savez !

– Il ne vous a jamais rien raconté d'une aventure, ne serait-ce que mentionné un prénom féminin ?

– Bon sang. Mais vous cherchez quoi ? Vous ne croyez pas que Marion et ses enfants souffrent suffisamment ?

– Je cherche à élucider des meurtres, monsieur Cottard. Des meurtres de jeunes filles. Or il se trouve que deux de vos amis se sont amusés à violenter une très jeune fille dans la nuit du 24 au 25 février, cette nuit où, précisément, une autre toute jeune fille a été atrocement agressée, violée et tuée. Répondez à mes questions, monsieur Cottard. Votre ami aurait-il pu croiser le chemin de Carole Bertaud, d'Anne-Angélique Paulin, de Vanessa Louis, de Juliette Grollay, de Samantha Wizniek ? »

Cottard vira à l'apoplexie. Renaud fut tout de suite en alerte, prêt au massage cardiaque : le bonhomme, vu son train de vie, risquait l'infarctus. Il aurait dû prendre des pincettes... Mais l'autre, en face, reprit son souffle pour brailler :

« Vous êtes malade ? ! Vous vous rendez compte de ce que vous dites ? Et en plus, il y a ma nièce, dans le lot ! Jamais Bertrand n'a fréquenté Juliette ! Jamais, vous m'entendez ! Et puisque vous en parlez, qu'est-ce que vous foutez depuis le temps ? Rien ! Vous êtes des incapables. Incapables de trouver qui l'a tuée ! Vous ne trouverez jamais qui a fait ça... Et maintenant vous accusez Bertrand ? ! Mais je vais vous casser la gueule !

– Monsieur Cottard, votre ami se suicide une semaine après le meurtre de Samantha. Ça fait beaucoup de coïncidences pour un type qui picole et qui frappe des femmes, qui vivait à la dérive depuis quelques années. Alors oui, Bertrand Maheux est un suspect potentiel. Tous les hommes qui ont pu croiser la route de ces jeunes filles restent encore aujourd'hui des suspects potentiels. Vous y compris, monsieur Cottard.

– Trop c'est trop. Foutez le camp, commissaire, ou je vais vraiment vous frapper.

– Non, vous ne lèverez pas la main sur moi. Je vous demande simplement de répondre à mes questions. Êtes-vous certain que votre ami et Michel Dréon ne fréquentaient pas l'Osiris comme vous nous l'avez affirmé ?

– Qu'est-ce que l'Osiris vient faire là-dedans ? C'est moi qui fréquente l'Osiris ! J'ai été clair là-dessus. Je n'y ai jamais été avec Bertrand, ni avec Michel d'ailleurs.

– Vous devriez prendre notre enquête un peu plus au sérieux. On suppose qu'un des meurtriers, à supposer qu'ils soient plusieurs, est passé à l'Osiris, voire qu'il en est un habitué. Vous comprenez ce que je vous dis ? »

Cottard le fixait avec dégoût, puis éclata d'un rire méprisant.

« C'est pas croyable ! Vous venez me réveiller en pleine nuit pour me raconter vos élucubrations, et, si je vous suis bien, c'est finalement moi votre suspect ? Vous vous foutez de ma gueule. Monsieur le commissaire, je vous raccompagne...

– C'est parfait. J'en avais terminé.

– J'espère bien. Sur ce, je vais tâcher de retrouver un sommeil que vous avez totalement gâché.

– Le contraire m'aurait contrarié. »

Puis la porte avait claqué, et il avait entendu les pas pesants sur le parquet s'éloigner de l'autre côté. Un ricanement peut-être aussi ? Il fut pris d'une suée traîtresse sous le lourd manteau. Le doute n'avait pas fini de l'irriter. Avait-il correctement anticipé le risque potentiel que faisait courir Gauthier à son enquête ? Courait-elle elle-même un risque ? Cottard semblait solide, dur, inébranlable... sauf quand il avait laissé échapper sa fureur en entendant le nom de sa nièce. Une fureur légitime, ordinaire.

À 6 heures, il était assis sur le siège passager d'une voiture de service. Nahoum démarra, serein, concentré... Un Nahoum conforme à lui-même, rassurant. Toute trace de tempête avait été effacée.

« Thomas, je doute...

Nahoum semblait avoir effacé toute trace de cette tempête.

« Tu doutes... Comme d'habitude... C'est la marque du bon flic. Tu es un bon flic.

– Je sors de chez Cottard.

– Cottard ? Le type au chat à sept queues ?

– Neuf queues... Exactement.

– Quel rapport ?

– C'est l'oncle de Juliette Grollay.

– Et alors ? continua son adjoint, incrédule.

– Catherine Gauthier pense qu'il est mouillé.

– Cette femme est folle.

– Sans aucun doute. Mais elle a des billes. Elle a fait des recoupements que nous n'avons jamais pu faire dans les trois affaires.

– Jean-Pierre, cette enragée va te rendre aussi cinglé qu'elle. Qu'est-ce qu'elle a trouvé ?

– Une coïncidence un peu trop énorme pour qu'on l'ignore. On doit garder Cottard à l'œil.

– Tu te rappelles qu'on a un meurtrier qui nous attend à Francfort ! Ledit meurtrier ayant déjà avoué tous ses crimes allemands ! Et tu lui as dit quoi à Cottard ?

– Ben... rien. J'ai fait en sorte qu'il croie tout et son contraire.

– Tu as peur.

– Exact.

– De quoi ?

– Que cette emmerdeuse de Gauthier ait raison.

– Pas possible... Tu as peur pour elle ?

– J’ai peur pour elle, et peur d’elle ! Elle est capable de réveiller les morts.

– Tu n’as qu’à appeler Marini et Bouzit.

– Tu as devancé ma conclusion, soupira-t-il en prenant son téléphone. Marini sur Gauthier et Bouzit sur Cottard.

– J’aurais fait le contraire.

– Cottard a besoin de sentir qu’on ne le lâchera pas comme ça... Bouzit sera parfait dans le rôle du chaperon un peu lourdingue.

– Bouzit est un très bon flic.

– Je le sais. On n’aura pas besoin de lui expliquer deux fois ce qu’on attend de lui. Quant à Marini...

– Elle va être aux anges. C’est un vrai défi pour elle : surveiller sa rivale du privé. J’aimerais être une petite souris. »

Ils furent pris ensemble d’un rire de douce complicité ; un peu de paix au cœur du cyclone.

Chapitre 63

Samedi 9 mars 2013

La lumière blanche du matin hivernal lui crevait les yeux. Elle avait été obligée d'ôter ses lunettes de soleil pour pénétrer dans les locaux de l'avocat : l'entretien exceptionnel que Pierson avait concocté pour les mères ce matin ne souffrirait pas la moindre maladresse, et une paire de lunettes noires sur le nez de Catherine en était une. Nuit blanche, jeu trouble d'intimité avec le suspect principal, peur irraisonnée, tout ceci devait rester invisible, y compris pour Pierson. Cependant, ce dernier n'avait pas été dupe lorsqu'ils s'étaient retrouvés pour discuter une dernière fois de la stratégie à opérer en face de madame Paulin et de madame Grollay.

« Qu'est-ce que vous avez fabriqué cette nuit ?

– J'ai vu Yves Cottard, hier soir. J'ai même discuté avec lui... »

Pierson resta bouche bée, puis il éructa :

« J'aurais dû m'en douter ! Vous êtes franchement cinglée ! Vous voulez tout faire capoter ?

– Du calme. Je ne vais rien faire capoter du tout. Fête costumée à l'Osiris. Du monde partout. J'ai été une Cléopâtre parfaite. Il m'a même fait un baisemain…

– Le baiser du tueur… siffla Pierson, atterré.

– Un passe-partout monomaniaque. Il a quand même réussi à m'effrayer. Sans doute parce que je sais de quoi il est capable…

– Parce qu'il est dangereux ! Voilà pourquoi ! Et votre petit cinéma ne l'a pas effarouché. Il aura pu flairer qu'on est sur sa piste. Pire, vous êtes peut-être bien sa prochaine proie !

– Je ne crois pas.

– Je me moque de ce que vous croyez. Elles arrivent dans vingt minutes, vous avez passé la nuit à titiller notre suspect, et vous avez une mine de déterrée !

– C'est bon, Paul. Soit vous me faites confiance, soit vous avez du fond de teint dans votre tiroir pour que je sois présentable.

– Vous êtes une vraie sale gosse. Vous le savez ? », assena-t-il en ouvrant un tiroir.

Il lui tendit… un tube de fond de teint et un petit miroir de poche.

« Ça vous la coupe, hein ? ! Qu'est-ce que vous croyez ? Que je plaide avec des valises jusqu'aux genoux quand j'ai fait des abus la veille ? ! C'est ma femme qui m'a convaincu : d'après elle, ma notoriété est due pour moitié à ma bonne mine devant la cour. Elle exagère un peu… Allez, ravalez-moi ce visage de débauchée. »

Son petit tour de prestidigitateur l'avait ragaillardi. Il la contemplait, ravi de son coup, goguenard et triomphant, et elle, stupéfaite, était tenue de tartiner ses cernes alors qu'il la surveillait.

« Encore un peu, là, et étalez bien, lui ordonna-t-il. Je vais quand même pas faire le boulot pour vous ! Et le chauffeur routier de Renaud ? C'est du solide ? enchaîna-t-il.

– Indiscutablement pour le meurtre de Samantha. À cette heure, Renaud est à Francfort avec le suspect. Il m'a promis de nous tenir informés de ses découvertes.

– Tant qu'on n'a rien de solide du côté allemand, on la boucle. Vous vous concentrez sur Anne Grollay. On est d'accord : on ne cite pas le nom de Cottard. C'est son demi-frère qu'on soupçonne. Nous ne dévoilons rien, ni de l'enquête de police ni de la nôtre. Simplement leur faire un point d'étape, leur annoncer qu'on a de quoi faire bouger les lignes. On est bien d'accord ?

– Vous me prenez pour une attardée mentale ?

– Parfaitement... Anne Grollay est futée comme une musaraigne. Et sensible comme une biche. La moindre question ou regard de travers, et elle disparaîtra.

– Je ne savais pas que vous pouviez donner dans la métaphore animalière...

– Vous avez de la compassion pour elle.

– Pour les deux, pour toutes les mères du monde qui perdent des enfants.

– Je n'en ai aucun doute. Revenons... à nos moutons et à notre ours sanguinaire. »

Pierson avait raison : elle avait tout d'une biche aux abois. Tandis que madame Paulin ressemblait à ce qu'elle avait toujours été : une notable de province pétrie jusqu'à la moelle par son rang. L'avocat avait introduit à merveille la raison de leur réunion : ils avaient, lui et Catherine, besoin de faire le point avec elles sur leurs souvenirs réveillés depuis leur dernière entrevue. Cauchemardesques ou non, ces mémorations avaient travaillé l'inconscient des mères, et ils devaient maintenant les décortiquer. Eux-mêmes avaient d'ailleurs trouvé de nouveaux éléments à leur soumettre, par conséquent réfléchi à une série de questions...

« Qu'est-ce que vous avez trouvé ? coupa Anne Grollay, sur le qui-vive.

– Nous allons y venir, madame Grollay. Catherine ? invita Pierson.

– Bien sûr... L'élément déterminant, c'est que nous avons mis la main sur un témoin ignoré de l'affaire Vanessa Louis. Il nous a permis de revenir sur les circonstances de ce drame, et nous avons alors décidé de rencontrer Kevin Hassaoui, jugé pour le meurtre de Vanessa. Je sens déjà votre étonnement, mais je dois passer par ce point d'étape pour que vous compreniez où nous en sommes aujourd'hui. »

Les deux femmes étaient captives de son récit. Elle pouvait pousser plus loin, de révélation en suggestion, questions... réponses. Elle reprit.

« Kevin Hassaoui nous a apporté un éclairage neuf à la fois sur la personnalité de Vanessa, à la fois sur le déroulement de cette soirée tragique, bien plus précis que ce que nous avions relevé dans son interrogatoire de l'époque. Nous avons tiré de cet entretien fructueux une information. Même pas un indice. Une simple information qui nous a permis de penser qu'il fallait se concentrer sur l'entourage des jeunes filles, de vos filles. »

Elle s'arrêta, le temps que l'information lourde de sens soit comprise, puis digérée, ou recrachée... Laquelle quitterait la pièce en hurlant à l'infamie ? Catherine avait déjà fait le pari : madame Paulin se leva lentement, anéantie.

« Vous réalisez ce que vous êtes en train de dire, mademoiselle ?

– Absolument madame Paulin. Ma collaboratrice a malheureusement le mauvais rôle dans cet entretien. Je tiens cependant à vous confirmer que nous sommes tous les deux d'accord quant à la conclusion de cette partie de l'enquête. Je vous en prie, rasseyez-vous, madame Paulin, nous avons besoin que vous soyez forte pour aborder la suite », intervint fermement Pierson.

Dame Paulin se rassit sur sa chaise aussi lentement qu'elle s'en était levée. Catherine n'avait pas fait un geste, observant Anne Grollay, qui la dévisageait en retour avec un regard de bête blessée, littéralement terrorisée par ce qu'elle semblait découvrir.

« Madame Grollay, vous vous sentez bien ? Tenez, buvez, ordonna Catherine en tendant à Anne un verre d'eau.

– Je n'en ai pas besoin ! » coupa Anne.

Le ton était vif, mordant, méchant presque. Les yeux verts venaient carrément de virer au noir, et Catherine crut bien l'espace d'une seconde que la douce biche aux abois de Maître Pierson allait lui sauter à la gorge et lui lacérer la jugulaire.

« Continuez. Moi je vous écoute. J'ai bien compris. Ça ne me fait pas peur. De toute façon, vous nous aviez prévenues que le bourreau, ce serait vous.

– Madame Paulin ? »

C'était Pierson qui se penchait vers la femme avec un geste apaisant, quémandant son soutien.

« ... Oui, bien sûr...

– Je comprends que cette conclusion, au stade où nous en sommes, puisse vous choquer, reprit Catherine.

– On s'en moque ! Ça veut dire quoi, l'entourage ? ! Des voisins, des copains, des amis ? siffla Anne Grollay, qui ne poussa cependant pas plus loin son énumération.

– Tout homme que votre enfant a pu fréquenter... sans que vous le sachiez obligatoirement.

– Vous voulez dire que la police n'a pas fait correctement son enquête ? s'enquit madame Paulin, soudain épuisée.

– La police n'avait pas les éléments que nous avons découverts, madame. Ils ont travaillé avec rigueur, avec surtout ce qu'ils avaient de concret, c'est-à-dire rien en ce qui concerne vos deux filles.

– Est-ce que ça signifie qu'il faut reprendre tous les témoignages, Maître Pierson ? reprit madame Paulin.

– Tout à fait. C'est l'objectif que nous nous étions fixé. Et nous avons maintenant suffisamment de cartes en main pour obtenir la réouverture des enquêtes auprès du procureur. »

Madame Paulin se recroquevilla instantanément sur sa chaise. Elle cacha ses mains dans son visage pour pleurer de tout son saoul.

« Mon Dieu, je n'ai plus la force. J'ai eu tort, je ne veux plus endurer tout ça… Tout recommencer, tout raconter à nouveau, fouiller ses affaires, retrouver ses amis… elle connaissait tant de monde. Qui va s'occuper de tout ça, Maître Pierson ? Les mêmes qui ont ignoré ce que vous, vous avez trouvé en quelques jours ? ! Ah, non, Maître Pierson, non. Impossible. Je ne fais plus confiance à cette police-là ! »

La dame était ulcérée, mais maîtrisait à merveille la colère guindée, tout juste frissonnante.

« Je suis sûre que vous ne nous dites pas tout, cracha alors Anne Grollay. Avouez, mademoiselle ! Ça fait un moment que je vous observe. Vous savez qui c'est ! Vous avez peur de nous l'apprendre, c'est ça ?

– Madame Grollay, calmez-vous. Nous n'en sommes pas au stade où nous pouvons porter des accusations sur qui que ce soit. Et ce n'est pas notre rôle, coupa Pierson.

– Ce n'est pas à vous que je parle, Maître. J'ai besoin que mademoiselle me réponde, en me regardant droit dans les yeux : qu'est-ce que vous avez précisément trouvé ?

– Un surnom : "Nounours". Notre enquête est terminée. Nous avons rempli notre mission concernant la partie des faits valables à exploiter. C'est maintenant la justice qui reprend officiellement l'affaire. Il va falloir faire confiance à la police, madame Grollay. Faire confiance également à notre obstination, notre conviction, car nous non plus ne lâcherons rien. Notre place est à vos côtés. »

Soit Pierson la félicitait pour son coup de poker, soit il la licenciait sur-le-champ ; elle se remémora qu'elle n'avait pas souhaité démissionner.

« Je ne vous crois pas. Vous savez parfaitement qui a tué nos gosses. Vous nous prenez pour deux potiches fragiles. Je suis d'accord avec madame Paulin sur un point : hors de question que la police revienne fouiller chez moi. Je vous faisais confiance. Pour moi, l'histoire s'arrête là. Au revoir. »

Ils étaient deux à s'être finalement fait remercier. Anne Grollay avait un cran hors du commun, tout comme son probable entêtement : elle ne reviendrait pas sur sa décision. Pierson eut soudain l'air éberlué de l'avocat qui vient de perdre la tête de son client innocent. Madame Paulin se remit à pleurer dignement. Catherine compta ses futures nuits sans sommeil... ses journées sans travail. Elle pourrait prendre des vacances ?

Chapitre 64

Samedi 9 mars 2013

Elle marcha dans la ville. Enjambées rapides. Souffle régulier. Le long de la Saône. Sur une rive puis sur l'autre, remontant le courant, le descendant en fonction des ponts qui se présentaient sous ses pas d'automate. Elle n'avait pas conscience du froid, pas conscience de l'heure ; des hommes et des femmes, des enfants la croisaient, elle parvenait à leur rester invisible ; un fantôme qui aurait pu traverser leurs corps sans douleur, avec juste ce léger souffle qu'on leur attribue dans les contes lorsqu'ils passent. Ne troubler personne, pour que personne ne la trouble au risque qu'elle s'effrite comme une statue de cendres. Lorsqu'elle appuya sur la sonnette, elle ne savait plus comment elle était arrivée là ni où elle se trouvait. Des pas fatigués de l'autre côté de la porte, des gonds tout aussi fatigués qui grincent et le battant qui s'entrouvre, laissant apparaître ce visage usé, ce corps abîmé par le labeur et la douleur. Enfin, un trop long silence...

« Vous avez une sale tête. Restez pas plantée là. Entrez. »

Anne suivit madame Louis jusqu'au petit séjour empli de ses greffiers immobiles. Elle se laissa glisser sur une chaise. Madame Louis posa d'office sur la nappe cirée deux verres et la bouteille de son whisky de pauvre, son paquet de cigarettes offert à côté d'un cendrier propre. Elle leur servit à boire, s'alluma une clope, et regarda tranquillement Anne s'enfiler d'une seule gorgée l'alcool. Les joues d'Anne prirent immédiatement feu.

« Vous revenez de loin, vous, rigola doucement madame Louis.

– Pire encore...

– Allons bon, qu'est-ce qui vous arrive ?

– Ils l'ont trouvé. Ils savent qui c'est. »

Madame Louis resta la même, de ces femmes qui encaissent sans fermer les yeux, de ces yeux qui en ont tellement vu que rien ne peut plus les faire pleurer ni rire.

« Ah oui ? Et alors ?

– Alors... Rien. Je peux ? dit Anne en désignant la bouteille.

– Allez-y. Mais ça sert à rien de vous saouler.

– Peut-être que si. Ça me fait du bien pour l'instant.

– Si vous le dites... Je suis déjà passée par là, vous savez. Si vous avez besoin, vous pouvez hurler. Pleurer. Parler. Sans vous saouler. Le whisky, lui, il va vous trouer le cerveau. Vous allez croire qu'il vous aide, qu'il est un ami, indispensable. Il est rigolo... au début. Après, il vous fait faire n'importe quoi. Des envies de tuer, de vous tuer, de tuer tout le monde, n'importe qui.

– Je sais ! J'ai juste cru que j'étais morte.

– Ben... non. Vous êtes là. Qu'est-ce que vous voulez que je vous dise ? Vous empêcher de faire une connerie ? C'est pas mon genre. Et puis, vous êtes du style à savoir ce que vous faites. Alors, à part être là... Vous écouter.

– Ça va déjà mieux.

– Qui vous a raconté ces sornettes qui vous ont mis la tête à l'envers ?

– Mon avocat, et son assistante.

– Ah… rien de mieux qu'un baveux pour foutre la merde.

– Eux, ils ont trouvé !

– Peut-être. Et peut-être pas… Qu'est-ce qu'elle dit la police ?

– Je ne sais pas.

– Tout ça c'est bien joli, mais c'est la police qui doit apporter les preuves de ce qu'ils racontent.

– Ils ont raison.

– Comment vous pouvez en être sûre ?

– Je le sais. C'est tout.

– Vous n'irez pas bien loin avec vos “je le sais”. Si vous avez raison, laissez les flics faire leur boulot, maintenant. C'est ce que vous vouliez, non ? Que la police s'occupe enfin de votre fille ?

– Tout à fait. Je vous rappelle qu'il s'agit aussi de votre fille.

– Écoutez ma bichette. Ma fille, elle est morte et enterrée depuis belle lurette. Et le dingue qui lui a fait ça, il pourrit en taule, et ça me réjouit. Si j'avais pu, je lui aurais ouvert le ventre, à ce salopard. Mais tout ça, c'est du passé. J'essaie d'oublier, moi. J'y réussissais plutôt pas mal, et voilà que vous débarquez avec vos grandes illusions. Qu'est-ce que vous voulez que je fasse ? À part vous consoler… Et en plus, vous voyez bien que je ne sais pas y faire !

– Vous êtes têtue. Honnête. J'estime que je le suis aussi.

– Et ça nous sert à quoi ? rigola madame Louis. Pour ce qui me concerne, à rien. Quand je dis la vérité, ou quand je réclame ce qui m'est dû, je me retrouve au chômage ! Alors maintenant je ferme ma grande bouche. C'est ça, ma vérité, madame Grollay.

– Je préfère quand vous m'appelez ma bichette.

– Si vous voulez. C'était spontané. Vous avez des yeux de biche... sauf qu'ils sont verts.

– C'est quoi votre prénom ?

– Patricia.

– Patricia... Je peux vous prendre une cigarette ?

– L'alcool et maintenant la clope ? ! »

Patricia Louis éclata de rire, tout en glissant le paquet et le cendrier devant Anne Grollay. Anne finit par sourire. Elle reprenait son fil, peu à peu, réfléchissant en boucles tourmentées. Elle alluma sa cigarette maladroitement, toussota évidemment. C'était âcre, ça lui faisait tourner délicieusement la tête, tout comme le premier verre de whisky. L'engourdissement était un baume, une volupté. Patricia avait raison : elle ne devait pas s'y noyer. Elle avait besoin de ses idées les plus claires possible.

« C'est les derniers. Verre et cigarette. En fait, je ne sais pas quoi faire, Patricia...

– Ben... Je n'en sais rien non plus.

– Je suis certaine de ce que j'avance. En tout cas, pour ce qui concerne Juliette... ma fille. »

Patricia sirota une gorgée de son whisky, patiente ou désabusée, les deux sans doute, imperturbable sans conteste. C'était incroyable la faculté de cette femme de ne pas se laisser embarquer par une empathie envahissante, débordante, pleurnicharde. Qu'est-ce qu'il se passait dans son ventre, son cerveau ? Elle se contentait d'attendre, d'écouter. Anne eut peur : dire ou ne pas dire ? Tout dire ou n'en dire qu'un peu, comme ce qu'avait choisi de faire la jeune femme dans le bureau de l'avocat ? Catherine Gauthier ignorait ce qu'Anne savait intimement. Elle avait commis une faute. Elle avait forcé et ouvert grand la porte des propres doutes de la mère. La mère avait immédiatement enfanté la haine, la rage, la vengeance. Gauthier aurait dû la boucler.

« Vous savez qui c'est, n'est-ce pas ? »

C'était si tranquille, cette voix cassée par le tabac ; elle l'apaisait.

« Oui. J'ai compris qui c'est.

– Eh bien, vous auriez dû vous boucher les oreilles. Regardez dans quel état ça vous met.

– C'est normal. Ça bousillerait n'importe qui.

– Allons donc. Vous étiez déjà bousillée avant.

– On le surnomme "Nounours"...

– Qu'est-ce que voulez que ça me fasse ? grinça soudain Patricia.

– C'est Yves. Mon propre demi-frère... Il a tué ma fille. Il l'aimait. »

Patricia prit un temps infini pour réduire en bouillie sa cigarette à peine entamée. La fureur était contenue là, au bout de ses deux doigts, un concentré atomique de destruction.

« "Nounours" vous avez dit ? », se contenta-t-elle de chuchoter.

Chapitre 65

Samedi 9 mars 2013

Renaud et Nahoum complétaient la brochette des collègues allemands. Ils avaient tous raconté, compilé, confronté, tamisé leurs informations réciproques. Une matinée tendue, ultra-professionnelle et sans tralala, dense en découvertes et en éclaircissements, en émotion retenue : ils avaient les uns et les autres le sentiment de rentrer comme en convalescence d'une longue et douloureuse maladie. Tout concordait, s'emboîtait à la perfection. En passant la frontière, les flics français venaient de donner corps à une affaire sans issue du côté allemand : quelques meurtres de très jeunes filles inexpliqués, parsemés sur les années et dans le sud du Rhin-Main et le long de la frontière suisse. Même s'ils en avaient conclu que l'auteur des meurtres était probablement chauffeur routier compte tenu de la dispersion des cadavres le long du même itinéraire, les faits étaient très anciens pour la plupart ; le dernier meurtre avait été commis quatre ans plus tôt, et depuis plus rien. Néanmoins, l'enquête française avait appuyé là où ça fait mal pour les flics consciencieux et hantés : l'échec du vide. Le tocsin allemand avait sonné, les dossiers avaient été ressortis, les enquêteurs avaient retrouvé la flamme qui les avait abandonnés. Le camionneur, une fois appréhendé, avait fait l'objet de relevés minutieux par la Scientifique allemande. Leurs prélèvements étaient en cours d'étude, tandis que Nahoum leur avait confié les rares échantillons relevés sur les précédentes victimes, érodés par la Saône.

Aucun n'avait dormi depuis l'alerte et l'interpellation rapide du suspect ; lequel avait concédé aux Allemands sa culpabilité quant aux meurtres perpétrés sur sa terre natale. Les Allemands et les Français vivant cause commune, il revenait à Renaud et Nahoum d'interroger le chauffeur sur les meurtres de Chalon-sur-Saône. Leurs collègues avaient essoré le suspect, confronté à des faits indéniables et mûr pour d'autres aveux, désormais coupable chez eux ; ils leur offraient l'hallali, la paix au bord des lèvres.

Le type s'appelait Gunther, Gunther Schmidt ; un brave père de famille nombreuse, travailleur de la route depuis qu'il était en âge de conduire, propriétaire d'un petit pavillon de la banlieue laborieuse de Francfort. Les voisins ne le croisaient quasiment jamais ; sa femme avait mis au monde des enfants tous les trois ans environ, presque unique preuve de son existence ; il avait soixante ans et sept enfants. Renaud et Nahoum l'observaient à travers le miroir sans tain de la salle d'interrogatoire : cheveux courts blonds qui se faisaient rares, face lunaire et ventre dodu, taille moyenne, dos voûté et coudes appuyés sur la table, il broyait mécaniquement de grandes bouchées d'un sandwich qu'il faisait passer avec force gorgées d'eau ; imperturbable, mou comme un sac de linge sale ; la puissance de l'inertie à l'état brut. Il semblait avoir retrouvé des forces...

Le collègue allemand qui parlait leur langue finit par les interpeller :

« Vous êtes prêts ? »

Il était midi, Gunther semblait rassasié par son sandwich, tandis que Renaud et Nahoum avaient l'estomac noué depuis des jours. Tous les trois avaient un gobelet de café fumant en main, plus un que Renaud apportait pour le chauffeur routier...

À 16 heures, Gunther n'avait rien perdu de sa placidité. Il avait observé les photos de ses victimes, les ordres de mission de sa société de transport routier, les dates de ses notes de frais qui prouvaient ses arrêts dans les villes où on avait découvert les victimes... Les flics avaient même épinglé au mur une immense carte qui englobait Francfort jusqu'à la frontière espagnole. Les photos des jeunes filles souriantes, en vie, étaient reliées par des fils aux points d'étape de Gunther, avec les dates de leur assassinat et de sa présence avérée. Des heures laborieuses passées à tenter de lui faire comprendre, en français puis en allemand, qu'il était fait comme un rat sur toutes les frontières... en vain : Gunther contemplait la carte de ses exploits, impavide. Jusqu'à présent, il n'avait ouvert la bouche que pour réclamer à boire et un autre sandwich. Et là, de nouveau, il mangeait, se remplissait alors que le vide devenait vertigineux pour les flics épuisés. Il finit par roter après sa dernière bouchée, but d'un trait son gobelet d'eau.

« Vous avez fondé une belle et grande famille, Gunther », soupira Renaud, remarque aussitôt traduite en allemand par son alter ego allemand.

« Vous êtes fiers de vos enfants ? continua le Français.

– Très. »

Ils en restèrent bouche bée : Gunther parlait gaulois, avec un accent, mais quand même...

« Vous parlez bien le français ! s'exclama Renaud.
– Comme ci, comme ça...
– Vous aimez la France ?
– Beaucoup.
– C'est un très beau pays. Vous le connaissez bien ?
– Un peu. Quelques régions, pour mon travail.
– Quelles régions ?
– Là... désigna-t-il du doigt un point sur la carte.
– Montrez-nous, je vous en prie. »

Gunther se leva avec lourdeur. Il posa son doigt sur Montpellier. Aucune photo n'y était reliée. Une nouvelle enquête en perspective, une autre victime perdue dans les archives policières de la région ? Renaud en frémit. L'autre reprit avec un sourire attendri.

« Vacances avec les enfants. En camping. Très beau. Ma femme a beaucoup aimé. »

Le collègue allemand s'avachit imperceptiblement ; Nahoum desserra ses poings sous la table.

« Très belle région, effectivement ! Les plages sont magnifiques, le vin y est délicieux.
– Ah oui, le vin, très bon.
– Un autre endroit que vous avez visité ?
– Partout un peu, sur la route.
– Vous aimez vous arrêter à Chalon-sur-Saône ?
– Oui. C'est tranquille pour dormir dans le camion. Les restaurants, très bons.
– La Bourgogne ! On y boit du bon vin, on y mange très bien. Je sens que vous êtes un amateur de bonne cuisine.
– Oui.
– Et le carnaval de Chalon-sur-Saône, vous connaissez ?
– Oui. J'ai vu deux fois.
– Quand ?
– Vous savez.

On y était. Ne plus lui laisser le temps de souffler.

– Soyez plus précis.

Le chauffeur routier posa son doigt sur la photo de la petite Samantha, avec un regard triste.

« Elle était gentille. Mais c'était pas elle que je voulais. Son amie, oui. Très belle, longs cheveux...

– Elle s'appelait Samantha. Et son amie s'appelle Océana.

– Océana ? C'est beau. C'est l'Océan. C'est ça.

– Et celle-ci, Anne-Angélique, vous la connaissez ? Elle est très belle aussi.

– Non. Je ne connais pas. Elle, elle et elle, je connais pas. Jamais vues. Elles sont très, très belles... », souffla-t-il, en admiration devant les portraits d'Anne-Angélique, de Vanessa et de Juliette. Presque nostalgique.

« Vous êtes sûr ? insista Renaud.

– Oui. Je suis fatigué.

– Nous comprenons. On va faire vite maintenant. Vous venez de dire “deux fois” pendant le carnaval. Une fois pour Samantha. Et l'autre fois ?

– Elle n'est pas là », affirma Gunther, soudain visiblement épuisé, vieilli, à bout semblait-il.

Les regards de Nahoum et de Renaud se croisèrent, aussi stupéfaits l'un que l'autre. Nahoum plongea immédiatement dans la valise de documents à ses pieds, et lança sur la table une chemise ouverte sur une photo : Carole Bertaud, 23 février 1994. Gunther se pencha dessus, attentif.

« Oui. Carole. Sa Mobylette était cassée. Je me souviens bien. Grosse pluie. Ses cheveux étaient tout mouillés. Très jolie. Très gentille. Très gaie. Il y a longtemps, n'est-ce pas ? »

Renaud eut une pensée fugitive et compassionnelle pour Pierson : l'avocat aussi avait droit à une part de sérénité retrouvée. Le meurtre de Carole, sa petite protégée de l'époque, serait enfin jugé... Et il se chargerait pour la partie civile de le faire condamner.

« Il manque des filles. Ici, et ici encore, je crois. »

Gunther pointait Avignon et Perpignan. Les flics se regardèrent, anéantis.

« En Espagne, aussi. Mais vous n'avez pas le plan. Je vous montrerai après, avec le plan. Deux, brunes, très mignonnes… très espagnoles. Beaucoup de sucreries avec elles. C'est fini. C'est tout. Ma femme s'en fiche, de toute façon. Et mes enfants, pareil… »

Chapitre 66

Samedi 9 mars 2013

« Le chauffeur routier a avoué ! »

Pierson était hystérique à l'autre bout du fil. Il avait gueulé tellement fort que Catherine en avait laissé tomber son téléphone sur ses genoux.

« Le gars a tout avoué, continuait Pierson.

– Avoué quoi exactement, Paul, tenta de calmer Catherine.

– Carole ! Je savais qu'on finirait par mettre la main dessus. Par contre, rien pour Anne-Angélique, Vanessa et Juliette. Renaud a été clair. Ce n'est pas le chauffeur routier.

– C'est Renaud qui vous a prévenu ?

– Oui. Il a préféré m'appeler en personne, à cause de Carole.

– Bon... »

Aucun dépit. Elle comprenait parfaitement le souci de Renaud.

« Il y a longtemps qu'il vous a téléphoné ?

– À l'instant.

– Et qu'est-ce qu'on fait pour Cottard ? Il vous en a parlé ?

– Il rentre d'urgence tard ce soir pour cette dernière partie de l'enquête. Il m'a fait passer un message : ni vous ni moi ne devons plus nous en mêler. Ce n'était pas un conseil, c'était un ordre. Je compte sur vous pour le respecter. Vous comme moi avons fait suffisamment de bourdes comme ça.

– Ce n'était pas une bourde, Paul. C'était la vérité. Un bout de la vérité. Elles n'ont rien appris d'autre que ce surnom. »

Il soupira au bout du fil, perdu.

« Même si on s'était mis d'accord, j'ai quand même l'intuition qu'on a merdé. Et ce n'est pas votre faute.

– Nous n'avons pas “merdé”, comme vous le dites. Nous offrons sur un plateau à Renaud le coupable probable de nos affaires. C'est une réussite. À Renaud de la conclure.

– Je me sens mal... Dites donc, où êtes-vous, là ? s'alarma soudain Pierson.

– Je ne vais pas vous mentir. Je suis dans ma voiture, devant chez Anne Grollay.

– Quoi ? ! Cette nuit dans les bras du frère et cet après-midi devant chez la sœur ? ! Catherine, rentrez chez vous ! Ça suffit ! Vous allez mettre le feu à la baraque !

– Paul, je suis fabriquée comme vous : mon intuition me donne l'ordre de veiller. Notez bien : je ne surveille pas, je ne fouine pas, je couve. Une vraie mère poule. À lundi... »

Ça faisait un petit moment déjà que la voiture blanche qui l'avait doublée lorsqu'elle se garait l'intriguait. La conductrice, dont elle avait fugitivement aperçu le visage, avait planté son véhicule à une petite centaine de mètres du sien, mais il semblait bien à Catherine qu'elle n'en était pas sortie. Dans ce quartier pavillonnaire, chaque maison ou presque disposait de suffisamment d'espace pour garer un véhicule sur son terrain, par conséquent la rue n'était pas encombrée de voitures... et la vue était dégagée, alors que la pluie s'écrasait sur le bitume.

Chez les Grollay, rien ne bougeait derrière les rideaux. Catherine ne savait pas si Anne était rentrée après leur entrevue explosive de la matinée. Elle ne pouvait empêcher ses pensées de dériver comme un buisson de petits détails entremêlés emporté par le courant puissant d'une crue : Anne Grollay avait-elle su mettre un nom sur l'assassin de son enfant ? Les conséquences de cette révélation pouvaient être multiples ; Catherine n'en retenait qu'une, qui revenait sans cesse : une connerie. C'était Anne Grollay et pas elle qui serait capable de faire une connerie. Catherine voulait à toute force la lui éviter.

La conductrice dans la voiture blanche, loin devant, n'avait toujours pas bougé. Lassée et agacée, Catherine quitta l'abri de l'habitacle, et s'approcha d'un pas paisible malgré la pluie. À hauteur du véhicule, elle reconnut la jeune femme au volant. Elle toqua au carreau.

« Bonjour mademoiselle Marini. Vous ne vous ennuyez pas trop ?

– Bah… rigola l'autre, étonnamment hilare. Un peu, faut avouer. Vous auriez au moins pu m'emmener faire les boutiques ! C'est ce qu'on fait le samedi après-midi ! C'est d'une tristesse, ce coin !

– Ouais. Pas l'idéal pour monter une planque discrète. Renaud va vous remonter les bretelles…

– Je ne crois pas. Vous vous en doutiez de toute façon.

– Un peu.

– Qu'est-ce qu'on fait ?

– On s'installe dans ma voiture ? Je suis mieux placée.

– Mieux placée ? Elle est bonne, celle-là !

– Je ne me cache pas. C'est une mesure de prévention.

– Si vous me dites pour quelle raison, je veux bien vous tenir compagnie.

– Secret de l'instruction… Décidez-vous, je suis trempée.

– OK. On peut fumer dans votre voiture ? »

Catherine se contenta d'ouvrir sa portière avec une ébauche de révérence.

Anne dormait. Denis était incapable de faire autre chose que regarder Anne dormir. Il était son ombre depuis son retour à la maison, alors qu'il avait immédiatement remarqué ses yeux écarquillés aux pupilles dilatées, sa main brûlante et sèche sur sa nuque, son imperceptible agitation à la façon qu'elle avait eue d'ôter son manteau, de se diriger vers lui, d'aller brancher la bouilloire pour un thé... À moins d'un mètre d'elle, pétrifié sur son fauteuil dans leur chambre, il pouvait sentir chaque millimètre carré du corps de sa femme étendu sur le lit, tout habillé ; il tentait de percer les paupières closes pour atteindre ses pensées agitées. Quelque chose était arrivé. Et Denis était une fois de plus impuissant devant les gros bouillons de détresse d'Anne. Elle ne lui avait rien dit. Elle n'avait prononcé que ces quelques mots : « Je t'aime. » Lesquels avaient fait surgir le désarroi enfoui depuis tant d'années, la souffrance évadée de son cachot et en pleine vie. Pourquoi aujourd'hui précisément ? Cet amour qu'elle lui avait murmuré en passant, ils se le répétaient régulièrement, le vivaient constamment, sans aucun épuisement ; avant, pendant, après... il était intact, voire plus puissant, plus assuré, plus fort, apaisé après les épreuves. Du moins c'est ce qu'il croyait : en avoir fini avec les larmes loin du regard de tous les autres, l'envie secrète de mourir... tous ces signes trop visibles du désespoir pour un homme tel que lui ; en avoir fini avec la lutte, celle-ci invisible, contre la plus injuste et la plus mortelle des inégalités, la disparition de son enfant. Il pensait à sa convalescence, et voilà que sa femme rentrait chez eux, haleine d'alcool et de tabac, brûlant de nouveau de fièvre. Denis n'avait aucun doute sur la cause de cette fièvre : quelque chose s'était passé. Anne ne pouvait pas le lui cacher. Anne dormait. Anne n'était qu'une masse de chair palpitante et dévorée dans le lit de leur amour. Anne n'avait rien dit. Anne disait tout dans ce sommeil de brute. Denis devait uniquement comprendre ce qu'elle disait, pour la protéger, pour les protéger. C'était si simple. Et là, il en pleurait presque de dépit, de rage : il n'y parvenait pas. L'ineptie de la trajectoire auparavant prévisible de sa vie lui sautait aux yeux : enfant du pays, destiné à prendre la suite d'une longue lignée d'ouvriers dans les mines puis dans les industries métallurgiques de la région, sans autre ressac que cette conviction élaborée depuis des générations qu'ils ne devaient former qu'un, lui avec et au cœur de ce peuple laborieux dont il était fier de faire partie, qu'il avait toujours tenté d'unir dans la lutte, et par défaut dans les revendications. Il avait finalement combattu toute sa vie, construit pour défendre sa classe depuis sa naissance jusqu'à sa mort ; la survie d'un monde. Mais à quoi était réduit son propre monde ? Alors que la colère de Denis s'était toujours concentrée sur un seul objectif, la lutte de classes, l'autre colère, l'autre indignité qui l'avait mortellement atteint dans sa chair d'homme pauvre et simple, il l'avait sagement et savamment ligotée, pensant la mater comme on tient une barricade devant l'usine, comme on fait corps avec les camarades devant le cordon des cognes. Sa vie lui sembla soudain vidée de tout son sens, là, aux pieds de la femme qui l'avait choisi ; avait-il vraiment partagé ; avait-il suffisamment combattu à ses côtés ; était-il réellement cet homme admirable et courageux que les camarades, les voisins – et même les patrons ! – avaient pu louer pour ses capacités d'analyse, son calme, son autorité naturelle, sa concision ? Il avait tellement intellectualisé sa colère, l'avait rationnée, l'avait tenue en brèche loin de lui lorsqu'elle montait parce qu'il savait qu'elle pouvait détruire en une seconde une revendication, un conflit patiemment étudié et organisé durant des mois. Il avait le sentiment d'avoir sacrifié le meurtre de sa fille sur l'autel de son engagement. Il ne pensait pas à la vengeance. Au contraire. Il mesurait à cet instant à quel point il avait besoin brutalement d'être enfin nu, sans armes, sans tactique, sans discours, sans force non plus. Et le monde changerait.

Paul Pierson eut un vertige, et, tremblant, s'accrocha à une chaise pour rejoindre le canapé et s'y allonger comme le vieillard qu'il venait de se découvrir. Sa femme était sortie. Tant mieux. Elle aurait immédiatement papillonné avec furie tout autour de lui, le noyant sous un flot de recommandations inquiètes et autoritaires. Il reprit son souffle, écouta longuement les pulsations de son cœur s'apaiser. Il n'était plus tout jeune, il travaillait sans compter ses heures, il aurait pu prendre sa retraite depuis plusieurs années déjà. Ce serait un beau bazar si sa femme le trouvait tout froid et raide sur son canapé en rentrant de ses courses. Nul doute qu'elle lui passerait le savon de sa vie. Pierson la voyait déjà bouleversée et agitée, cachant son chagrin comme elle savait si bien le faire... Elle était si forte. En quarante-cinq ans de mariage, elle n'avait jamais renoncé à lui malgré tout ce que lui, lui avait infligé, les coups de canif dans le contrat comme il se plaisait lui-même à le signaler dans les affaires de divorce qu'il traitait. Misérable hypocrite. Anne-Marie avait subi, l'avait laissé partir, revenir, avait élevé les enfants lorsqu'il ne rentrait que pour s'abattre sur le lit, épuisé, avait serré les dents sur les infimes mais trop nombreuses traces d'infidélité sur ses cols de chemise... Une sainte femme ? Un caractère de chien, oui, une femelle avec une paire de burnes comme il n'en avait jamais été pourvu ! Bon sang, qu'est-ce qu'il l'aimait. Et dire qu'il lui refusait encore maintenant ce qu'elle attendait sans broncher depuis des lustres : leur retraite, à tous les deux ! Avec quelques petits voyages par-ci par-là, des matinées à traîner en short avec les journaux, pourquoi pas quelques collaborations paisibles avec les facs de droit qui pourraient faire appel à son expérience de vieil avocat roué et facétieux. Il pourrait emmener Anne-Marie. Paris, Bordeaux, Lyon... Il avait envie de s'amuser, d'aimer sa femme comme un homme neuf. Il réalisa soudain qu'il pleurait. Son cou recueillait ses larmes abondantes. Son col de chemise était trempé. Il s'en foutait : ça faisait du bien. Ce serait le prochain conseil qu'il se promettait d'infliger à Gauthier ; elle ne pleurait jamais, cette femme. Lui, il sentait le bienfait qui lui coulait partout par les yeux... Elle comprendrait ; d'ailleurs, il n'y avait qu'elle et Anne-Marie qui pouvaient le comprendre. Carole, la mignonne et gentille Carole, la naïve et lumineuse amie d'enfance de sa fille. Le mystère violent, fracassant, de sa mort n'existait plus. Il devait prendre sa retraite. C'était ça ou mourir au boulot. Eh merde. Il en avait oublié de prévenir sa fille. Lui dire qu'elle pouvait arrêter de lui faire des reproches... Le meurtrier de son amie était en prison, et il se chargerait de son procès, un dernier procès. Même si Pierson savait au fond que ça ne résoudrait pas tous les problèmes qu'il avait eus avec ses enfants, il était certain que cette nouvelle panserait au moins une des blessures de sa fille...

Le capitaine Bouzit en avait sa claque. Ça faisait un moment qu'il se sentait fatigué, oppressé par cette ville, cerné par cette rivière qui ne faisait pourtant que la traverser. Il n'y avait même pas un café où il aurait pu s'installer au chaud, nez collé à la vitrine juste devant la porte du suspect qu'il était censé surveiller. Le petit immeuble était aussi vivant qu'un cimetière, Bouzit se sentait davantage planton de morgue que flic de la SRPJ de Chalon. La fatigue était sournoise, charriant comme cette foutue Saône des idées noires et des cadavres, il en avait conscience, bien que confusément. Le comble d'une vie de flic en province : tomber sur un tueur en série qui vous bousille le sommeil, flingue votre carrière idéale, vous fait regretter d'avoir postulé à la PJ et d'avoir réussi, vous botte le cul et vous balance dans une fosse pleine d'horreurs et de vies et d'os broyés au point que vous n'avez qu'une envie : retourner à la circulation, au bon vieux temps béni des képis-pèlerines postés aux ronds-points, un temps que Bouzit n'avait jamais connu que dans les films de Louis de Funès... C'était la seule référence qu'il enviait à cet instant, en fin connaisseur du cinéma populaire français. Et pourtant, contrairement aux caricatures réelles ou fictionnelles auxquelles il était régulièrement confronté – flic poivrot, ripou, ripailleur, frimeur, cocoricoteur... – , il ne fumait pas, il ne picolait quasiment jamais, il pratiquait le sport à outrance pour assouvir sans danger sa soif d'adrénaline, il respectait ses parents, ses frères, ses sœurs, ses collègues, sa hiérarchie, en vrac sa mission de service public et la réussite professionnelle de tous ses pairs, élevé dans le dévouement à la patrie qui avait adopté son père alors que celui-ci avait fui les règlements de comptes sanglants de la nouvelle Algérie qui se levait. Il était le fruit d'une éducation parfaite, laïque à l'école, empreinte d'un islam bienveillant au foyer, davantage culturel que cultuel il s'en était vite rendu compte : son père priait dans le silence et le secret respectueux de mise pour ne pas froisser les anciens colons qui l'avaient recueilli, et dont parfois, dans un laisser-aller d'homme fatigué par l'usine et la marmaille des HLM, il regrettait l'abandon des terres d'Algérie. Oui, ce bon vieux temps du colonialisme, où il était sain de travailler les oliveraies, l'extraction du minerai ou dans les filatures ou les ports, sans se poser la question de savoir à qui revenaient les richesses du pays natal. Il y avait d'ailleurs là-bas des Français aussi pauvres qu'eux, et aucun de ces enfants de colonisateurs ne tapait sur eux, les enfants de colonisés. La fatigue du père Bouzit, alors, se transformait en vœu de paix rétablie sur l'Algérie tout entière, tous pardonnés, tous de nouveau unis dans une même communauté consacrée à la famille, au travail et à la patrie... française.

Bouzit rigolait amèrement de son intégration totalement réussie. Son père en avait rêvé, le fils l'avait fait ; une nouvelle génération s'était affirmée, fonctionnaire ou cadre sup, grâce au sacrifice des aînés. Les vieux l'avaient suffisamment martelé dans toutes les têtes : à part la religion, ils n'étaient pas différents des enfants des cités, Français comme les autres, pauvres comme les autres, et certains aujourd'hui ne l'étaient plus, pauvres. Et voilà. C'était dans la nature des choses et de la République, dont il ne devait surtout pas douter, pourtant...

Bouzit en resta là de ses pensées bien trop subversives pour lui.

Madame Paulin se prénommait Sidonie ; elle se faisait appeler « Cyd », avec le « C » et le « Y » de cygne, comme dans *Le Lac des cygnes*, et comme Cyd Charisse... Sidonie avait définitivement disparu l'année de ses treize ans, une année revêche au cours de laquelle elle avait eu ses premières règles, les seins qui poussaient en même temps que les boutons d'acné et les kilos d'une enfance qui ne voulaient pas la quitter. La tunique de danse classique ne lui donnait aucune chance : ce qui était dodu, rondeurs de petite fille, devenait gras proéminent une fois comprimé dans le justaucorps impitoyable. Lors des représentations pour les parents, la prof, Mademoiselle, si belle, si longiligne, si gracieuse, plaçait invariablement au dernier rang tous les boudins ingrats comme Sidonie, petits tas invisibles qui suaient pourtant sang et eau depuis des années dans le cours de Mademoiselle. Les Étoiles sous les spots, c'était évidemment celles qui préparaient les concours de l'Académie, les Chouchoutes, même âge ou peu s'en fallait que les petites rates tout au fond qui se faisaient bouffer par les rideaux du décor. Sidonie s'était acharnée alors qu'elle avait les pieds bien trop larges et plats pour le fuselage des méchantes pointes, qu'elle usait pourtant jusqu'au plâtre avec une méthodique obstination. Elle avait décidé d'être Cyd, un cygne comme la grande Charisse. Elle n'avait pas encore eu le temps de réaliser que son corps se transformait le jour où Mademoiselle sembla s'en apercevoir à sa place, et la casa dans le premier rang, pour entourer l'Étoile du moment. Les répétitions du ballet de fin d'année s'enchaînèrent, jusqu'à quatre fois par semaine ; Cyd ne mangeait plus que des carottes râpées et des pommes, tout en os, pâle, assoiffée des attentions et des remontrances de Mademoiselle. Ses parents la regardaient s'allonger et maigrir, sentaient cette fureur qui enflait plus leur fille perdait de poids ; ils finirent par s'inquiéter. Le jour où Cyd fut prise d'un malaise pendant la répétition, Mademoiselle en personne convoqua le couple consterné. Cyd, squelette fébrile, grelottant sous la couverture dont on l'avait enveloppée, les regardait comploter à son sujet à l'autre bout de la salle de danse, tandis que le ballet s'était figé dans un silence lourd d'une pitié qui la terrorisa. Cyd ne dansa pas pour le ballet de fin d'année. Elle déchiqueta ses pointes au cutter, les acheva au marteau, ne laissa sur les murs de sa chambre que les photos des Jambes, celles de la grande Charisse. Elle resta Cyd : l'année suivante, forces et estime recouvrées, elle intégrait avec une modération toute neuve un cours de danse modern jazz. Mais lorsque la sage-femme posa Anne-Angélique sur son ventre de jeune mère comblée, le premier objet de son émerveillement furent les pieds miniaturisés du nourrisson, déjà fins et racés. Des petits pieds de ballerine, parfaits.

« Cyd… Tu ne te sens pas bien, ma chérie ? Tu es toute pâle. C'est cette réunion chez votre avocat, n'est-ce pas ? »

Cyd ne répondit pas tout de suite. Elle sentait cette fureur adolescente rejaillir à sa surface de femme vieillissante, elle revoyait le satin rose griffé par la lame du cutter, le plâtre qui l'avait tant fait souffrir devenir bouffées âcres, poudreuses et pénétrer ses yeux asséchés par la détresse, la rage du rêve écrasé. Elle n'avait jamais, ô non au grand jamais, poussé Anne-Angélique à martyriser ses pieds comme elle l'avait fait enfant. Au contraire. C'était la petite qui, ayant découvert la dévotion de sa mère pour Cyd Charisse et le ballet classique, déjà entêtée, avait plongé avec des pointes à ses pieds parfaits de ballerine dans l'apprentissage sans pitié des exercices à la barre, des étirements à vous rompre les tendons, des petits battements, des grands battements, des postures à surveiller dans les miroirs de la salle démultipliée... Elle, elle n'avait jamais semblé souffrir. La belle enfant, qui sidérait sa mère à chaque souffle de sa volonté de vivre si fort, de danser si haut.

La stupéfaction de Cyd était intacte, alors que Luc l'entourait de tant de précautions depuis... ça ! semblant ignorer qu'elle se sentait davantage comme une bombe à retardement que comme une épouse fragile. Et ce « votre avocat » ? Il faisait bande à part ? Bientôt chambre à part ?

« J'ai tellement envie de te gifler... », lui répondit-elle tranquillement, de sa voix de médecin-dentiste qui prononce chaque syllabe de chaque mot, et affirme, affable et professionnelle, que son patient ne souffrira pas alors qu'elle agite devant ses yeux des instruments terrifiants.

Luc en resta sans voix. Elle en profita.

« J'ai envie de divorcer. Je ne nous supporte plus. »

Il restait pétrifié, absent, à gifler, décidément.

« Dis quelque chose.

– ... Qu'est-ce qu'il s'est passé ce matin ?

– Je pensais que ça ne t'intéressait pas.

– Je pense que c'est une erreur, que ça nous détruit, que c'est inutilement cruel, voilà ce que je pense ! »

Sa voix grondait et tremblait, il était au bord des larmes, elle en fut surprise, regretta sa méchanceté.

« Ils ont des éléments suffisamment solides pour demander au procureur de nommer un nouveau juge d'instruction...

– Mais encore ? ! rugit-il.

– Ils pensent à quelqu'un de précis. Ils n'ont rien voulu nous dire à son sujet. Ils vont...

– Ils vont quoi ? ! hurla-t-il carrément. Ils vont nous faire mal, de nouveau ? ! Et toi, tu veux divorcer ? ! Madame a "envie" de divorcer ? ! Cyd, tu m'emmerdes. Ça fait deux semaines que tu fais n'importe quoi. Ce n'est pas long deux semaines, mais dans cette maison, à tes côtés, c'est une éternité. Je te regarde t'agiter, m'ignorer, tu me fais penser à un papillon en train de se faire griller les ailes par une ampoule... Et je ne peux rien faire ! Parce que tu ne me laisses rien faire ; tu ne me laisses pas t'approcher, tu ne veux pas me parler, tu refuses tout partage, tu vis seule, Cyd, comme si je n'existais pas. Et ta solitude arrogante dans ta putain de tour d'ivoire, moi je la subis, je suis tout en bas et j'attends que tu ouvres la porte, et ça, ça dure depuis des années, depuis qu'elle est partie. »

Ça faisait mal, partout, comme la morsure du gel juste avant l'engourdissement. Et lui, il pleurait comme un vieux petit garçon implorant, debout devant elle. Et elle, elle ne pensait qu'à ses fichus chaussons de danse, qui devenaient rouges, parce qu'elle avait préféré l'amour de Luc à son amour pour la danse, et qu'elle ne l'avait jamais regretté... sauf à cet instant.

« Pardonne-moi, souffla-t-elle, sciée par la brutalité de sa vérité intime.

– J'ai envie de mourir. Et je m'en empêche pour toi. »

Elle faillit lui répondre qu'elle n'en valait pas la peine. Se retint : il ne la comprendrait pas, elle le blesserait.

« Qu'est-ce qu'on va faire ? se contenta-t-elle de demander, alors qu'elle avait déjà pris sa décision.

– On va se préparer...
– À quoi ?
– Cyd... Ils vont revenir tout bousculer de nouveau !
– Ah... Ce n'est pas à ça que je pensais. »

Luc s'affolait de nouveau, cherchant désespérément le regard de Cyd, n'osant pas affronter le mur qu'il voyait s'ériger.

« Je pensais à nous deux, continua-t-elle. J'ai envie de faire un long voyage, un lointain voyage... seule. Pardonne-moi », dit-elle encore.

Puis elle se leva, prit le visage de Luc dans ses mains, essuya ses larmes, l'embrassa et quitta la pièce, ailleurs, déjà.

Après les dispositions d'usage pour une planque a priori sans objet et devenue inutile pour Marini, le silence s'installa entre les deux femmes.

Marini respectait Gauthier plus qu'elle ne la jalousait, et n'avait aucun doute sur le respect de Gauthier à son égard. Ç'avait été un sentiment fulgurant : cette fille-là lui ressemblait. Son CV, Marini le savait, était long et tourmenté, bourré de compétences et d'autodestruction. Un cas, identique au sien, de ceux qui laissent la majorité des hommes de la profession sur leur défensive. Marini, comme Gauthier, excellait dans l'autodérision drolatique ; les deux femmes détestaient plus que tout s'apitoyer sur elles-mêmes, tout autant que sur les autres. Elles étaient du même métal. Elle aurait pu évoquer les raisons de sa mutation à Chalon, son viol, à Lyon, un soir qu'elle avait trop bu en boîte après le service et s'était fait raccompagner par un de ses collègues de la BAC, une brute inapte au malentendu. Pourtant Marini n'ouvrit pas la bouche. Cet « accident » de parcours n'avait de toute façon pas entamé son appétit pour le métier. Marini avait à l'époque pansé ses bleus, continué à pointer et à croiser les gars de la BAC, tout sourire, même pas mal. Pour finir, c'était une fusillade aux petits plombs dans les quartiers chauds de la périphérie, une parmi d'autres mauvaises habitudes qui se propageaient depuis un moment, qui l'avait fauchée, lui avait fait fuir la ville aux trois collines. Elle avait eu de la chance avec le Télégramme puisqu'elle savourait toujours la Saône ; le Rhône lui manquait parfois...

Catherine n'avait toujours pas envie de parler ; surtout pas de commenter ce fait nouveau, à savoir que Renaud les avait enfin pris au sérieux. Le téléphone de Marini grelotta dans la poche de son blouson.

« C'est le boss... jeta la jeune policière avant de décrocher. Bonjour patron. »

Catherine distinguait les paroles de Renaud, venues tout droit de Francfort.

« Vous êtes toujours sur Gauthier ? était-il vivement en train de questionner sa subalterne.

– Mieux que ça, se fendit Marini. Je suis en sa compagnie. »

Un court mais pesant silence à l'autre bout des ondes lui fit faire une grimace, que Catherine ne manqua pas de relever. La voix reprit.

« J'espère que vous savez ce que vous faites... Mademoiselle Gauthier, vous m'entendez ? tança Renaud.

– Parfaitement bien.

– Marini, mettez le haut-parleur s'il vous plaît. »

Marini obtempéra, sans un mot et lèvres pincées.

« Bien. Je sais où vous vous trouvez mademoiselle Gauthier. Je sais également que vous êtes au courant de l'issue allemande de notre enquête, tout comme le capitaine Marini. Et, enfin, je crois savoir ce que vous tentez de prévenir en jouant au chien de garde. Je ne peux pas vous en empêcher. Cependant, mademoiselle Gauthier, je vous préviens que si vous vous mêlez d'approcher Cottard de trop près, vous allez entendre parler du pays, et je suis poli. Marini, vous êtes là ?

– Évidemment ! lâcha l'autre, exaspérée.

– Vous gardez le contact avec Bouzit. Et vous ne lâchez pas mademoiselle Gauthier d'une semelle. Je prends l'avion dans une heure. J'espère que c'est clair pour tout le monde. »

Il avait raccroché sans attendre la réponse. Marini resta quelques secondes à ruminer, pétrifiée sur l'écran de son engin. Elle se tourna vers Catherine et lui balança :

« Eh merde !

– Pardon ?

– Qu'est-ce que vous avez fait au boss pour qu'il se mette dans un état pareil ? !

– Je lui ai simplement susurré à l'oreille qu'il se trompait de coupable.

– Vous auriez pu me prévenir..., se renfrogna Marini.

– Secret de l'instruction.

– Vous avez été une super flic, merde ! Accorder un peu de confiance à une ex-collègue, ça vous arracherait la gueule ? On sait tous ce qui vous est arrivé !

– Dites-m'en plus.

– Vous avez été mise en congé après avoir tué un gamin désarmé.

– Ah... Est-ce que vous saviez également qu'on me surnommait "Nitro"' ?

– "Nitro" ?

– "Nitro". Je vous laisse le choix de l'interprétation. »

Marini lui balança un grand sourire moqueur : cette fille lui ressemblait vraiment.

Lorsqu'Anne s'était réveillée, langue de plomb, corps entier courbaturé par l'acide du stress, elle avait pris le temps de contempler Denis, à son tour assoupi sur le fauteuil. Il avait veillé sur elle. Pur et intègre ; ces qualités entre autres qui nourrissaient son amour pour lui. Pureté et intégrité : elle venait justement de les perdre dans le bureau d'un avocat, ce matin même. En l'espace de dix minutes de sidération, elle était devenue une femme qu'elle n'avait jamais connue, ni désiré être : la multitude d'éléments épars dans son corps et son cerveau s'étaient cristallisés d'un coup, étaient devenus ce tout qu'elle ne tentait plus d'éparpiller, une boule de haine vivante comme de l'acier en fusion.

Son sang en charriait, la brûlait littéralement. Il n'y avait qu'une seule issue à cet état : se laisser posséder par le volcan en éruption, le laisser exploser, le magma couler sur ses flancs, détruire tout sur son passage en une longue traîne jusqu'à l'océan qui engloutirait sa violence. Dans leur maison, il y avait un grenier, dans ce grenier il y avait une malle, dans cette malle, des objets abandonnés de leur histoire à tous les deux, et parmi tous ces objets un particulièrement qu'elle avait toujours détesté : un pistolet Ruby, unique et étrange héritage du grand-père résistant de Denis. Anne avait supplié Denis de s'en débarrasser ; Denis l'avait finalement emballé dans sa toile graisseuse avec ses quelques munitions et son chargeur soigneusement vidé, et l'avait remisé dans la malle, loin de la frayeur de sa femme. Un jour, il s'en débarrasserait, promis, mais aller au commissariat rendre une arme qui ne vous appartient pas relève du parcours du combattant. En plus, Denis n'aimait pas particulièrement la police, qui le lui rendait bien. Le Ruby était toujours au fond de la malle. Anne n'y connaissait rien en armes. Elle tenait le pistolet comme on tient une godasse dégoulinant de bouse fraîche, entre deux doigts et loin de son visage. Le Ruby s'avéra gras sous sa paume. Elle s'enhardit à le tenir comme elle l'avait vu faire, crosse au creux de sa main moite, index passé dans la queue de détente. Elle ferma un œil, visa l'ampoule, fit mine de tirer. Puis là, puis là encore, partout... pan, pan, pan... Le Ruby tiédissait dans sa paume. C'était facile. Elle devait juste être attentive à farcir doucement la crosse de son chargeur bien huilé, comme elle le faisait pour le poulet avec les pruneaux ! Denis le lui avait montré, et aussi et surtout comment fixer le cran de sécurité. Anne n'avait plus peur, elle faisait confiance au Ruby terni mais efficace dans son poing.

Le Ruby bien enveloppé dans un foulard au fond de son sac ne pesait rien. Denis dormait encore. Elle décrocha le téléphone.

Paul s'était préparé pour la marée montante. C'était ce phénomène qui lui venait toujours à l'esprit lorsqu'il côtoyait sa femme dans leur appartement. Anne-Marie et son impétueux besoin d'occupations permanentes qui l'encerclait petit à petit, puis le recouvrait comme le petit rocher de la plage de son enfance. Heureusement, il n'était jamais loin du rivage, la mer le submergeait donc peu de temps, le temps qu'elle le lave puis redescende, le laissant ruisselant d'amour.

Elle déballait à cet instant deux cravates neuves et un joli cache-col qu'elle lui avait achetés. Pour cette soirée de clôture, invité d'honneur du Grand Cordon de la Confrérie royale des Gôniots, la cravate de couleur cramoisi serait parfaitement assortie à sa chemise gris sombre finement rayée de bordeaux. Et le cache-col tomberait sur sa veste sans ressembler à la loque dont il s'entourait la gorge pour aller au bureau. Il la laissait faire, homme apaisé. Sa fille avait daigné lâcher un « merci papa », lui avait demandé de la laisser annoncer elle-même la nouvelle aux parents de Carole. Ils avaient discuté du procès qui aurait forcément lieu mais on ne savait quand, puis finalement de tout et de rien, du temps pluvieux comme du temps qui passe quand on ne voit pas grandir les enfants. C'est à sa fille que Pierson avait avoué vouloir achever sa carrière au plus vite, s'il tenait le coup jusqu'au procès. Elle avait eu un drôle de rire au téléphone : « Si tu lâches maman, je te tue. » Voilà. Et Anne-Marie babillait, joyeuse, ravie par la perspective du bal costumé, ignorante de ses projets de retraite comme des spasmes de son muscle cardiaque. Il était heureux, las et reconnaissant. Anne-Marie fit tournoyer devant lui la corolle de sa jolie robe de soie rouge piment, c'était une fleur somptueuse et douce. Elle le pressa d'aller se doucher pour évacuer cette fatigue qui le faisait paraître soudain plus âgé qu'il ne l'était, puis de s'habiller pour le banquet suivi du bal. Il s'exécuta avec gratitude.

Les invités d'honneur du Grand Cordon de la Confrérie des Gôniots étaient inéluctablement puisés parmi les notables et les personnalités de la ville ou de la région. Une redondance parfois bousculée par le passage d'un politique en campagne ou de l'installation récente en ville d'un citoyen de choix, tel le nouveau chef du service de chirurgie de l'hôpital ou le conseiller régional en charge de la Culture... Les Paulin recevaient comme il se doit leur invitation tous les ans. Ils n'avaient jamais manqué un seul gala de clôture, même après le drame : leur courage et leur dignité face à cette épreuve avaient été loués par tous les invités d'honneur, que le couple fréquentait de loin en loin sur les cours de tennis et au yacht-club. Ils étaient connus et appréciés, désormais auréolés de la gloire accordée aux survivants d'un sinistre. Mais Cyd s'arc-boutait ce soir sur son refus : elle n'avait pas envie, elle n'avait plus d'envie, sauf celle de divorcer, comme le lui faisait remarquer amèrement Luc en train de s'étrangler avec son nœud de cravate. Il était à bout de désespoir, de chagrin, d'incompréhension. Si Cyd ne l'accompagnait pas, il n'irait pas. Alors il desserrait sa cravate, la jetait en boule sur le lit où Cyd, assise et silencieuse, observait sa trajectoire titubante entre le dressing, la salle de bains, la chambre et ainsi de suite. Les larmes l'avaient épuisé au point de le rendre beau : elle discernait les rides, les tempes dégarnies, les cheveux gris en bataille, la peau tavelée par endroits de ses mains tremblantes, la petite coupure fraîche du rasoir dans son cou. Il était incontestablement séduisant comme lorsqu'ils s'étaient rencontrés sur les bancs de la faculté de médecine, gauche et grave, la veste toujours boutonnée mardi avec mercredi. Elle le lui rappela, lui rappela qu'elle l'aimait ; elle prit sa main et l'attira vers elle, la posa sur son sein nu sous le peignoir. Elle le désirait plus que tout encore, elle ne désirait pas qu'il meure, elle désirait du temps, et qu'ils prennent ce temps, là, pour faire l'amour. Puis elle l'accompagnerait au gala... Demain, c'était si loin.

Le capitaine Bouzit maudissait cette sale nuit hivernale et la buée sur les vitres de la voiture qui l'empêchaient de faire son boulot de flic. Le suspect Cottard s'était peut-être déjà glissé dehors sans qu'il s'en aperçoive. Cette pensée le rendait nerveux au point qu'il en avait passé son brassard de police. Après tout, Renaud lui avait bien précisé qu'il pouvait jouer au bourrin. Il avait téléphoné depuis l'Allemagne pour donner la consigne de l'alerte maximale sur le suspect. Bouzit baissa la vitre et colla son gyrophare bien en vue sur le toit. Et tiens, prends ça dans les dents si jamais il te vient l'idée de mettre ton nez dehors pour aller chasser la gamine, espèce de taré. Bouzit, à bout de nerfs, alluma la radio, mit le volume à fond. Un quatuor de cordes attrapé sur une onde le calma. Il recala son arme sous son aisselle. Une femme passa sur le trottoir, le visage à l'abri sous la capuche d'un long anorak ruisselant de pluie. Il se sentit con, avec son flingue sous le bras, son brassard fluo et son gyrophare sur le toit, lui qui détestait les abus de pouvoir de toute sorte...

Patricia Louis avait trouvé son adresse : il ne se dissimulait pas, il vivait même au grand jour, son nom inscrit sur les pages blanches d'Internet. Démunie face à cette technologie jeune et arrogante qu'elle ne maîtrisait pas, elle avait fini par le retrouver aussi sur d'autres pages de hasard à l'écran ; Internet, et le monde chavire, devient obscène. Il existait bien, il n'était pas qu'un nom jeté comme une cerise au sommet d'une confession confuse ; il était soudain non seulement l'intolérable évidence d'une erreur de parcours, mais aussi la barbarie qui n'a jamais vraiment cessé d'œuvrer, dissimulée sous des costumes bien coupés et une retraite confortable.

Elle avait été une mère pitoyable, rabotée dès l'enfance par la médiocrité de ses relations au monde entier, lequel se résumait de toute façon à l'appartement familial et au pâté de la cité de Montceau-les-Mines où elle avait vite grandi puis vite épousé un gars de la cité, son premier amant qui l'avait mise enceinte à seize ans. Patricia se sentit glacée : au fond, elle s'était contentée de riens, incapable d'utiliser la chance d'être mère pour, à défaut de l'avoir fait pour elle-même, faire au moins germer du rêve dans la tête de ses deux filles. Elle n'avait pas aidé Vanessa, elle n'aidait pas sa cadette, qui se débattait seule pour trouver une issue dans le marigot des orientations professionnelles toutes tracées. C'était comme si, depuis toute petite, elle n'attendait que sa retraite qui la ramènerait dans un EHPAD de Montceau-les-Mines. Et il lui semblait que dans ce vaste et interminable entre-deux, cette temporalité entre naissance et mort, elle n'avait vécu que l'attente de sa fin. Née au bout du rouleau, fille sans passion, ternie déjà avant le mariage et les enfants. Aucune question n'avait jamais percé son cerveau engourdi. Elle savait compter, elle savait lire, elle savait cuisiner et tenir une maison, elle savait travailler dur. D'aussi profondément qu'elle fouillait sa mémoire à cet instant, elle ne se rappelait aucun éclat de rire. Si, un jour, elle devait avoir dans les six ans, lorsque son frère aîné, alors âgé de douze ans, avait essayé de toucher les seins de la voisine de palier, qui s'habillait comme une femme du haut de ses quatorze ans. Il avait pris une baffe monumentale, ce petit con de frère qui la harcelait, lui tirait les cheveux, se masturbait toutes les nuits sous ses draps, dans la chambre où ils étaient trois gamins à dormir. Ah oui, elle avait ri de le voir suffoquer, elle avait exulté devant son indignation. La jolie voisine avait hurlé partout que le petit con du quatrième se prenait pour un homme, ce minable avec sa nouille de bébé moche comme un pou. Qu'est-ce qu'elle avait ri... avant de se prendre un retour de branlée mémorable par le petit con. Patricia réalisa qu'elle n'avait ri que lorsque les autres prenaient des baffes. Pire : ça faisait donc plus de quarante ans qu'elle n'avait pas ri.

Vanessa riait beaucoup, entre deux crises d'insatisfaction rageuse. Chaque jour, cris et rires, si nombreux, si imprévisibles, si fatigants. Bébé déjà. Jusqu'à sa mort. Vanessa, au cours des dernières semaines de sa vie, avait davantage ri que hurlé. À l'époque, la mère et la petite sœur avaient vécu cette accalmie comme un baume sur une plaie, traversées néanmoins par des éclairs de crainte : le moindre mot, le moindre regard pouvait déclencher de nouveau la hargne. Ni l'une ni l'autre ne s'était posé la moindre question. Aujourd'hui, Patricia se rappelait avoir, un soir où elle était rentrée du travail plus tôt, avancé à pas feutrés dans le couloir. La porte de la chambre des filles était entrebâillée. Elle avait vu Vanessa danser en chantonnant devant le miroir. « Tu vas m'emmener loin, mon amour, mon Nounours adoré, tu vas me faire princesse, et je vais faire chavirer ton cœur, mon gros Nounours, tu m'offres des fleurs... » Elle avait retenu un soupir de soulagement trop bruyant, s'était retirée sur la pointe des pieds dans la cuisine sans même oser faire s'entrechoquer de casseroles pour préparer le dîner. Cet instant de grâce volé à leur quotidien harassant était remonté brutalement à la surface au moment où Anne Grollay avait murmuré le surnom de son demi-frère, « Nounours ». Aucune mère ne méritait de continuer à vivre après une négligence aussi criminelle. Elle savait ce qui lui restait à faire. Elle emprunta le vieux scooter de sa fille, fila sous la pluie battante jusqu'au quartier où il vivait, gara le deux-roues entre deux voitures, et repéra les alentours. C'est là qu'elle vit la voiture du flic postée juste devant le porche de son immeuble, gyrophare sur le toit, brassard « police » au bras de son occupant. Tout concordait. Les violons qui s'échappaient de la voiture dégoulinaient de beauté sombre comme une histoire qui finit mal... et ça tombait bien, car ce serait elle qui inscrirait le mot « fin ».

Yves était resté pétrifié dans son fauteuil un temps infini après avoir entendu la voix de sa sœur dans le combiné. Anne avait simplement demandé à le voir ce soir. Il avait décliné, déjà pris par le gala de clôture de la Confrérie. Il serait tout à sa disposition demain. Elle avait abrégé la conversation sur une brève hésitation avant de lui confirmer qu'elle viendrait le voir chez lui, le lendemain. Il avait toujours su qu'il l'aimait plus qu'elle ne l'aimait. Elle était la déesse de chair et de sang au cœur du culte qu'il vouait à la famille idéale, recomposée grâce à la naissance tardive de cette enfant douée pour le bonheur. Il l'avait regardée grandir, gagner en lumière, en irrésistible effronterie dressée contre la perfection parentale ; il n'avait su que gémir et quémander alors qu'elle avait dansé par-dessus le champ de bataille. De toutes les batailles, car à cet instant il eut la certitude qu'elle était en train de remporter la plus noire et la plus longue des guerres, de celles qui déchirent la terre pour n'y enfouir que des cadavres et des chagrins, de celles qui teintent l'eau des sources en rouge sang pour les siècles à venir. Il était lui-même le fruit d'une guerre, expulsé du ventre de sa mère dans le sang et le mépris, puis savamment instruit de son infortune tout au long de sa vie pitoyable. De la guerre naît le désastre, un axiome contre lequel il ne s'était jamais dressé. Ainsi de ses amours sans cesse belliqueuses, de ses aspirations trop grandes pour lui, rêvées jamais touchées. À cet instant donc, alors qu'il avait patiemment détruit non seulement sa vie mais aussi celle de la femme idole qu'il ne tiendrait jamais dans ses bras, Anne, sa demi-sœur, son aimée de songes, il ne s'inquiéta pas des autres mères qu'il avait également brisées, non, car il avait simplement été le jouet de circonstances fâcheuses : c'était lui, la victime, lui qu'elles avaient poussé par leur mépris à se rebeller, à les frapper pour les faire taire. Il n'était coupable que de la mauvaise gestion de ses émotions, d'avoir trop aimé. D'avoir donné son cœur et sa confiance, d'avoir été trahi en retour, repoussé, avec ce dédain qui rend fou, qui noircit le cerveau et jusqu'à leur beauté même, qui devient insupportable à en crever parce qu'elles ne veulent pas l'aimer, lui, leur ombre, leur chose. L'évocation des salopes le fit trembler d'une rage encore fraîche, les poings serrés prêts à cogner pour qu'elles se taisent et l'écoutent, mais elles n'avaient pas voulu, elles l'avaient traité de dément – Anne-Angélique, qui avait tenté la raison –, de taré, de connard – cette petite pute de Vanessa –, puis avaient hurlé, ouvrant grand ces bouches de fruits rouges qu'il voulait dévorer.

Il n'avait pleuré que pour Juliette. L'accident, car c'était ainsi qu'il qualifiait son martyre, était dû à cette journée désastreuse, alcoolisée, commencée par l'implosion de « son » usine Kodak, continuée dans les bars, vomie à l'Osiris, achevée avec le corps pantelant de sa nièce adorée sur le siège passager de sa voiture. C'était la faute du destin, qui l'avait placée en plein dans les phares de sa voiture, alors qu'elle revenait de chez une amie et qu'il rentrait chez lui pour oublier ses défaites. Certes, il avait trop bu. D'ailleurs il ne gardait aucun souvenir des derniers instants avec Juliette alors qu'elle était montée dans sa voiture pour qu'il la raccompagne, sauf celui d'un désir brutal pour cette réplique d'Anne, éblouissante de beauté et de lumière. Elle l'avait giflé, puis ç'avait été le trou noir. Comme pour les autres. Jusqu'à aujourd'hui.

Devant le miroir en pied de sa chambre, dans sa tunique rouge d'aspirant chevalier de la Confrérie gôniotique, il avait beau s'accrocher à l'idée que, ce soir, il quitterait le Grand Cordon pour être intronisé dans le corps des Chevaliers, il sentait que ses ambitions de notabilité et de respectabilité en resteraient là à jamais, comme ses amours. Le nœud coulant avec lequel il vivait autour de son cou depuis des années s'était resserré d'un cran depuis la visite du commissaire Renaud à l'aube. Cet homme n'avait aligné que des hypothèses, sans aucune preuve, mais Yves avait pris la hargne tranquille du flic en pleine gueule. Ce type irait jusqu'au bout, jusqu'à sa mort. Il ferait de la vie de son présumé coupable un état d'urgence policier sans fin, avec guet, filature, espionnage, un quotidien d'infraction permanente, arrêté pour un oui ou pour un non. Yves était prêt, car il ne regrettait rien, sauf cette mitre dorée à quatre pointes qu'il sentait lui échapper. S'enfuir, c'était donner corps aux soupçons. De plus, il se sentait profondément las, avec cette éternelle gueule de bois qu'il traînait depuis toutes ces années. Pas ce soir qu'elle cesserait. Et si Renaud lui avait demandé, à cette seconde précise où il contemplait son reflet costumé dans le miroir, s'il avait tué, son pugnace instinct de chasseur primate aurait été anéanti : oui, il avait tué, Anne-Angélique et Vanessa. Juliette aussi, mais par accident. Renaud n'était pas dans le miroir, sa faiblesse fugace. Il se sentit prêt à fondre sur le buffet du gala, à engloutir tel un ogre pâtés, viandes, fromages et bons vins ; il était affamé.

Denis l'avait surprise alors qu'elle enfilait son manteau, déjà chaussée, sac sur la commode de l'entrée. Elle pensait qu'il dormait.

« Je ne sais pas où tu vas, mais je viens avec toi. »

Elle n'eut pas le temps de répondre que déjà il avait dépendu son blouson du portemanteau et raflé sous son nez les clefs de la voiture. Elle suffoqua. Il n'avait pas le droit d'être là, il ne devait pas exister dans son programme de la soirée, elle l'en avait chassé, convaincue de son infinie et trop large tendresse pour l'humanité même la plus pourrie, convaincue de son inutilité à ses côtés.

« Et si je ne veux pas. Si j'ai besoin de me retrouver seule, si j'ai besoin que tu me fiches la paix ! »

Elle avait crié sur le mot « paix ». Elle s'en foutait, c'était fini ou presque, elle ne pouvait plus être sa femme. Elle seule savait ce qu'elle était devenue, et encore, elle n'était pas au bout de sa mue. Il se cala le dos contre la porte d'entrée, paisible et imposant comme un cadavre.

« Je sais être invisible. Je t'emmène où tu veux, et puis je t'attends le temps que tu veux. La nuit entière si tu en as besoin. Ça m'est égal. Je suis patient, aussi. »

C'est lui qui ouvrit la porte, et l'invita à sortir.

Alors que la voiture du couple s'engageait sur la route du centre-ville, Catherine, Marini à ses côtés, les prit en filature. Ni l'une ni l'autre n'avait fini de mâcher le silence. La pluie s'épaissit encore, rythme rageur sur la carrosserie, crispante, comme l'attente. Il faisait nuit depuis une heure.

À 19 heures, Bouzit vit presque avec soulagement ses tourments prendre corps : la silhouette de son suspect s'encadra sous la grande porte cochère et fila sous la pluie battante jusqu'à une grosse berline garée à quelques mètres de là. Cottard, parapluie sous le bras, portait un sac léger mais assez volumineux qu'il déposa précautionneusement sur le siège passager, alors que, sous le pardessus, un pan de tunique rouge dépassait. Fi des atermoiements, fi des réflexions philosophiques... Bouzit redevint instantanément un OPJ consciencieux, attendit que la voiture de Cottard quitte le trottoir et engagea son véhicule à sa suite. Il avait auparavant ôté le gyrophare, que l'autre ne semblait même pas avoir vu ! Un scooter démarra dans la foulée derrière lui, maladroitement guidé par une femme, lui sembla-t-il. Puis il se concentra sur sa fausse filature, collant au train de la voiture du suspect sans chercher à se dissimuler au cœur d'une circulation de toute façon asthmatique, dans une ville balayée par les bourrasques, aux piétons disparus dans des refuges plus accueillants. Le trajet fut si court que Bouzit jura : prendre sa bagnole pour se retrouver à la salle Marcel-Sembat, c'était du foutage de gueule ! Le parking commençait à se remplir, et Bouzit, toujours maugréant, se gara à son tour. Clôture de carnaval, réception de la Confrérie des Gôniots, bal costumé et buffet sous la grande halle, il n'avait rien d'un clown pour la parade ! Les ordres de Renaud étaient clairs. Alors il courba l'échine sous les trombes d'eau, faillit se faire rentrer dedans par un scooter qui l'éclaboussa jusqu'aux genoux de pantalon, et fila dans les pas d'un Cottard pressé par la pluie, qui sautillait lourdement par-dessus les flaques jusqu'à une entrée réservée de la halle, déjà embouteillée par une foule costumée de gôniots : un gôniot à marquer à la culotte au milieu d'une marée de tuniques rouges toutes identiques, et lui, en jean et blouson trempés, avec marqué flic arabe sur le front, c'était pas son jour... Par chance, les gôniots ne portaient pas de masques.

« Rentre à la maison, je t'en supplie. Je me débrouillerai... »

Denis contemplait la halle violemment illuminée, la petite cohorte de voitures qui emplissait peu à peu le parking, les ombres brouillées par le rideau de pluie qui se précipitaient vers les portes, l'eau qui giclait des gouttières, formait des ruisseaux sur le bitume, des bouillons agités débordant les caniveaux. Il retint Anne.

« Je fais comme je te l'ai dit. Je t'attends.

– Ça ne sert à rien. C'est une soirée.

– Tu as un ticket pour entrer là-dedans ?

– Je suis invitée.

– Content de l'apprendre...

– Pas de scène, s'il te plaît.

– Je m'étonne, simplement.

– Yves m'a téléphoné. Il m'a dit que ça me changerait les idées.

– Il n'a pas pensé que tu avais un mari ?

– ... Il n'avait qu'une place. Il me raccompagnera à la maison.

– Et tu n'as pas de costume pour le bal ? eut-il encore le courage de s'étonner.

– Pas besoin. Yves me prêtera une tunique... rouge », haleta-t-elle, alors que, dans un mouvement inattendu, elle saisissait le visage de son homme à pleines mains, et l'embrassait brutalement.

Denis la vit se jeter sous la pluie, suffoqué par ce baiser, excessif comme un adieu. Incontestablement dangereux. En une seconde, il comprit la perte irrémédiable, la part démesurée de folie, et un effroi glacial le saisit, contre lequel il ne vit aucune autre issue que l'action : la rattraper, la prendre dans ses bras, l'enlacer, l'emmener loin de cette ville et de cette nuit furieuse, la traîner de force ailleurs si cela s'avérait nécessaire...

L'une et l'autre avaient senti le choc du baiser entre les deux têtes en ombres chinoises incrustées dans la lunette arrière de la voiture des Grollay. Marini brisa son amertume et leur concentration inquiète par un léger chuintement qui se voulait sifflement surpris :

« Ça ne tourne pas rond. Merde… elle se tire ! reprit-elle, alors qu'Anne Grollay s'éloignait en courant vers la halle. J'y crois pas, elle va au bal costumé ? !

– Eh oui ! C'est la fête aux gôniots… Je vous laisse la voiture », répondit Gauthier.

Marini ouvrit la bouche pour s'insurger, mais Catherine avait déjà un pied dehors.

« Donnez-moi le temps d'appeler Bouzit…

– Pas le temps. Y a le mari à surveiller aussi. Vous savez où me trouver… »

Denis Grollay manœuvrait déjà pour repartir. La portière claqua sur Gauthier, un conducteur impatient se mit à klaxonner derrière. La voiture de Grollay se dirigeait maintenant vers le parking. Marini pesta, dégaina son portefeuille avec sa brême, et se rua hors de l'habitacle, pour le coller, dégoulinant, sous le nez de l'impatient connard.

« T'es pressé ? On est samedi soir, t'as tout le temps de faire la fête… Circule, maintenant. »

Catherine Gauthier avait disparu, au loin les feux arrière de la voiture de Denis Grollay s'effaçaient dans l'allée du parking… Marini se mit au volant de la voiture de Gauthier, qui tournait toujours, et sortit son téléphone. Trempée de la tête aux pieds, écran trempé, nez qui coule, cheveux dans les yeux, réponds, merde !

« T'es où ?

– J'allais t'appeler.

– T'es où ? !

– Marcel-Sembat. Le bal masqué. La merde quoi, grinça Bouzit. Et toi ? »

Marini resta une seconde stupéfaite, incapable d'additionner les faits disparates qui s'amoncelaient en un mur de brouillard devant elle.

« Et toi, t'es où ? beugla Bouzit.

– Marcel-Sembat, pareil. On se retrouve dedans. J'appelle Renaud. »

Elle avait compris. Elle coupa avant les questions.

Cyd se sentait délicieusement aérienne, légère comme une bulle de la coupe de champagne qu'elle avait acceptée. Luc ne la quittait pas des yeux, à vif et à nu elle le savait sous l'aisance affichée, alors qu'il se pliait tout autant qu'elle aux rites en usage dans leur milieu et en une telle circonstance : sourire, serrer les mains ou embrasser selon le degré de proximité des connaissances, accorder à chacun la touche d'attention naturellement dosée pour ne pas troubler par un geste trop vif l'accord parfait de ce cérémonial intemporel. Elle sentait les regards étonnés, pensifs des femmes, curieux des hommes sur elle, éblouissante revenante de chair et d'os échappée du monde des morts. Elle savait simplement ceci : oui, elle était en vie, la savourait paisiblement de tout son corps et de tous ses sens comme on explore un jardin extraordinaire et inconnu, où la beauté explose jusqu'à l'aveuglement de la jouissance. Faire l'amour avec Luc avait pour elle scellé ce nouvel état, cette puissance exaltante du dépouillement extrême qu'elle découvrait, enfin débarrassée du poids du chagrin et des responsabilités d'une vie tout entière. Luc ne pouvait pas comprendre ce qui l'habitait, et c'était normal car elle-même avait ignoré jusqu'à ce jour qu'elle pouvait être une autre femme, inconnue de tous, jaillie telle une fleur sur un arbre mort. Les invités sans costumes de gôniots étaient largement noyés dans l'océan de soie rouge des toges, couleur déclinée par ailleurs sur tous les tons et par tous les invités confondus. Elle-même avait choisi une robe d'un pourpre profond pour ne pas déroger au thème en vigueur pour la soirée. Un homme surgit à ses côtés, saisit sa main avec chaleur avant qu'elle le reconnaisse enfin : Maître Pierson, regard incisif, bienveillant.

« Madame Paulin. Je ne pensais pas vous croiser ici. Je vous présente ma femme, Anne-Marie.

– Enchantée, gazouilla l'épouse radieuse de l'avocat.

– Ravie de vous rencontrer », répondit machinalement Cyd, surprise.

Cette femme était d'une grande finesse, remarqua Cyd, car en deux coups d'œil celle-ci avait parfaitement apprécié la situation, et lui confiait poliment son mari pour aller retrouver des amis qu'elle n'avait encore pu saluer. Pierson avait l'air épuisé tandis qu'il s'inquiétait de son propre état...

« Sidonie, votre présence ici me rassure. Je craignais que notre discussion de ce matin vous ait trop affectée.

– C'était très violent. Pour vous aussi manifestement..., ne put-elle s'empêcher.

– Une crise incontournable. Je suis moi-même démonté par la rapidité des événements, c'est exact. Je ne devrais d'ailleurs pas vous faire cet aveu de faiblesse...

– Je ne sais comment vous remercier, Maître.

– De quoi ? s'étonna l'homme de robe.

– De votre soutien. De votre implication. De vos compétences également.

– Je transmettrai à ma collaboratrice. Protégez-vous, Sidonie. Tout ne fait que commencer... »

Pierson la laissa en tâchant de refouler le malaise réveillé par la brève contemplation de son visage aux traits de madone épanouie, totalement à côté de la plaque et à surveiller comme du lait sur le feu, en conclut-il. Sans compter Anne-Marie, qui jouait l'enjouement à la perfection auprès de leurs amis là-bas, mais qui, il le savait, le sondait jusque dans ses entrailles. Quelle journée, et si longue serait la soirée... Son cœur se crispa alors qu'il relevait le passage vite avalé par la foule d'une silhouette familière. Si c'était elle, qu'est-ce qu'elle foutait ici ? À cet instant, les portes de la grande salle de spectacle, jusque-là closes pour abriter les invités de choix, s'ouvrirent et la musique de la fanfare installée sur la scène éclata. La foule des spectateurs avec ticket, maquillés, costumés, cotillonnés jusqu'au bout des ongles, se leva d'un bloc dans la fosse préparée pour le buffet et le bal, et se mit à hurler, tandis que certains notables desserraient déjà la cravate pour se jeter dans la liesse. Pierson rejoignit Anne-Marie tant bien que mal.

« Tu veux rentrer ? lui dit-elle sans dissimuler que c'était visiblement ce qu'elle souhaitait pour son mari.

– Peux pas. Pas maintenant. Il faut que je vérifie quelque chose... Tu m'attends là ?

– Je vais rester avec les Moretti. Ils ont réservé une table. Tu nous trouveras bien.

– Merci chérie. Je fais le plus vite possible. Et arrête de te faire du souci. Je vais bien... »

Il l'enlaça, saisissant sa taille, y attardant sa caresse, imprégnant ses mains de cette partie de son corps tendre. Elle était renversante ce soir, encore plus que d'habitude, il le lui souffla au creux de l'oreille avant de tourner les talons, de nouveau tenaillé par l'angoisse et l'urgence.

Encore ce boucan infernal, toujours cette foule suffocante, en pire, bruit, corps et odeurs emprisonnés sous le dôme d'une salle de spectacle. Catherine se faufilait comme elle le pouvait, tocsin plein la tête, tâchant d'accrocher dans la masse compacte et houleuse un bout d'anorak sombre ou la pâleur d'un visage sans maquillage. Marini devait maintenant elle aussi être quelque part dans la foule à les chercher, elle et Anne Grollay. À moins qu'elle n'eût choisi de surveiller le mari... ce n'était pas impossible, mais c'était un choix cornélien, surtout pour quelqu'un qui n'a pas toutes les cartes en main, et qui ne peut donc se fier qu'à son instinct.

Catherine maudit ce putain de secret des affaires qui l'avait laissée muette tandis que Marini l'interrogeait. Et maintenant, elle se retrouvait seule devant cette énorme évidence : Anne chassait son frère, gôniot parmi les gôniots. Il n'y avait plus qu'à espérer que Marini jauge efficacement et très rapidement la situation.

Patricia était entrée tout naturellement par les cuisines, sans aucun obstacle sur son passage, pas même un regard soupçonneux. Rien n'aurait pu l'arrêter quoi qu'il en fût : un char d'assaut tranquille, qui sait où il va et ce qu'il a à faire, personne ne se met en travers de sa route. Personne ne la vit non plus saisir dans la volée de sa trajectoire ce couteau de cuisine qui brillait nonchalamment sur une paillasse entre deux rôtis de bœuf fumants, déjà teinté de rouge sang, c'était un signe. Ce n'était pas un bœuf dans lequel elle enfoncerait la lame, c'était un porc, qu'elle saignerait comme tel, et puis elle lui cracherait dessus en le regardant droit dans les yeux pendant qu'il mourrait en se tortillant dans d'atroces souffrances, en pissant et en chiant sous lui. Cette pensée la calma d'un seul coup. D'abord lui mettre la main dessus. Déguisé ou non, elle le reconnaîtrait tout de suite, car son visage était imprégné sur ses rétines quasiment au fer rouge. Il resterait son cauchemar jusqu'à sa propre mort, mais qu'importait, puisqu'elle s'apprêtait à devenir également le sien... La folie de la fête mugissait derrière les portes, qu'elle n'avait plus qu'à pousser pour y pénétrer, ce qu'elle fit sans avoir un seul instant ralenti son pas, recevant la clameur violente qui l'accueillit comme un honneur à sa vaillance pour le combat jusqu'à la mort qu'elle s'apprêtait à livrer. À la vue des costumes et des coiffures de la foule, elle se rappela soudain que les Romains étaient le clou de ce carnaval, et ça la fit ricaner intérieurement : elle, elle était le gladiateur, celui qui s'apprêtait à renverser cul par-dessus tête l'équilibre de la bonne société romaine en éventrant un de ses nantis suffisants en toge. Et le seul souvenir de Jules César qu'elle avait gardé de ses leçons d'histoire à l'école lui revint aux lèvres, qu'elle tendit en un sourire prometteur : *alea jacta est.*

Elle abandonna son gros manteau d'hiver en tas dans le recoin du local à poubelles, remit quelques mèches en place avant d'ouvrir son sac pour une ultime vérification : il était bien là, comme un cadeau enrubanné dans le foulard. Le sac en bandoulière, elle profita d'une porte de secours laissée entrouverte, « excusez-moi, je suis sortie prendre l'air », puis se jeta dans la cohue sans attendre la moindre réponse. Denis n'avait pas eu le temps de remarquer qu'elle portait sous le manteau sa jolie robe de maille rouge, dont le corsage en cache-cœur, à l'échancrure parfaite, dessinait ses petits seins jusqu'à la limite de son soutien-gorge ; elle agrippa le médaillon niché au creux de sa poitrine, le porta à ses lèvres en prière superstitieuse, ce bijou qu'on lui avait rendu après avoir retrouvé son corps, à la chaîne intacte alors que ses vertèbres avaient été brisées, ce pendentif au couple de colombes stylisées. Elle allait rendre dans le sang ce cadeau fait à Juliette par son propre assassin. Au-dessus des heaumes, des faux chignons à diadèmes, des perruques diaboliquement hirsutes et des chapeaux bigarrés, elle vit un attroupement de mitres se dandiner, plus hautes et imposantes que tous les couvre-chefs du bal : la Confrérie faisait savoir qu'elle menait le carnaval... Et lui ne pouvait être que dans leur sillage, comme un chien.

Bouzit n'avait compris qu'une chose au téléphone : Marini le rejoindrait dans la halle. D'accord, mais avant qu'elle le déniche dans ce tourbillon de corps pressés les uns contre les autres, il aurait perdu de vue son suspect. D'ailleurs, le temps qu'il réponde à sa collègue, qu'il détourne le regard une seconde, l'autre s'était fait avaler par le monstre vivant qui faisait éclater même les portes de la grande salle. Bouzit se jeta dans la mêlée, n'osant pas encore exhiber son insigne de flic alors que sa filature tournait en eau de boudin, et, allez savoir pourquoi, Marini lui avait inoculé la panique qu'il avait sentie dans sa voix. Il pouvait voir la catastrophe lui arriver droit dessus : si sa collègue se trouvait au même endroit que lui, ça ne pouvait signifier que des emmerdes à gérer et régler dans l'urgence. Il se sentit soudain bien seul et frêle dans le ventre du monstre carnaval, tandis qu'il se laissait ballotter, bousculer par les contractions de la foule, tâchant de maintenir sa trajectoire jusqu'aux mitres de la Confrérie gôniotique, loin là-bas. S'il parvenait jusque-là, il stopperait tout ce cirque en dégainant la brême. Et il se ligoterait à Cottard avec sa paire de menottes. L'autre pourrait même continuer à faire la fête s'il le souhaitait, mais avec un boulet nommé Bouzit.

Denis avait l'impression d'avaler du soufre en barre, étouffé qu'il était par cette haleine brûlante d'œuf pourri charriée par la bouche du volcan humain qui l'engloutissait. L'ami qui l'avait laissé entrer n'avait pas vu Anne. Tellement de monde ! Alors Denis s'accrochait à la blondeur sans pareille de sa femme parmi les visages qu'il parvenait à distinguer sur son passage. Il n'avait que ce repère en tête : elle n'était pas maquillée, elle n'avait ni chapeau ni perruque, elle avait simplement mentionné une toge rouge... Mais tout était rouge, trop écarlate. Il lui était impossible de renoncer, de refluer et d'attendre prostré durant des heures dans sa voiture ou chez eux, dans l'espoir d'un hypothétique retour à la raison qu'elle avait perdue. Acculé contre un pilier, il reprit des forces et se jeta dans la mêlée en jouant des coudes.

Luc voulait partir. Cela faisait une heure qu'il lançait à la dérobée des regards suppliants à Cyd, laquelle, légèrement ivre, contemplait la liesse, concoctant derrière un sourire rêveur sa panoplie de voyageuse solitaire jusque sur le toit du monde ; elle avait décidé d'aller danser sur les hauts plateaux tibétains, toucher l'Himalaya. Le visage d'une jolie femme frêle entraperçu à la volée lui rappela qu'elle n'était pas encore calée dans le siège d'un avion au-dessus des nuages : Anne Grollay avait donc eu le courage d'assister au bal malgré ses tourments. Elle quitta son poste, tâchant de la pister au détour des groupes compacts ; Cyd envisageait à cet instant de lui exprimer sa sympathie, de lui raconter ses projets. Elle la repéra, blême, immatérielle au mitan d'une foule qui la bousculait tandis que, figée, elle dépeçait du regard une troupe de gôniots près du buffet... Cyd frissonna.

Catherine avait rapidement cessé de chercher Anne. La proie de cette dernière, Yves Cottard, était maintenant à sa portée, à quelques mètres, accroché à un bout de buffet, banal gôniot parmi ses congénères, mitre fièrement arborée. Catherine s'arrima à son tour à un bout du buffet, entre deux assoiffés, bloc inamovible malgré les coups d'œil agacés car elle ne buvait rien, elle ne mangeait rien et occupait une place convoitée par trop de fêtards. Cottard semblait avoir jeté l'ancre également, tout comme ses camarades, verre à la main, blagues aux lèvres... mais yeux très mobiles, regard agité en alerte, releva-t-elle. Il avait le visage en sueur, comme ses congénères. Cottard fixé, Catherine reporta son attention sur la masse palpitante de la foule. Anne Grollay, si frêle, ne pourrait en jaillir que par-dessous... C'est alors qu'elle sentit que le ballet ordonné des serveurs de l'autre côté de la longue rangée de tables était soudain troublé. Elle n'eut pas le temps de réaliser ce qu'il se passait qu'une table fut renversée, et ce qui lui sembla comme un animal de bestiaire monstrueux s'abattit sur Cottard. La foule n'avait rien vu, rien entendu. Quelques membres du personnel s'étaient pétrifiés devant la tempête affolée, tourbillonnante, des toges rouges qui s'était levée. Du cœur de ce maelström, un hurlement lui parvint. Une plainte de bête plutôt. Et le temps qu'elle pousse, torde les bras, bouscule les ignorants à la fête, Anne se tenait déjà au premier rang, levant calmement une arme rivée à son poing, ajustant son tir sur Cottard, hébété, qui se tenait la poitrine d'une main ensanglantée. Par terre, Patricia Louis, maintenue par trois gôniots débraillés, parvenait encore à agiter son couteau de boucher, feulant sa haine d'animal blessé. Catherine fut happée par un reflux de la bousculade. Elle cria : « Anne ! », mais d'autres cris, d'ivresse hystérique, noyèrent le sien. Elle allait tomber, être piétinée, lorsqu'une main l'attrapa par le col, et la redressa. Pierson lui faisait face, mugissant dans son oreille :

« Mais qu'est-ce qu'il se passe, bon sang ? ! »

Denis n'avait rien vu. Il avait simplement senti un courant puissant le maintenir hors d'un cercle de gôniots qu'il s'apprêtait à pénétrer. L'agitation à cet instant n'était pas festive. Il reconnut la houle de l'émeute qui se lève, força les dos, frappa même, et se retrouva soudain face à sa femme, et à la gueule d'un pistolet. Un calme qu'il n'avait jamais ressenti dans sa vie l'enveloppa : ils étaient seuls, elle et lui, et même si elle semblait ignorer sa présence comme l'incendie autour d'eux, il sut en un coup d'œil ce qu'elle était venue chercher. Son frère. Il sut ce qu'elle avait appris, ce qu'elle avait compris, ce qui l'avait détruite plus encore que la disparition de Juliette. Il était transparent à ses yeux. Alors il s'interposa entre Yves et Anne, ouvrit grand ses bras et saisit sa femme, l'abrita de son corps tout entier, son ventre, sa poitrine, son cœur en suspens avec le sien. C'est fini, amour.

Efface ces rivières de sang dont tu rêves, pense à moi, aime-moi, frappe-moi, crie pour me dire que tu vis. Elle enfouit un gémissement dans son pull, et il respira enfin.

Au sol, une femme inconnue et aux yeux fous hurlait et bavait. « Je vais te tuer, sale porc, je vais te tuer, j'aurai ta peau. Assassin. » Il fallait être proche comme il l'était pour comprendre ce qu'elle crachait, visage écrasé par un genou, le corps agité de spasmes déments. Des ordres fusaient : « Appelez la police. Le SAMU aussi. Tout va bien, tout va bien. Pas de panique. » Il entendit encore : « Je vais te crever, salopard. Je vais te faire ce que tu as fait à ma fille. » Le poing d'Anne se desserra. Il vit alors ce qu'elle gardait en son creux : le médaillon aux colombes enlacées. Une vague rouge l'ensevelit, lourde comme du sang. Il prit le pistolet qui pendait au bout du bras de sa femme.

Marini tenta de dégainer, mais Bouzit, qu'elle venait d'entrapercevoir à quelques mètres, avait été plus rapide : il tenait son arme à bout de bras, très réglementaire comme toujours, alors qu'elle s'ébrouait pour écarter la foule et les pans de son lourd anorak. Derrière le buffet, c'était maintenant la panique. Les serveuses se terraient sous les tables en hurlant, d'autres s'enfuyaient sous les regards surpris des convives... La fête prenait des allures de foire d'empoigne, avec des dégomme-tout comme seule attraction. La foule serait bientôt incontrôlable. Elle se mit à harceler son voisinage, qui lui dissimulait maintenant la scène. « Dégagez, dégagez, police, dégagez, couchez-vous... » Rires ou stupeur, mais personne ne bougea. Une salve de coups de feu la cueillit à l'estomac. Merde. Il avait tiré.

Denis avait levé le Ruby, si lentement, si paisiblement qu'il n'affola personne. Yves ne le quittait pas des yeux, indifférent à l'arme pointée sur lui. Tout était en train d'être dit, les suppliques comme les aveux silencieux. Le Ruby ne tremblait pas, sa gueule semblant trancher son ventre, puis sa poitrine, puis sa tête, pour finir tendue vers le plafond de la halle. Là seulement il cracha. Denis vida le chargeur entier, pressions, détonations. Huit balles. Pas un luminaire de touché. Alors seulement il laissa tomber le Ruby à terre. Un policier venait de surgir, lui aussi armé. Denis leva les bras pour montrer ses mains vides, puis reprit sa femme dans ses bras, enfouit son visage dans sa blondeur. La foule s'était pétrifiée ; la panique éclata. Des sirènes stridentes se mêlèrent aux cris de peur, à la bousculade.

Luc attrapa Cyd par le bras et voulut la traîner vers une issue de secours déjà encombrée par une multitude de fêtards dessaoulés, foulant cotillons et nourriture abandonnée, passant presque sur le corps d'une femme qui venait de glisser à terre. Luc ne voyait que le spectacle de cette crise de démence collective ; Luc n'avait rien vu, contrairement à elle. Elle se dégagea brusquement de son emprise et fut en quelques pas auprès de l'homme blessé. Sa toge rouge épongeait la tache de sang. Il était choqué, s'affaissa doucement le long d'une table indemne. Elle s'agenouilla auprès de lui, le dévisagea longuement, avec une telle intensité que l'homme sembla soudain saisi par la peur, retrouvant un brin de vitalité. Il ouvrit la bouche pour hurler, sembla-t-il à Cyd. Alors elle le gifla, d'un coup à lui démonter la tête, lui faisant ravaler son cri. Puis elle crocheta son visage pour qu'il la regarde, imprimant de toutes ses forces ses ongles dans la chair de ses joues bouffies. Elle siffla : « Bonsoir Nounours. Vous ne savez pas encore ce qu'est l'enfer. Moi si. Vous réclamerez la mort, mais j'espère que vous vivrez longtemps, très longtemps. » Luc s'agenouillait à ses côtés, calme et méthodique devant l'urgence. « C'est toi le médecin, continua-t-elle. Je te laisse le soin de sauver l'assassin de ma fille. » En une pirouette elle avait disparu.

Chapitre 67

Dimanche 10 mars 2013

Elle passa à côté de deux infirmières qui fumaient leurs cigarettes en grelottant sous la rotonde de l'entrée des urgences. L'eau du ciel tombait toujours à torrents. Elle s'arrêta sous la pluie, leva son visage vers le soleil invisible, et ferma les yeux, attendant patiemment que la fatigue lui tombe sur le corps, que les gouttes épaisses diluent la nuit. C'était doux, et tendre. La douche n'était pas si froide.

Les pompiers, le SAMU, les flics… tout le monde avait fait son boulot. La ville entière pouvait bien désormais prendre offense, c'était terminé. Ils étaient deux à avoir établi leurs quartiers dans des chambres d'hôpital : Patricia Louis, épaule démise, main lacérée, visage tuméfié, front et pommette suturés, sous calmant et surveillance policière, et, enfin, Yves Cottard, menotté à son lit. La lame n'était pas passée loin, épargnant son cœur, ironiquement secouru par le père d'une de ses victimes. Cottard, grièvement blessé, croyant probablement qu'il était fichu, avait reconnu ses meurtres. Mais, même au seuil d'un coma programmé qu'il pensait létal, alors que Renaud et son équipe enregistraient sa déposition, il se plaignit d'être la victime d'un enchaînement de circonstances hors du commun ; hors de lui donc, homme trop gentil pour des femmes trop belles et trop cruelles.

Pierson, en tant qu'avocat représentant les familles, qui incluaient désormais Patricia Louis, avait forcé le cordon policier devant la chambre de madame Louis. L'entretien avec sa cliente avait été bref, et sans question : la femme dans les vapes, sanglée sur son lit, n'avait demandé qu'une seule chose à l'avocat : que l'assassin avoue ses crimes ; elle était prête à écoper d'une peine de prison pour qu'il soit jugé. Catherine envoya de force Pierson se coucher ; il était au bord du malaise. Elle dut toutefois subir la litanie de ses conseils et de ses ordres avant qu'il s'engouffre dans le taxi. Il lui confiait le soin des Grollay et de Patricia Louis, qui devaient être bien traités par la police. Dont acte. Ils savaient l'un et l'autre que la conclusion de cette affaire marquerait la retraite de l'homme de loi ; tous ceux qui avaient touché la tragédie, impuissants spectateurs comme protagonistes, éprouvaient l'épuisement apaisé d'une fin sans cadavre. Ne resterait qu'un chagrin sans fin.

Anne Grollay avait été relâchée après son interrogatoire ; elle avait beau avoir revendiqué à toute force la responsabilité des coups de feu, c'est Denis qui avait eu le dernier mot, était resté sous les verrous. Anne ouvrit la porte du pavillon avant même que Catherine eût le temps de sonner.

« Je vous attendais. »

Elles avaient maintenant toutes les deux le nez dans un mug de café fumant, debout dans la cuisine car l'une et l'autre savaient qu'une chaise de bois dur serait aussi confortable qu'un lit, propice au sommeil qu'elles refusaient.

« Il est mort ? »

Catherine la regarda par-dessus sa tasse, blondeur brouillée par la vapeur : ce n'était pas une question, plutôt une supplique à la vie.

« Non.

– Tant mieux... »

Son café était encore plus dégueulasse que celui de l'hôpital, pensa Catherine, mais qu'est-ce qu'il lui faisait du bien. Anne reprit :

« Je ne l'aurais pas supporté. Je viens de comprendre ce qu'est la folie. Je ne suis pas une meurtrière. Denis non plus... Vous auriez fait quoi, à ma place ? »

C'était surprenant.

« Je n'en ai aucune idée », répondit-elle alors qu'elle savait pertinemment qu'elle n'aurait pas tiré à côté.

Ce n'était plus son histoire. Elle désira brutalement que cette femme, debout dans la cuisine de son petit pavillon de province, en vînt à la même conclusion.

« On s'en sortira. On s'en est toujours sorti avec Denis. Je sais qu'il va faire de la prison. Pas trop longtemps j'espère. Après... je ne sais pas. On ne pourra jamais quitter cette ville, vous comprenez. Juliette est enterrée à Chalon. Il faudra qu'on invente autre chose. Ici forcément. »

Il y avait de la lumière dans ses yeux, de nouveau de l'émeraude vif alors qu'ils regardaient la pluie tomber à travers la fenêtre.

« Je vais vous laisser vous reposer.

– Je ne me sens pas fatiguée ! Je vais aller marcher un peu... C'est bientôt le printemps. Ça fait des années que je ne me suis pas occupée du jardin. Ça me manque. J'ai envie de fleurs... Et vous ? Qu'est-ce que vous allez faire ? »

Catherine vit des rails sous la pluie. Elle se mit à rire.

« Faire un voyage... Qui m'amènerait là où on m'attend ? On ne vous lâche pas, Anne. À bientôt. »

Avant de décrocher son téléphone pour une ultime demande au procureur, Renaud, comme à son habitude, rafraîchit son front sur la fenêtre. Il venait d'envoyer Bouzit et Marini au repos pour quelques heures, retrouvant du même coup le calme du bureau. À savourer. Nahoum rentrerait demain d'Allemagne. Il avait plus que jamais besoin de lui. Non que les deux petits n'eussent pas assuré, mais le travail avec son commandant était paisible, ordonné, sans explication à donner... la routine d'un vieux duo de flics, rodé aux mauvais coups comme aux réussites, qu'ils n'avaient jamais envie de fêter. À d'autres la presse, les caméras... Renaud se lavait les mains de tout ça, purifiant donc ses pensées grâce à la buée sur le carreau. Cottard avait tout avoué. Ne restait au commissaire qu'une tache à effacer. Il composa un numéro, et demanda le procureur.

« Commissaire Renaud. Je sais que la procédure sera longue, mais je souhaitais vous entretenir tout de suite de Kevin Hassaoui. Je suis prêt à assumer la responsabilité de sa mise en accusation dans l'affaire Vanessa Louis. Ce garçon moisit en prison depuis neuf ans alors qu'il est innocent... »

Et tandis que Renaud s'entretenait avec le procureur, décidément très jeune et très imbu de sa personne, des conditions d'une libération rapide et anticipée de Hassaoui, il pensait à Marianne ; la chaleur de ses seins, l'odeur de ses cheveux sur l'oreiller, ses doigts espiègles sur sa nuque trop crispée, sa main dans sa main à chaque pas, un réflexe vieux et solide comme leur amour.

Elle gara sa voiture le long du quai de la Poterne. Elle se rappela que, même dans les contes pour enfant, du passé il n'est jamais fait table rase. Elle, elle n'avait certes pas fini de se battre avec son corps sans douleur, mais au moins le monstre dans sa tête ne grondait plus.

Elle sortit son portable.

« Je te dérange ?
– Jamais... mon ange.
– Poète à toute heure.
– Du jour et de la nuit. Rien que pour toi.
– Je prends le train... Aujourd'hui.
– Je suis là. Je t'attends. »

Le spectacle de la Saône débordant tranquillement de son lit était saisissant. Ce n'était pas une crue furieuse, mais un flot paisible qui n'emporterait ni maison ni pont ni être humain sur son passage. Au milieu filaient quelques esquifs qui, eux, iraient grossir le tumulte du Rhône. La naissance de l'onde avait eu lieu quelque part en leurs amonts, et elle emporterait beaucoup plus loin vers la mer la boue, les ordures, le bois arraché...

Elle ne put s'empêcher de penser à Michel Dréon. Il avait raconté la naissance du désastre, la concentration sur une même région d'orphelins sans autre avenir que leur travail et leurs corps en échange d'une soupe. Malheureux héritier de l'horreur inscrite dans les carnets de l'Ogre, il possédait tous les éléments qui avaient permis d'alimenter la source de ce massacre, surgie dans les replis d'une histoire secrète et lointaine, éclatée un siècle plus tard. S'il en avait démonté le mécanisme, posé les bonnes questions, il avait en revanche donné la mauvaise réponse : il n'était coupable de rien. Pas plus lui que les habitants de ces campagnes et de ces bourgades du Morvan ne devaient prendre sur eux le poids de l'héritage. La Grande Guerre avait éclaté, balayant la culpabilité des ogres et les peines prononcées. En revanche, ce spasme historique ne pourrait jamais constituer la défense d'un Yves Cottard, fou meurtrier.

Aujourd'hui, il n'y avait personne pour se rappeler que, pour la première fois, la parole des enfants avait été écoutée au cours de ce grand procès de 1911. Demeurait alors simplement un devoir collectif : ces événements devaient sortir de l'ombre. Dréon détenait le matériau nécessaire ; il avait la clef de cet hommage indispensable pour les vivants, en souvenir de ces enfants passés par les colonies du Morvan. Pourrait-il tirer de cette monstruosité la lumière indispensable au rétablissement de la conscience ? Comprendrait-il que sa propre pacification était intimement liée à la publicité des témoignages qu'il avait en sa possession ? Exhumer l'histoire à toute force, pour éviter qu'elle ne saccage d'autres vies si on l'ignore.

La naissance d'un drame est indubitablement question d'ignorance. Tout au moins de perte : de soi, des autres, du passé oublié au profit d'un avenir sans cesse plus urgent, plus rapide, sans pieds ni jambes pour tenir debout. Une ignorance qui, gonflée par la peur comme ici cette rivière en crue, se répandait, avait tout permis et permettait tout encore. Y compris de faire imploser des usines et exploser des vies. Il y avait peu, de l'autre côté de l'Atlantique, un homme s'était approprié le mot « révolution » pour justifier sa quête du profit ; en réalité, ces monstres-là ne se cachaient plus.

Sources

Ce roman s'inspire de faits réels. Les situations et personnages sont fictionnels. L'autrice tient à saluer les écrits d'Emmanuelle Jouet (*La Révolte des enfants des Vermiraux*), de Marie-Laure Las Vergnas (*Histoire de l'Agence d'Avallon des enfants assistés de la Seine*), d'Arlette Farge (*L'Enfant dans la ville – Petite conférence sur la pauvreté* et *Effusion et tourment, le Récit des corps – Histoire du peuple au* XVIIIe *siècle*).

Remerciements

L'autrice tient à remercier le Conseil régional d'Île-de-France, direction de la Culture, pour la résidence d'écrivain qui lui a été attribuée, et a ainsi contribué à la finalisation du texte aujourd'hui publié, ainsi que le CNL pour la bourse « Documentation ».

Merci à Nathalie Démoulin pour son incroyable enthousiasme et son accueil au Rouergue Noir.

Merci à mon Philou, mon premier lecteur.

Merci à mon camarade Roger Martin, soutien de la première heure.

Merci à la Grande Pacou, pour sa lecture avisée, à tous mes proches pour leur soutien durant toutes ces années de renaissance en écriture.

Votre livre est fabriqué en France sur un papier certifié PEFC,
pour une gestion durable de la forêt.

Ouvrage réalisé par Cédric Cailhol Infographiste

Achevé d'imprimer sur Roto-Page en janvier 2024
par l'Imprimerie Floch à Mayenne

Dépôt légal : mars 2024 – Numéro d'impression : 104133
ISBN : 978-2-8126-2558-9

Imprimé en France